T0380802

Risikologische Wirksamkeitsanalyse

Sebastian Festag

Risikologische Wirksamkeitsanalyse

Ein methodischer Beitrag zur
Beurteilung von Schutzmaßnahmen

 Springer Vieweg

Sebastian Festag
Otto-von-Guericke-Universität
Magdeburg
Magdeburg, Deutschland

Von der Fakultät Verfahrens- und Systemtechnik der Otto-von-Guericke-Universität
Magdeburg am 04. Juni 2024 genehmigte Habilitationsschrift

ISBN 978-3-658-46727-2   ISBN 978-3-658-46728-9   (eBook)
https://doi.org/10.1007/978-3-658-46728-9

Die Deutsche Nationalbibliothek verzeichnet diese Publikation in der Deutschen Nationalbibliografie; detaillierte bibliografische Daten sind im Internet über https://portal.dnb.de abrufbar.

Planung/Lektorat: Friederike Lierheimer
Springer Vieweg ist ein Imprint der eingetragenen Gesellschaft Springer Fachmedien Wiesbaden GmbH und ist ein Teil von Springer Nature.
Die Anschrift der Gesellschaft ist: Abraham-Lincoln-Str. 46, 65189 Wiesbaden, Germany

Kurzfassung

Für die (wissenschaftliche) Auseinandersetzung mit Gefährdungen gibt es methodische und systematische Vorgehensweisen. Werden Schutzmaßnahmen gegen Gefährdungen ergriffen, so ist deren Wirksamkeit zu überprüfen. Für diese Kontrolle gibt es nur wenige Orientierungspunkte und methodische Standards. In der Praxis wird der Wirksamkeitskontrolle häufig nicht ausreichend Aufmerksamkeit geschenkt. Folglich existieren Schutzmaßnahmen mit einer ganzen Bandbreite von Wirkungen, von hochwirksam bis zu kontraproduktiv. Die Wirksamkeit einer Maßnahme lässt sich über die Wirksamkeitskontrolle ermitteln. Die vorliegende Arbeit fasst die zu beachtenden Grundlagen zusammen und liefert ein methodisches Fundament zur empirischen Durchführung solcher Kontrollen, um über einen methodischen Querschnittsbeitrag die Reduzierung von Gefährdungen zu unterstützen. Nach der theoretischen Hinführung in die Thematik der Wirksamkeitskontrolle und der Beschreibung der Grundlagen wird die praktische Durchführung anhand von unterschiedlichen Schutzmaßnahmen in verschiedenen Anwendungsbereichen demonstriert: (1) Rauchwarnmelderpflicht, (2) anlagentechnische und abwehrende Brandschutzmaßnahmen, (3) Maßnahmen zur Bewältigung der Schließung eines Produktionsbetriebes und (4) Maßnahmen zur Bewältigung von terroristischen Konflikten. Mit diesen Fallanalysen wird die Bandbreite der Optionen zur Bewertung der Wirksamkeit abgebildet. Darauf basierend werden die wesentlichen Linien zur Weiterentwicklung der Wirksamkeitskontrolle beschrieben: die Relevanz der Berücksichtigung von (a) Seiteneffekten von Schutzmaßnahmen, (b) des Gefahrenspektrums durch Schutzmaßnahmen, (c) der Gefahrendynamik und (d) der Dynamik von Schutzmaßnahmen sowie (e) des Aufwandes bei der Umsetzung von Schutzmaßnahmen. Die Wirksamkeitskontrolle ist ein entscheidender Schritt bei der Erreichung von

Schutzzielen, da hiermit der Beitrag einer Schutzmaßnahme in den realen Einsatzbedingungen dargestellt werden kann. Dieses methodische Instrumentarium findet überall dort einen Einsatz, wo Schutzmaßnahmen ergriffen werden.

Abstract

There are methodical and systematic approaches for the (scientific) analysis of hazards. If protective measures are taken against hazards, their effectiveness must be checked. However, there are only rough points of reference and methodological standards for carrying out the effect analysis. In practice, effect analysis is often not given sufficient attention. Consequently, there are protective measures with a whole range of effects, from highly effective to counterproductive. The actual performance of an initiated measure can be determined via the effect analysis. The present work summarizes the basics to be considered and provides a methodological basis for the empirical implementation of such effect analysis to support the reduction of hazards through a methodical cross-sectional contribution. After the theoretical introduction to the topic of effect analysis and the description of the fundamentals, the practical implementation is demonstrated using different protective measures in different areas of application: (1) introduction of the smoke alarm obligation, (2) fire protection measures, (3) measures to control the closure of a production site and (4) measures to deal with terrorist conflicts. With these case studies, the range of options to evaluate the effect analysis is shown. Based on this, essential lines for the further development of effect analysis are described: The relevance of taking into account of (a) side effects of protective measures, (b) spectrum of hazards from protective measures, (c) dynamic of hazards, (d) dynamic of protective measures and (e) effort involved in implementing protective measures. The effect analysis is a decisive step in the achievement of protection goals, as it reveals the actual contribution of a protection measure. These methodical framework is used wherever protective measures are taken.

Inhaltsverzeichnis

Teil IV   Ableitungen aus der Arbeit

Abbildungsverzeichnis

Tabellenverzeichnis

Teil I

Theoretische Hinführung in die Thematik

Einführung

1

Wirksamkeitsbetrachtungen umfassen prospektive und retrospektive Analysen. Letztere stehen im Vordergrund der vorliegenden Arbeit und stellen die risikobasierte Beurteilung der Wirksamkeit von im realen Einsatz befindlichen Schutzmaßnahmen dar (hier ist gleichermaßen von Schutzmaßnahmen und Schutzstrategien die Rede). Diese Analyse wird als (risikologische) Wirksamkeitskontrolle bzw. „Wirksamkeitsüberprüfung" (vgl. Pflaumbaum, 2013) bezeichnet.

Schutzmaßnahmen werden entweder (rechtlich) gefordert oder sie resultieren aus einer freiwilligen Entscheidung (häufig aus Angst vor einem Schaden). Im ersten Falle ist auch die Durchführung einer Wirksamkeitskontrolle rechtlich gefordert (vgl. ASI 10.0, 2020; BGW, 2022; Kittelmann et al., 2022; Pflaumbaum, 2013; TRBS 1111, 2018). Allerdings wird die Wirksamkeit von Schutzmaßnahme oftmals nicht hinterfragt und teilweise wird sie – mit dem eigenen Handeln verbunden – einfach als erfüllt angenommen. Auf der anderen Seite existieren methodisch nur rudimentäre Hilfestellungen. Die vorliegende Arbeit liefert ein methodisches Fundament für die Durchführung von Wirksamkeitsbetrachtungen und setzt den Schwerpunkt auf die Wirksamkeitskontrolle und Maßnahmen, die sich im realen Einsatz befinden. Der Begriff der Kontrolle hat dabei in Anlehnung an Musahl (1997, S. 325) die Bedeutung der Steuerung, Regelung und Bewältigung von Schutzmaßnahmen.

Für Schutzmaßnahmen – vor allem wenn sie auf Produkten, technischen Systemen, Verfahren und Substanzen basieren – existieren im Risikobereich (ähnlich wie in der Medizin) im Vorfeld zu deren Gebrauch etablierte Zulassungs-, Zertifizierungs- und Akkreditierungsverfahren. Diese Verfahren verfolgen primär das Ziel, präventiv harmonisierte Qualitätsstandards zu setzen (vgl. Dimitropoulos, 2012, S. 38 ff.; Tiede et al., 2012) und die Wirksamkeit von Schutzmaßnahmen ante factum zu gewährleisten. Diese Verfahren entsprechen weitestgehend den technischen Standards und sind eine Voraussetzung für wirksame Schutzmaßnahmen.

Die Wirksamkeitskontrolle hingegen ist ein Bestandteil der Gefährdungs- bzw. Risikobeurteilung (vgl. Andrlik, 2012; BGW, 2022; ISO 31000, 2018; Kahl, 2019; Lehder & Skiba, 2005, S. 91; Nohl & Thiemecke, 1987; Shewhart, 1986). Bei der Anwendung von Schutzmaßnahmen im realen Einsatzumfeld fehlen systematische und methodische Standards zur Kontrolle der Wirksamkeit. Häufig werden in der Praxis überhaupt keine Wirksamkeitsbetrachtungen angestellt[1]. Folglich hat die Kontrolle der Wirksamkeit von Schutzmaßnahmen in der Praxis nicht den Stellenwert, den sie haben müsste. Schutzmaßnahmen wirken häufig auf eine komplexe Weise innerhalb einer komplexen Realität – also abseits von kontrollierten Prüfbedingungen. Erst mit der Wirksamkeitskontrolle besteht die Möglichkeit, den Erfolg einer Schutzmaßnahme in dem tatsächlichen Einsatz zu bewerten. In diesem Zuge werden auch Misserfolge (vergleichbar mit Kunstfehlern und Fehldiagnosen) sichtbar, die sich so einer kritischen Auseinandersetzung stellen und auf diese Weise im Umfeld der Sicherheitsarbeit einen wissenschaftlichen Zugang erhalten. Das ist die Basis, um Schlüsse über die resultierende Risikosituation nach dem Einwirken einer Schutzmaßnahme ziehen zu können. Ohne diese Auseinandersetzung stellt sich im schlechtesten Falle eine Scheinkontrolle ein, die zu Fehlentwicklungen mit neuen oder verlagerten Gefährdungen führt.

In der Sicherheitswissenschaft – verkürzt die methodische und systematische Auseinandersetzung mit Risiken (auch Risikologie) – stehen Gefahren und ihre Auslöser bis zu den daraus resultierenden Schäden einerseits und andererseits die Schutzmaßnahmen, -prinzipien und -strategien im Mittelpunkt. Die Sicherheitswissenschaft hat enorme Erfolge zu verzeichnen, wie der einfachste Schadensvergleich anhand von unfallartigen Sterbefällen[2] über die letzten Dekaden zeigt (siehe Exkurs 1).

Exkurs 1: Die zeitliche Entwicklung von Schäden
Hierzulande ist exemplarisch anzuführen, dass sich die Zahl der unfallartigen Brandsterbefälle in den letzten Jahren ungefähr auf 400 Fälle pro Jahr seit 1998 halbiert hat.

---

[1] Beispielsweise zeigt eine Befragung von 6.500 Betrieben im Jahr 2015, dass 3.404 der Betriebe (52,4 %) eine Gefährdungsbeurteilung durchgeführt haben und in 1.569 Fällen (24,1 %) Notwendigkeiten für Verbesserungen festgestellt wurden. In 1.493 der Betriebe wurden Maßnahmen getroffen und in 840 Fällen davon (56,3 %) wurde die Wirksamkeit der Maßnahmen geprüft. In 12,9 % aller befragten Betriebe liegt eine Überprüfung der Wirksamkeit von Maßnahmen vor (GDA, 2017).
[2] Sterbefälle lassen sich im Verhältnis zu anderen Risiko-Schweregraden weitestgehend objektiv darstellen, obwohl auch hier subjektive Urteile in die Bewertung einfließen (vgl. Nida-Rümelin & Weidenfeld, 2021, S. 22 f.; Stoll & Festag, 2018, S. 143).

Die Zahl der Sterbefälle im Straßenverkehr hat sich von 1991 bis 2019 von 11.300 auf 3.059 Fälle um ungefähr 2/3 reduziert. Die Zahl der tödlich verlaufenen Arbeitsunfälle hat sich von 1991 bis 2018 mit 1.160 auf 420 Fälle ebenfalls um ungefähr 2/3 reduziert (vgl. DESTATIS, 2020b). Damit sind die unfallartigen – d. h. plötzlich eingetretenen – Ereignisse mit Todesfolge angesprochen. Sie repräsentieren die „Spitze des Eisberges", denn nach Heinrich (1931) liegen pro tödlichen Unfall etwa 10 schwere, 100 leichte und 10.000 Beinahe-Unfälle zugrunde (vgl. Meyna & Pauli, 2003). Unter dieser Annahme sind in den letzten Dekaden erhebliche Risikoreduzierungen zu verzeichnen. Es geht dabei um die Beherrschung von Personen-, Umwelt-, Sach-, Betriebsunterbrechungs-, Ruf- und Imageschäden und viele weitere Schäden wie Funktionseinschränkungen oder Beeinträchtigungen von kulturellen und ideellen Werten (vgl. Stoll & Festag, 2018; Zangemeister & Nolting, 1997). Trotz der Erfolge ereignen sich hierzulande pro Jahr – jährliche Schwankungen und Trends außer Acht gelassen – immer noch etwa 8.000 Sterbefälle durch Haushaltsunfälle, ungefähr 4.000 Sterbefälle durch Verkehrsunfälle, zwischen 400 und 500 Sterbefälle durch Arbeitsunfälle und ca. 8.000 Sterbefälle durch Unfälle, die nicht durch die zuvor genannten Kategorien abgedeckt werden, wie Schul-, Freizeit-, Sport- und Spielunfälle (vgl. BAuA, 2020).

In einigen Bereichen ist seit Jahren hierzulande die Reduzierung von Unfallschäden rückläufig. Darin sind auch überlagernde Entwicklungen zu erkennen, die einer Risikoreduzierung durch Maßnahmen gegenüberstehen, wie z. B. Gefährdungen durch neue technische Systeme oder durch Kompetenzverluste (vgl. Festag et al., 2022a). Einerseits geht es um Bestrebungen, die eine weitere Reduzierung von Risiken ermöglichen. Andererseits geht es darum, das erreichte Schutzniveau in einer sich verändernden Risikosituation zu erhalten – was ungleich schwieriger ist, weil solche Entwicklungen meist an Fallzahlen gemessen in vielen Bereichen nicht zunehmen und damit keinen Handlungsdruck erzeugen (vgl. Musahl, 1997). Die Bewertung von solchen Entwicklungen anhand der Eintrittswahrscheinlichkeit und Schadensschwere ist unter Beachtung von subjektiven und objektiven Urteilen differenziert[3] vorzunehmen (z. B. Compes, 1980; Nida-Rümelin & Weidenfeld, 2021, S. 24). Das Stagnieren im Unfallaufkommen – gemessen an den Sterbefällen – ist ein Zeichen dafür, dass sich in vielen Bereichen derzeit kaum noch Risikoreduzierungen abzeichnen. Die vorliegende Arbeit folgt in diesem Kontext der Philosophie, dass sich eine weitere Reduzierung von Risiken aus der Erschließung von methodischen Potenzialen im Querschnitt ergibt. Die Auseinandersetzung mit der Wirksamkeit von Schutzmaßnahmen stellt einen solchen Beitrag dar und wird hier als

---

[3] Die Daten von Versicherungen zeigen zum Beispiel, dass die Schadenshäufigkeit (Verhältnis der Zahl der Schäden zur Zahl der Versicherungsverträge) von Bränden in Gebäuden tendenziell sinkt, während der Schadendurchschnitt (das Verhältnis des Schadenaufwandes zur Zahl der Schäden) durch eine zunehmende Wertekonzentration steigt (Festag & Döbbeling, 2020, S. 314).

Grundsatzgegenstand innerhalb des Lösungskatalogs der Sicherheitswissenschaft in den Mittelpunkt der Betrachtung gestellt. Auf diese Weise wird eine methodische Hilfestellung zur Durchführung der Wirksamkeitskontrolle als Bestandteil innerhalb von risikologischen Vorgehensweisen geboten. Über die Bedeutung und Durchführung der Wirksamkeitskontrolle ist bisher nur wenig festgehalten. Mit der Schließung dieser Lücke öffnet sich der Raum für Arbeiten, die sich übergeordnet mit der Beurteilung der (positiven und negativen) Effekte von Schutzmaßnahmen und deren Konsequenzen befassen.

Schutzmaßnahmen haben eine wichtige Funktion und liegen nahezu überall vor. Häuser sind aus Materialien gebaut, die bautechnische Anforderungen erfüllen. Bauprodukte und die damit verbundenen Dienstleistungen erfüllen zahlreiche Schutzanforderungen. Auch Kraftwerke, Flugzeuge, Haushaltsgegenstände und Elektrogeräte entsprechen zahlreichen Schutzanforderungen, damit sie in Verkehr gebracht werden dürfen. So besteht ein modernes Kraftfahrzeug aus zahlreichen sicherheitstechnischen Systemen, wie z. B. Reifendruckkontrollsystemen, elektronischen Stabilitätsprogrammen, Antiblockiersystemen, Kollisions-, Aufmerksamkeits-, Totwinkel- oder Notbremsassistenten. Abgesehen davon, dass das Funktionieren des sicheren Fahrzeuges zur Gewährleistung des Primärprozesses gehört. Genau genommen werden Schutzanforderungen an alle Bauteile und Prozesse gestellt (z. B. von der Schraube bis zum Führerschein). Die Liste ist nicht abschließend.

Zu dem Themenkomplex, der sich mit der Wirksamkeit von Schutzmaßnahmen befasst, gibt es auf den einzelnen Sachverhalt bezogen zahlreiche Arbeiten (z. B. Backes et al., 2018; Brauner et al., 2021; Gibbs et al., 2020; Kuntzemann et al., 2022; Toth, 2019; Vanclay et al., 2001). Die Frage nach der Wirksamkeit ist häufig implizit bei der Einführung neuer Erkenntnisse, Methoden, Vorgehensweisen und Systeme mit gegenstandsbezogener Forschung verbunden. Ein systematischer Überbau, mit einem wissenschaftlichen Fundament, existiert jedoch in Bezug auf die Wirksamkeit von Schutzmaßnahmen nicht. Es öffnet sich ein Gebiet, das sich im Kern methodisch mit der Wirksamkeit von Schutzmaßnahmen befasst. Diese Auseinandersetzung führt im Ergebnis zu der Einteilung in wirksame, unwirksame und kontraproduktive Schutzmaßnahmen. Der Komplex berührt alle Maßnahmen, Fachgebiete und Entwicklungen, die sich mit dem Schutz vor Gefahren befassen.

1.1   Ziele der Arbeit

Die vorliegende Arbeit verfolgt das Ziel, die Auseinandersetzung mit der Wirksamkeit von Schutzmaßnahmen im Rahmen der Gefährdungs- bzw. Risikobeurteilung zu fördern. Hierzu wird ein methodischer Rahmen für den Grundsatzgegenstand der Wirksamkeitskontrolle zur Verfügung gestellt und es werden darin Leistungs-klassen verankert. Einfach ausgedrückt, beantwortet die Arbeit unter methodischen Gesichtspunkten die Frage, welche Schutzmaßnahmen wirksam sind und welche nicht. Dazu liegt dieser Arbeit eine Untersuchungsreihe zugrunde. Die einzelnen Untersuchungen sind verschiedenen Gebieten zugeordnet und liefern für sich ein-zeln betrachtet einen praktischen Wert. Der hier im Vordergrund stehende Quer-schnittsbeitrag ergibt sich jedoch erst aus der gemeinsamen und methodisch über-geordneten Betrachtung dieser verschiedenen Untersuchungen. Methodisch stellen die Untersuchungen Wirksamkeitskontrollen dar und sind gerade aufgrund ihrer heterogenen Anwendungsgebiete und unterschiedlichen Schutzmaßnahmen für die Ableitung allgemeingültiger Vorgehensweisen von Bedeutung. Die Untersuchun-gen analysieren und bewerten Situationen, in denen innerhalb eines bestimmten Systems ein Handlungsbedarf entdeckt wird und in dessen Folge eine oder meh-rere Schutzmaßnahmen ergriffen werden. Diese Maßnahmen sind (wie die Systeme selbst) unterschiedlich, haben aber alle die Funktion, das Schutzniveau innerhalb der Systeme zu erhöhen bzw. erhalten. In den Untersuchungen werden die Schutz-maßnahmen hinsichtlich ihrer Wirksamkeit auf einer gemeinsamen methodischen Grundlage bewertet. Diese empirisch gestützte Grundlage wird mit der vorliegenden Arbeit verallgemeinert dargestellt und integriert einen objektiven, wiederholbaren und gültigen – also den wissenschaftlichen Kriterien entsprechenden – Bewertungs-maßstab. Die vorliegende Arbeit stellt die Wirksamkeitskontrolle von Schutzmaß-nahmen in den Mittelpunkt und zielt darauf ab, ihre Bedeutung hervorzuheben. Die Ziele der vorliegenden Arbeit sind im Einzelnen:

1. Steigerung der Bedeutung der Wirksamkeitskontrolle vor und nach der Einlei-tung von Schutzmaßnahmen
2. Erarbeitung eines Arbeitsrahmens zur Erhöhung des Verständnisses der grund-sätzlichen Wirkmechanismen von Schutzmaßnahmen
3. Sensibilisierung für kontraindizierte Effekte von Schutzmaßnahmen

Mit diesen Zielen lässt sich die Wirksamkeit von Schutzmaßnahmen evidenzbasiert bewerten. Wirksame Maßnahmen lassen sich so verstärkt einsetzen und unwirksame bzw. kontraproduktive Maßnahme vermeiden, was zu einem adäquaten Einsatz von Schutzmaßnahmen und einer Reduzierung von Risiken im Querschnitt führt.

1.2   Der Grundgedanke dieser Arbeit

Unterschiedliche Schutzmaßnahmen in fallspezifischen Einsatzbedingungen werden mit der hier erarbeiteten Grundlage einer gemeinsamen Anschauung unterzogen. Dieser Betrachtung liegt der Gedanke zugrunde, dass Schutzmaßnahmen in einer Wechselbeziehung zu den betrachteten Systemen stehen. Das ist wie in der Chemie, in der Reaktionsgleichungen die Umsetzung von Reaktanten unter bestimmten Bedingungen[4] zu Produkten (vgl. Mortimer & Müller, 2019, S. 50) beschreiben. Solche Reaktionen verlaufen häufig in beide Richtungen und in mehreren Stufen mit spezifischen Reaktionsgeschwindigkeiten und stöchiometrischen Verhältnissen (was hier der Einfachheit halber vernachlässigt wird). Die Reaktionen werden als Reaktionsmechanismen vereinfacht und hypothetisch beschrieben, weil das tatsächliche molekulare Reaktionsgeschehen nicht beobachtet werden kann (vgl. Mortimer & Müller, 2019). Abbildung 1.1 skizziert den auf Schutzmaßnahmen übertragenen Wirkmechanismus.

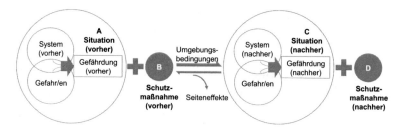

Abbildung 1.1 Vereinfachter Wirkmechanismus von Schutzmaßnahmen

In den Systemen wirken in- und extrinsische Gefahren, die bei einer räumlichen und zeitlichen Koinzidenz zu einer Gefährdung (Skiba, 1973) mit einem inneren Bezug zum System führen (Situation A). Auf die Situation (A) wirkt eine Schutzmaßnahme (B) über einen spezifischen Wirkmechanismus ein, wenn auf die Gefährdung mit einer Maßnahme reagiert wird. Die Schutzmaßnahmen zielen darauf ab, die Gefährdung der Situation (A) zu verhindern bzw. zu begrenzen. Sie reagieren

---

[4] Die Umgebungsbedingungen, die Reaktionen begleiten, sind in der Chemie vor allem die Umgebungstemperatur, der Luftdruck, das Milieu (Säure/Base) oder das Vorhandensein von Begleitsubstanzen (z. B. Katalysatoren). Bei Schutzmaßnahmen sind diese Umgebungsbedingungen z. B. auch die Kultur eines Systems, die Einstellung der betrachteten Personen, Rituale und Glaubenssätze, historische Rahmenbedingungen, normative Vorgaben, technische Faktoren, das Wetter oder Wohlbefinden, Stimmungen und Emotionen.

mit der systemspezifischen Gefährdung („funktioneller Bestandteil"). Das Einwirken der Schutzmaßnahme auf das System kann verschiedene Verläufe annehmen.
In Systemen, wie sie hier betrachtet werden, wirken immer Menschen, Maschinen,
Organisation und Umwelt dynamisch zusammen und komplexe Wechselwirkungen
entstehen (vgl. Musahl, 1997). Zudem besitzen Schutzmaßnahmen vielfach nicht
nur im Anforderungsfall eine Wirkung auf das System. Aus der Situation (A) resultiert mit der Einwirkung der Schutzmaßnahme (B) die Situation (C) und die Schutzmaßnahme selbst (D) – die auch ein integraler Teil der Situation (C) sein kann. Es
kommt zu Systemveränderungen durch systemimmanente (dynamische) Prozesse,
die Dynamik der Gefahr, die Einwirkung von Schutzmaßnahmen sowie komplexe
Wechselwirkungen untereinander – womit die Wirksamkeit der Maßnahmen von
fallgebundenen Faktoren abhängt.

1.3   Struktur und Aufbau der Arbeit

Die hier vorliegende Arbeit ist in vier Teile strukturiert (siehe Abbildung 1.2).
In dem ersten Teil werden die theoretischen Grundlagen der Wirksamkeitskontrolle (siehe Kapitel 2) eingeführt. Zentrale Begriffe werden definiert und für einen
anwendungsoffenen Ansatz die Systemtheorie und komplexe soziotechnische Systeme als Gegenstand dargestellt. Auf dieser Basis erfolgt eine Ortsbestimmung
der Wirksamkeitskontrolle. In Kapitel 3 werden ein Abriss über die Entwicklung von Schutzmaßnahmen gegeben und die möglichen Wirkungsrichtungen von

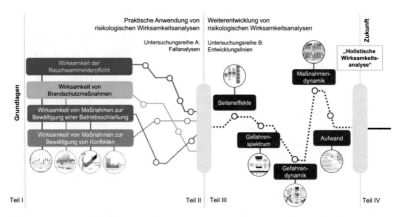

Abbildung 1.2 Grundstruktur der Arbeit mit der Einordnung der Untersuchungen

Schutzmaßnahmen skizziert. Anschließend werden die etablierten Vorgehensweisen der Gefährdungs- bzw. Risikobeurteilung beschrieben und eine Übersicht über
das Methodeninventar gegeben. In Kapitel 4 werden Verbindungspunkte zwischen
dem etablierten Vorgehen und der Wirksamkeitsbetrachtung hergestellt und eine
Anleitung zur Durchführung der Wirksamkeitskontrolle vorgelegt. In diesem Zuge
wird eine wissenschaftlich abgestützte Bewertung der Wirksamkeit von im Einsatz
befindlichen Schutzmaßnahmen über Bezugssysteme und Leistungsklassen eingeführt.

Im zweiten Teil der Arbeit wird die Durchführung der Wirksamkeitskontrolle
anhand von unterschiedlichen Schutzmaßnahmen in praktischen Anwendungsbereichen dargestellt (siehe Kapitel 5 bis 8). Sie decken die wesentlichen Optionen für
die Bewertung der Wirksamkeit mit Beispielen für positive und negative Effekte ab.
Die Untersuchungen sind so zusammengestellt, dass sie (1) qualitative, (2) quantitative und (3) statistisch abgesicherte, quantitative Verfahren unter der Zuhilfenahme von Unterschieds- und Zusammenhangshypothesen abdecken und somit das
wesentliche Spektrum der hier eingeführten Leistungsklassen für die Wirksamkeitskontrolle widerspiegeln. Die Reihenfolge der Untersuchungen richtet sich nach der
zu erwartenden praktischen Relevanz.

Die erste Untersuchung behandelt die Rauchwarnmelderpflicht (Kapitel 5) und
liefert eine umfassende Wirksamkeitskontrolle. Das gesamte Prozedere mit verschiedenen Signifikanztests wird hier abgebildet sowie positive wie negative Effekte
aufgedeckt. Anschließend untersucht Kapitel 6 die Wirksamkeit von (anlagentechnischen und abwehrenden) Brandschutzmaßnahmen. Die Bewertung der Maßnahmen
beruht auf einem Vergleich zwischen einer Vielzahl an Bränden mit den untersuchten
Maßnahmen gegenüber Brandfällen ohne diese. Kapitel 7 analysiert die Wirksamkeit von Maßnahmen zur Bewältigung der endgültigen Schließung eines Produktionsbetriebes der chemischen Industrie. Die Wirksamkeit der Maßnahmen wird hier
in der Summe ihrer Wirkungen betrachtet. Kapitel 8 bewertet die Wirksamkeit der
Besetzung von Territorien zur Bewältigung von terroristischen Konflikten anhand
des Nordirland-, Afghanistan- und Irakkonfliktes über Zusammenhangshypothesen.

Der dritte Teil der Arbeit behandelt fünf Linien zur Weiterentwicklung der
Wirksamkeitskontrolle. Diese Linien entsprechen Kriterien, die bei der Durchführung von Wirksamkeitskontrollen von Bedeutung sind, um sich einer umfassenden Beurteilung der Wirksamkeit von Schutzmaßnahmen anzunähern. Sie werden
anhand von Untersuchungen erklärt. Kapitel 9 erläutert die Relevanz von „Seiteneffekten" von Schutzmaßnahmen am Beispiel von „Falschalarmen" – Warnungen
vor Gefahren, bei denen am Ereignisort keine Anzeichen für diese Gefahr vorliegen (Festag et al., 2018) –, die einen relevanten Seiteneffekt der Gefahrenerkennung darstellen. In Kapitel 10 wird das Auftreten von möglichen Gefahren am

Beispiel von unbemannten Flugsystemen („Drohnen") beschrieben, um das potenzielle Gefahrenspektrum durch Schutzmaßnahmen aufzuzeigen. Drohnen berühren als technisches System potenziell alle Anwendungsgebiete der vorherigen Untersuchungen[5] und das mit ihnen verbundene Gefahrenspektrum ist bisher nur partiell beschrieben. Kapitel 11 zeigt, dass bei der Wirksamkeitskontrolle die Dynamik von Gefahren von Bedeutung ist, um aussagekräftige Abwägungen in Bezug auf die Wirksamkeit von Schutzmaßnahmen zu erzielen. Die Gefahrendynamik wird am Beispiel der Entwicklung von Bränden anhand von Indikatoren in der frühesten Phase des Brandes erläutert. Die darauf aufbauende nächste Entwicklungslinie zeigt in Kapitel 12, dass auch die Schutzmaßnahmen selbst durch adaptive Funktionsweisen eine Dynamik aufweisen müssen, um der Entwicklung von Gefährdungen Rechnung zu tragen. Kapitel 13 berücksichtigt den Aufwand, der mit Schutzmaßnahmen verbunden ist. Dieses Kriterium spielt bei der Wirksamkeitskontrolle in der Praxis eine große Rolle, auch wenn es keine Maxime der Sicherheitsarbeit ist. Das Kapitel erläutert dies beispielhaft, indem aufbauend auf Kapitel 5 das Kosten-Nutzen-Verhältnis dieser Maßnahme und die damit verbundenen ethischen Herausforderungen, die in der Praxis an Bedeutung gewinnen, diskutiert werden. Die Integration der fünf Entwicklungslinien ermöglicht es, umfassende und weitsichtige Einschätzungen der Wirksamkeit von Schutzmaßnahmen vorzunehmen. Sie beschreiben Eigenschaften von Schutzmaßnahmen im Sinne genereller Wirksamkeitskriterien, die Grundanforderungen (z. B. Design, Anwendbarkeit, Zuverlässigkeit) an (technische) Schutzmaßnahmen ergänzen. Tabelle 1.1 gibt eine Übersicht über den Aufbau der vorliegenden Arbeit mit einem Bezug zu den durchgeführten Untersuchungen.

Der Aufbau der Tabelle 1.1 gliedert sich nach den Kapiteln der vorliegenden Arbeit. Im oberen Bereich der Tabelle sind die praktischen Wirksamkeitskontrollen aufgeführt (Kapitel 5 bis 8). Die Untersuchungen (bzw. Gegenstände) sind den Fachgebieten und Schutzzielen zugeordnet, zu denen ein engerer Bezug vorliegt. Im unteren Bereich der Tabelle sind die wesentlichen Linien zur Weiterentwicklung der Wirksamkeitskontrolle (Kapitel 9 bis 13) analog eingeordnet. Die Untersuchungen verfügen über unterschiedliche methodische Zugänge (die Details sind in den Kapiteln beschrieben).

---

[5] Drohnen werden zum Teil mit technischen Schutzmaßnahmen gekoppelt. Das Projekt „Kulturgut bewahren durch Helfermotivation und geringe Brandwahrscheinlichkeiten" (BRAWA; Förderkennzeichen 13N15415 bis 13N15420 und 13N15565) befasst sich unter anderem mit der Verbindung zwischen Brandmeldeanlagen und Drohnen zur Gefahrenidentifikation und Lagedarstellung.

Tabelle 1.1 Einordnung der Wirksamkeitskontrollen und Untersuchungen

KAPITEL	UNTERSUCHUNG	FACHGEBIETE	SCHUTZZIELE
PRAKTISCHE ANWENDUNGEN DER WIRKSAMKEITSKONTROLLE			
5	Rauchwarnmelderpflicht	Brandschutz	Personenschutz
		Bevölkerungsschutz	(Sachschutz)
		Sicherheitsrecht	(Kulturschutz)
Methodischer Zugang: Empirie, Statistik (Unterschiedshypothesen)			
6	Brandschutzmaßnahmen	Brandschutz	Personenschutz
		Bevölkerungsschutz	Sachschutz
		Sicherheitsrecht	Umweltschutz
Methodischer Zugang: Empirie, Befragung, Statistik (Unterschiedshypothesen)			
7	Betriebsschließung	Anlagensicherheit	Personenschutz
		Arbeitsschutz	Prozesssicherheit
		Risikomanagement	(Sachschutz)
		Sicherung	(Umweltschutz)
Methodischer Zugang: Empirie, Interview, Beobachtung, Statistik (Unterschiedshypothesen)			
8	Terroristische Konflikte	Sicherheitspolitik	Personenschutz
		Risikomanagement	(Kulturschutz)
		Sicherung	(Sachschutz)
Methodischer Zugang: Empirie, Auswertung, Statistik (Zusammenhangshypothesen)			
WEITERENTWICKLUNG DER WIRKSAMKEITSKONTROLLE			
9	Seiteneffekte	Risikomanagement	Personenschutz
	(Falschalarme)	Anlagensicherheit	Prozesssicherheit
		Brandschutz	(Sachschutz)
Methodischer Zugang: Empirie, Statistik			
10	Gefahrenspektrum	Risikomanagement	Personenschutz
	(Drohnen)	Anlagensicherheit	Prozesssicherheit
		Sicherung	(Sachschutz)
		Sicherheitsrecht	(Kulturschutz)
Methodischer Zugang: Empirie, Statistik, Fehlerbaumanalyse			
11	Gefahrendynamik	Brandschutz	Personenschutz
	(Brandgase)	Risikomanagement	Sachschutz
		Anlagensicherheit	(Kulturschutz)
		Bevölkerungsschutz	(Umweltschutz)
Methodischer Zugang: Empirie, Statistik, Experimente, Simulationen			

(Fortsetzung)

Tabelle 1.1 (Fortsetzung)

KAPITEL	UNTERSUCHUNG	FACHGEBIETE	SCHUTZZIELE
12	Schutzmaßnahmendynamik	Brandschutz	Personenschutz
	(Fluchtweglenkung)	Arbeitsschutz	Sachschutz
		Anlagensicherheit	(Kulturschutz)
		Bevölkerungsschutz	(Umweltschutz)

Methodischer Zugang: Empirie, Statistik, Experimente, Simulationen

13	Wirtschaftlichkeit	Brandschutz	Personenschutz
	(Rauchwarnmelder)	Bevölkerungsschutz	Sachschutz
		Risikomanagement	(Kulturschutz)
		Sicherheitsökonomie	(Umweltschutz)

Methodischer Zugang: Empirie, Statistik

Der vierte Teil der vorliegenden Arbeit stellt Querbezüge zu anderen Disziplinen und Arbeiten her und zieht in Kapitel 14 Schlussfolgerungen aus der vorliegenden Arbeit mit übergreifenden Lösungsansätzen, um holistische Wirksamkeitskontrollen zu unterstützen.

Wirksame Schutzmaßnahmen für komplexe Systeme 2

In diesem Kapitel werden grundlegende Begriffe der vorliegenden Arbeit eingeführt und „komplexe Systeme" als genereller Betrachtungsgegenstand charakterisiert. Anschließend wird der Zusammenhang zu „systemischen Risiken" hergestellt und die Wirksamkeitskontrolle in die Disziplin der Sicherheitswissenschaft eingeordnet.

2.1 Grundlegende Terminologien

Mit der Wirksamkeitskontrolle wird überprüft, ob die festgelegten Maßnahmen ihre Zielstellung erreichen. Sie verbindet terminologisch zwei Sätze an Begriffen: den Kanon an Begriffen aus dem unmittelbaren Umfeld der Risikologie (Gefahr, Gefährdung und Risiko) und die Begriffe, die aus der Pharmakologie, Statistik und Technik heraus einen engen Bezug zur Wirksamkeitsthematik aufweisen (Wirkung, Wirksamkeit, Effekt, Effektgröße und Zuverlässigkeit). Auf diese Begriffe wird im Folgenden eingegangen.

2.1.1 Risikologische Begriffe

Selbst für zentrale Begriffe hat sich in der Sicherheitswissenschaft bis jetzt kein einheitliches Verständnis durchgesetzt (vgl. z. B. Brenig, 2015, S. 138). Aus diesem Grund richten sich die nachstehenden Definitionen auf ein „Ensemble" verschiedener Begriffsbestimmungen, die in sich ein aufeinander abgestimmtes Konzept darstellen.

Vereinfacht wird von einer Gefahr gesprochen, wenn von einer Quelle die Möglichkeit einer Schädigung ausgeht (vgl. Compes, 1991). Es ist auch die Rede von Ereignissen (bzw. Zuständen, Umständen oder Vorgängen, aus denen ein Schaden entstehen kann) mit einem möglichen gefährlichen Ausgang. Ein Ereignis ist wiederum der Eintritt oder eine Veränderung von bestimmten Kombination von Zuständen, Umständen oder Vorgängen. Ein Ereignis kann einmalig oder mehrmals eintreten und mehrere Ursachen und Folgen besitzen. Gefahren lassen sich elementar mit fünf Auslösern erklären: Energie, Substanz/Materie und Mikroorganismen als physische Auslöser sowie Macht und Information als soziale Auslöser (Renn, 2014). Das Ausbleiben von etwas Erwartetem kann auch ein Ereignis darstellen (vgl. ISO/Guide 73, 2009). Konkreter handelt es sich um „[…] Möglichkeiten für das Entstehen von Schäden und Verlusten […]" (vgl. Graf von Hoyos, 1980).

Überlagern sich die Wirkungsbereiche zwischen der Gefahr und einem zu schützenden Gut (System) in Raum und Zeit, wird nach der „Gefahrenträgertheorie" aus der Gefahr eine Gefährdung (Skiba, 1973). Es werden verschiedene Gefährdungsarten unterschieden (vgl. Lottermann, 2012, S. 12 f.). Die Gefährdung präzisiert damit den Begriff der Gefahr über ihr Wirksamwerden (Strnad, 1985, S. 481) und den möglichen Eintritt einer Schädigung aufgrund eines Gefahr verursachenden Systemzustandes – oder die Wahrscheinlichkeit der Übertragung von schädigender Energie (Musahl, 1997, S. 94 f.). Der Vorgang wird als „Unfall-Kausalnexus" (vgl. Compes, 1978) bezeichnet und ist in Abbildung 2.1 dargestellt.

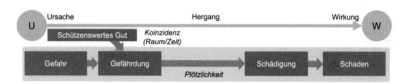

Abbildung 2.1 Unfall-Kausalnexus (Compes, 1978, modifiziert)

Ohne den Einfluss einer Schutzmaßnahme führt die Gefahr als systemspezifische Gefährdung wahrscheinlich zu einem Schaden im System. Gefährdungen sind demnach durch die Gefahr und das betrachtete System bestimmt. Die Anschauung anhand des Kausalverlaufes führt bei der Analyse der Ursachen von Gefährdungen zu dem „Kausalitätsproblem" (Festag, 2014a) – siehe Exkurs 2.

Exkurs 2: Die Unfallentstehung und das Kausalitätsproblem
Die Sicherheitswissenschaft lehnt sich an das naturwissenschaftlich orientierte Kausalverständnis von Ereignissen an. Es wird angenommen, dass ein oder mehrere Ereignisse bzw. Systemelemente räumlich und zeitlich zusammenwirken und sich von mono- bis zu multifaktoriellen Ursache-Wirkungs-Beziehungen gegenseitig bedingen. Die Unterscheidung zwischen Ursache und Wirkung basiert auf der (wiederholten) Abfolge von mindestens zwei Ereignissen, bei dem das vorherige (Ursache) das darauffolgende Ereignis (Wirkung) herbeiführt (vgl. Weber, 2012, S. 48). Als Ursache wird demnach ein Sachverhalt, Vorgang, Zustand oder Geschehen verstanden, die eine Erscheinung, Handlung oder einen Zustand bewirken (vgl. Duden, 2020a). Korrelationen beschreiben den Zusammenhang zwischen mindestens zwei Variablen (z. B. Sachsse, 1979; Popper, 1935; Kant, 1910; Einstein, 1916). Weber (2012) schlägt vor, Ursachen als Differenzfaktoren anzusehen, deren An- oder Abwesenheit einen Unterschied in den betrachteten Systemen ausmacht. Hierbei wird zwischen potenziellen und aktuellen Differenzfaktoren unterschieden, wobei Letztere dadurch gekennzeichnet sind, dass sie in einer bestimmten Situation tatsächlich variieren. Aber auch damit ist die Bestimmung von Ursachen kein leichtes Unterfangen. Ein einzelner Unfallverlauf kann sehr komplex sein, denn Wechselwirkungen zwischen den Systemen, Bestandteilen und der Umwelt können das Ereignisgeschehen verändern. Die Aufklärung der Kausalität ist bei Gefährdungen im Allgemeinen methodisch anspruchsvoll, weil sie meist sehr geringe Eintrittswahrscheinlichkeiten aufweisen und damit einen ganzen Satz an Methoden ausschließen. Neben der Komplexität von vielen Systemen und Abläufen erzeugt die Tiefe der Ursachenbetrachtung methodische Herausforderungen. Werden die Abläufe, Systeme und Charakteristika nur oberflächlich betrachtet, dann liefern die Analysen nur grobe Aussagen über Ereignisfolgen anstatt über Ursachen; besonders bei systemischen Wirkungsweisen. Findet die Ereignisanalyse dagegen sehr detailliert und tiefgreifend statt, besteht die Gefahr, sich in Einzelheiten zu verlaufen. Vor allem bei Ereignissen, bei denen menschliche Verhaltensweisen eine zentrale Rolle einnehmen – das sind die meisten –, führen Untersuchungsergebnisse (Kegel, 2013, S. 14) zunehmend in die Tiefe menschlicher Verhaltensmechanismen, die sich z. B. aus der Anlage-Umwelt-Interaktion ergeben. Umwelteinflüsse (z. B. Sozialisation) können dabei unter anderem zu typischen Veränderungen der Genfunktionen durch Anlagerungen an die Erbsubstanz (Methylierung, Acetylierung etc.) führen, wobei bestimmte Gene ein- oder ausgeschaltet werden (Riemann, 2013, S. 6 ff.). Das beeinflusst das Verhalten von Menschen. Teilweise führen diese (epigenetischen) Effekte zu generationsübergreifenden Wirkungen (z. B. Plomin & von Sturm, 2018; Tollefsbol, 2017; Szyf, 2012; Franklin et al., 2010). Ursachen für ein bestimmtes Systemverhalten oder ein Ereignis können demnach unter zeitlichen und regionalen Gesichtspunkten weit außerhalb der Reichweite des Schadensbereiches liegen.

Wird eine Gefährdung über eine Funktion (oftmals als das Produkt) im Sinne einer hypothetischen Gesetzmäßigkeit aus der Eintrittswahrscheinlichkeit eines möglichen gefährlichen Ereignisses und dem Ausmaß des Schadens (ante oder post factum) beschrieben (siehe Abbildung 2.2), dann ist von einem „Risiko" die Rede (vgl. Hammer, 1972).

Abbildung 2.2 Abgrenzung zwischen Gefahr, Gefährdung und Risiko (Festag, 2015a)

Der Risikobegriff (R) wird häufig mit der Gleichung 2.1 beschrieben (Schön, 1993, S. 348), wobei die mathematische Funktion und die Eintrittswahrscheinlichkeit (W) stark vereinfacht sind (z. B. verbergen sich in der Anlagensicherheit hinter der Wahrscheinlichkeit zum Teil komplexe stochastische Verteilungsfunktionen).

$$R = H \cdot S \qquad oder \qquad R = W \cdot S \quad mit \quad W = \frac{n_i}{N} \qquad (2.1)$$

H	Häufigkeit
S	Schadensausmaß
W	Eintrittswahrscheinlichkeit: $W = 0$ [unmöglich]; $0 \leq W \leq 1$ [wahrscheinlich];
	$W > 1$ [wirklich]; (Compes, 1982, S. 66)
n_i	Anzahl der beobachteten Ereignisse
N	Anzahl aller möglichen Ereignisse

Nach Kaplan & Garrick (1981) wird innerhalb eines Szenarios (s_i) das Risiko als Menge der Wahrscheinlichkeit (p_i) und Konsequenzen oder Bewertungskriterien eines Szenarios (x_i) beschrieben (siehe 2.2):

$$R = (s_i, p_i, x_i) \qquad (2.2)$$

Der Risikobegriff nach ISO/Guide 73 (2009) setzt sich wiederum aus einer Reihe von Begriffen zusammen. Risiko wird dabei als „Auswirkung von Unsicherheit auf Ziele" definiert (vgl. Jaeger et al., 2001). Eine Auswirkung ist eine positive, negative oder in beiderlei Hinsicht geltende Abweichung vom Erwarteten und kann auf Möglichkeiten und Bedrohungen eingehen, diese verursachen oder durch diese verursacht sein. Die Ziele hingegen können verschiedene Aspekte und Kategorien umfassen und auf verschiedenen Ebenen angewendet werden. Unsicherheit, als letzter Bestandteil der Risikodefinition, ist das Defizit an Informationen für das Verständnis oder die Kenntnis über ein Ereignis, seine Folgen oder seine Wahrscheinlichkeit. Weiterhin werden die Folgen (auch Auswirkungen) als „Ergebnis eines Ereignisses, welches die Ziele betrifft" definiert, wobei das Ergebnis mit verschiedenen Wertungen wie gewiss/ungewiss, direkt/indirekt, positiv/negativ oder qualitativ/quantitativ spezifiziert werden kann. Die Folgen können gemäß ISO/Guide 73 (2009) durch kaskadierende und kumulative Effekte eskalieren (ISO/Guide 73, 2009). Nida-Rümelin & Weidenfeld (2021, S. 21) verstehen unter Risiken schlicht *mögliche Gefahren*. Der im Risiko enthaltene Wahrscheinlichkeitsbegriff lässt sich konzeptionell weit auffächern. Es hat sich die Definition „der Möglichkeit, dass etwas geschieht" etabliert (vgl. Cozic & Drouet, 2010; Cont, 2010), „gleichgültig ob diese Möglichkeit objektiv oder subjektiv, qualitativ oder quantitativ definiert, gemessen oder bestimmt und mit allgemeinen Begriffen oder mathematisch (z. B. durch die statistische Wahrscheinlichkeit oder die Häufigkeit in einem bestimmten Zeitraum) beschrieben wird". Unter der Berücksichtigung der Wahrscheinlichkeit wird auf den Begriff der Unsicherheit zurückgegriffen. Daraus resultiert der Ansatz (Cont, 2010), in berechenbare Risiken (im Kontext von Ereignissen, deren Wahrscheinlichkeit mit angemessener Sicherheit angeben werden kann) und Ungewissheit (Ereignissen mit hoher Unsicherheit, deren Eintrittswahrscheinlichkeit unbekannt ist) zu unterscheiden (vgl. Gigerenzer, 2013; Cozic & Drouet, 2010; Cont, 2010). Spezifischer definieren Hale & Glendon (1987, S. 12) Risiko als Wahrscheinlichkeit, dass ein Schaden einer bestimmten Art an bestimmten Elementen des Systems innerhalb einer definierten Zeitperiode auftritt (Musahl, 1997, S. 115).

Bei einem unerwünschten Ereignis wird von einem Risiko gesprochen, während bei einem erwünschten Ereignis von einer „Chance" die Rede ist (vgl. Compes, 1982) – was vom Betrachter abhängt und innerhalb von Gesellschaften, den Betrachtungszeitpunkten und in Abhängigkeit vom herangezogenen Bewertungsmaßstab variiert (siehe Exkurs 3).

Exkurs 3: Der Nobelpreis für DDT und das spätere Verbot
Für die Entwicklung des Schädlingsbekämpfungsmittels „Dichlordiphenyltrichlorethan" (DDT) wurde im Jahre 1948 der Nobelpreis verliehen. Als offensichtlich wurde, dass DDT über die Nahrungsmittelkette unter anderem zum Aussterben ganzer Vogelarten führt, wurde der Einsatz in einigen Staaten verboten (vgl. Hartwig, 1997, S. 64 f.). Es kam durch den Erkenntnisfortschritt (insbesondere durch Langzeitbetrachtungen) zu einer Veränderung im Wertegefüge und einer damit verbundenen Neuorientierung bei der Bewertung (Festag, 2015a).

Risiken lassen sich allgemein anhand von F-N-Diagrammen (Farmer) über die Ereignis- bzw. Schadens-Häufigkeit und die Ereignis- bzw. Schadens-Schwere veranschaulichen (z. B. Brenig, 2015; Ganz, 2012; Duijm, 2002; Trbojevic, 2008; Jonkmann et al., 2003; Bottelberghs, 2000; MIACC, 1994; Fritzsche, 1986; Compes, 1983) – siehe Abbildung 2.3.

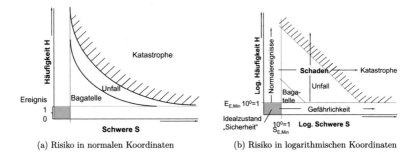

(a) Risiko in normalen Koordinaten   (b) Risiko in logarithmischen Koordinaten

Abbildung 2.3 Veranschaulichung des Risikobegriffs (Compes, 1982)

Unter der Zuhilfenahme von ganzen Zahlen bzw. vollen Einheiten beginnt der Maßstab für reale Schäden nach Compes (1982) bei der Ziffer Eins. Der Bereich von null bis eins auf der Schwereskala kennzeichnet die Ereignisse vom Normativ bis an die – generell verabredete, doch auch speziell ausgelegte – Grenzmarke des „Normalen". In diesen Bereich fallen die Ereignisse mit einem schwachen Schadens-Charakter, deren Ausprägung zwar erkennbar ist, aber zur Klassifikation als Schaden nicht ausreicht. Der Grenzwert ist nicht naturgesetzlich fixiert, sondern entspricht einer Konvention. Compes (1982) führt weiter aus, dass es mit dem Bereich von null bis eins auf der Häufigkeits-Achse ähnlich ist. Ereignisse mit dem Wert kleiner eins besitzen keinen faktischen Charakter (nahe eins sind sie „höchstwahrscheinlich" und nahe null möglich, aber „unwahrscheinlich"). In dem grün gekennzeichneten Quadranten liegen die Ereignisse in geschützten Situationen des alltäglichen Lebens.

Zahlreiche Arbeiten befassen sich mit dem Risikobegriff aus verschiedenen Perspektiven (z. B. Nida-Rümelin & Weidenfeld, 2021; Gigerenzer, 2013; Taleb, 2013; Ganz, 2012; Renn et al., 2007; Rosa, 1998; Kuhlmann, 1997a; Pidgeon, 1997; Japp, 1996; Jasanoff, 1993; Luhmann, 1993; Freudenburg, 1989; Kasperson et al., 1988; Beck, 1986; Douglas, 1985; Compes, 1983; Douglas & Wildavsky, 1982; Compes, 1978; Rowe, 1977). Neuere Ansätze führen in diesem Umfeld für bestimmte Sachverhalte die Begriffe „Vulnerabilität", „Ungewissheit", „Resilienz" und „Antifragilität" ein (vgl. Abbildung 2.2). Vulnerabilität ist die Anfälligkeit (Verletzlichkeit) eines Systems gegenüber Gefährdungen (z. B. Norfs, 2020; Birkmann et al., 2016; Blum & Kaufmann, 2013) und implizit als Bestandteil im Risikokonzept enthalten. Gigerenzer (2013, S. 39 ff.) unterscheidet dagegen zwischen „Gewissheit", „Risiko" und „Ungewissheit". Er ordnet die berechenbaren Risiken, deren Wahrscheinlichkeiten bekannt sind, den „bekannten Risiken" zu und bezeichnet sie verkürzt als Risiko. Risiken mit einem hohen Anteil an Unbekanntheit definiert er als Ungewissheit. Sie berührt den Bereich der Risiken, die sehr selten stattfinden (vgl. Festag, 2014a, S. 60 ff.). Der Resilienzansatz zielt auf die Stärkung der Widerstandskraft eines Systems gegenüber Überraschungen ab (vgl. Berkes & Ross, 2013; Renn et al., 2007) und beschreibt die Fähigkeit von Systemen, auf Veränderungen zu reagieren (Thoma et al., 2016). Dieser Ansatz bezieht sich primär auf komplexe Risiken, die nach Renn et al. (2007, S. 168 ff.) ein hohes Maß an nicht auflösbarer Unsicherheit[1] aufweisen (also Ungewissheit). Im Risikokontext definiert Taleb (2013) Antifragilität als eine Eigenschaft oder Fähigkeit eines Systems, auf Veränderungen – und Formen von Unsicherheit – mit Verbesserungen des betrachteten Systems durch einen schädlichen Einfluss zu reagieren (z. B. ein Gebäude, das nach einem Brand erneuert wird und in diesem Zuge beispielsweise höher, moderner oder sicherer gebaut wird). Die neueren Ansätze greifen auf das Risikokonzept zurück.

Der Sicherheitsbegriff wiederum hat zwei Bedeutungen. Einerseits leitet sich Sicherheit von der Gewissheit (certitudo) ab und andererseits vom Schutz (securitas). In der Verbindung ergibt sich die Gewissheit der Sicherheit (certitudo securitatis), die angestrebt, aber nicht sinnvoll erreicht werden kann (Stoll, 2014).

2.1.2 Wirkungsbezogene Begriffe

Schutzmaßnahmen dienen der Erreichung von Schutzzielen, womit von ihnen im Anforderungsfall eine Wirkung erwartet wird. Die Wirkung einer Schutzmaßnahme wird als die durch eine „verursachende Kraft bewirkte Veränderung" definiert (vgl. Duden, 2020b). Diese Veränderung tritt in einer Ausgangssituation auf und führt zu einer neuen Situation. Dieser Vorgang beinhaltet die Einleitungs- und Wirkungsphasen (siehe Abbildung 2.4).

---

[1] Die Unsicherheiten ergeben sich entweder aus der Erkenntnis eines hohen Anteils zufälliger Variation oder aus Unkenntnis über kausale Beziehungen (Jasanoff, 2004). Letztere resultiert wiederum nach Japp (1999) aus Ahnungslosigkeit bzw. hypothetisch naheliegenden Kausalketten, die jedoch wissenschaftlich (noch) nicht nachgewiesen sind (vgl. Renn et al., 2007, S. 168 f.).

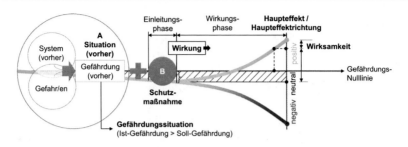

Abbildung 2.4 Einordnung zentraler Begriffe in den Wirkverlauf von Schutzmaßnahmen

Die Wirkung der Schutzmaßnahme kennzeichnet sich dadurch, dass sie fallweise auf die Situation (A) einwirkt. Der Mechanismus wird als Ursache-Wirkungs-Beziehung und Kausalverlauf beschrieben. Der Sinn von Schutzmaßnahmen besteht darin, die Gefährdung so zu verändern, dass sie vermieden oder reduziert wird. Gelingt dies, so ist der Effekt positiv. Die Wirkungen lassen sich näher spezifizieren: Es gibt lokale und systemische, reversible und irreversible Wirkungen sowie Primär- und Sekundärwirkungen. Die Wirkung einer Schutzmaßnahme ergibt sich in Anlehnung an Forth et al. (1983, S. 2) aus: (1) der Art der Wirkung (Wirkungsqualität), (2) dem Ausmaß des Unterschiedes zu dem Ausgangszustand (Wirkungsstärke) und (3) der Zeit vom Eintritt bis zum Ende der Wirkung (Wirkungsdauer).

Die Wirkung einer Schutzmaßnahme lässt sich mit der „Dosis-Wirkungs-Beziehung" darstellen. In Abbildung 2.5 (a) sind verschiedene Zusammenhänge aufgeführt. In den meisten Fällen ist eine nichtlineare Beziehung zu erwarten. Für die Wirkung von Schutzmaßnahmen ist vor allem das Zeitintervall von Bedeutung, in dem die Kurve steil verläuft (siehe Abbildung 2.5 (b)). Die Kurven (A, B und C) zeigen unterschiedlich steil verlaufende Beziehungen zwischen der Dosis und Wirkung. In Kurve (A) nimmt die Wirkung mit steigender Dosis rasch zu, während bei Kurve (B) die Wirkung langsamer zu nimmt. Die Kurven (C) und (D) skizzieren dagegen Beziehungen mit gleicher Steilheit, aber verschiedener Lage (vgl. Forth et al., 1983, S. 3 f.).

Die Wirksamkeit (engl. effectiveness) ist ein zentrales Attribut und Beurteilungskriterium von Schutzmaßnahmen. Sie hängt von der Wirkungsweise, Durchschlagskraft, Dosis, Selektivität etc. und den fallspezifischen Systemen (samt ihrer Verfassung und Umwelt), der Art der Einwirkung der Schutzmaßnahme auf das System sowie den Wechselwirkungen mit anderen Maßnahmen ab (vgl. Forth et al., 1983). Die Wirksamkeit gibt Aufschluss über die Eignung einer Maßnahme, ein vorgegebenes Ziel zu erreichen. Sie lässt sich in einem Zielerreichungsgrad (W_M)

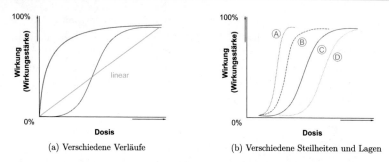

(a) Verschiedene Verläufe   (b) Verschiedene Steilheiten und Lagen

Abbildung 2.5 Dosis-Wirkungs-Beziehung von Schutzmaßnahmen (Forth et al., 1983)

ausdrücken und ermittelt sich nach Gleichung 2.3 aus dem Verhältnis zwischen dem tatsächlichen zu erwarteten Schutzziel (vgl. Scholz, 1996).

$$W_M = \frac{Schutzziele\ (erreicht)}{Schutzziele\ (erwartet)} \tag{2.3}$$

Das erwartete Schutzziel lässt sich anhand von Referenzszenarien unter Zuhilfenahme von bewährten Standards[2] und z. B. Kontrollgruppen (siehe Abschnitt 3.3.2) beschreiben.

Die eingeführten Begriffe implizieren das Eintreten bzw. Ausbleiben von „Effekten" einer Maßnahme. ISO/Guide 73 (2009) versteht unter einem Effekt, die Abweichung von einer Erwartung. Treten Veränderungen durch eine Schutzmaßnahme in die gewünschte Richtung ein, so ist der Effekt positiv ($E_{M,+}$). Bleibt ein Effekt aus, dann ist die Maßnahme wirkungslos. Verläuft die Veränderung hingegen in die gegenteilige der erwarteten Richtung, so weist sie einen negativen

---

[2] Es wird zwischen „(allgemein) anerkannten Regeln der Technik", dem „Stand der Technik" und „Stand von Wissenschaft und Technik" unterschieden (ZVEI, 2017, S. 5). Die (allgemein) anerkannten Regeln der Technik (aRdT) bezeichnen die Gesamtheit der bewährten Grundsätze [...], die die große Mehrheit der maßgebenden Fachkreise als richtig ansieht und nutzt. Nach VDI (2013) stellen solche Regeln diejenigen Prinzipien und Lösungen dar, die von der Wissenschaft als theoretisch richtig anerkannt, in der Praxis erprobt und bewährt sind und die sich bei der Mehrheit der Praktiker durchgesetzt haben. Der Stand der Technik definiert diejenigen Regeln, die noch nicht als allgemein anerkannt angesehen werden, jedoch bis zu einem bestimmten Zeitpunkt den Stand der technischen Erkenntnisse widerspiegeln und Eingang in die betriebliche Praxis gefunden haben. Der Stand von Wissenschaft und Technik bildet die neuesten wissenschaftlichen Erkenntnisse ab, die in die betriebliche Praxis noch keinen Eingang gefunden haben (vgl. Stephan & Schulz-Forberg, 2020, S. 3). Die Anwendung technischer Standards führt zur „Vermutungswirkung".

Effekt auf ($E_{M,-}$). In diesem Falle verstärkt die Schutzmaßnahme die Gefährdung oder ruft dominierende neue Gefährdungen hervor. Dies führt zur Einteilung in positive (gewünschte/erwartete), neutrale (wirkungslose) oder negative (unerwünschte/unerwartete) Effekte. Diese Bewertung hängt von der Zielstellung der Maßnahme und der Maßnahme selbst sowie dem betrachteten System und dem Betrachter ab – zumindest in Randbereichen kann sie willkürlich sein, wie Exkurs 4 zeigt.

Exkurs 4: Subjektive Bewertungen – Alkohol ein „Genussgift"
Einige Substanzen sind giftig und trotzdem ein Genussmittel (z. B. Alkohol), weil sie subjektiv mit gewünschten Wirkungen verbunden sind. Bei Genussgiften werden die negativen Wirkungen in Kauf genommen. Sie grenzen sich willkürlich von Giften ab (vgl. Hoffmann, 2012, S. 23). Ethanol ist beispielsweise giftig und führt im menschlichen Organismus bei übermäßigen Konsum zu einer Reihe von Schäden, wie z. B. der Beeinflussung des Gleichgewichtes und der Sehfähigkeit, insbesondere der Dunkeladaption. Es kann Aggressionen, Depressionen und Amnesie auslösen und verschiedene Organe schädigen (z. B. Leberzirrhose). Das Nervensystem kann geschädigt, die Blutbildung gestört und Hirnschrumpfungen können begünstigt werden. Während der Schwangerschaft konsumiert, kann Ethanol bei den Kindern zu körperlichen und geistigen Schäden sowie zu verschieden stark ausgeprägten Entwicklungsstörungen führen (vgl. Hoffmann, 2012, S. 38). Trotzdem wird Ethanol vielfach zum Genuss eingenommen, weil es subjektiv gewünschte Effekte erzielt, wie z. B. aus geschmacklichen Gründen, zur Erhellung der Stimmung, Steigerung der Redseligkeit und zum Abbau von sozialen Hemmungen (vgl. Hoffmann, 2012, S. 36) – wobei Effekte auch durch andere Begleitstoffe wie z. B. Terpene (Arvay, 2016) ausgelöst werden können.

Das Ausmaß eines Effektes wird als „Effektgröße" (d_M) definiert (Leonhart, 2009, S. 175). Sie wird zur Standardisierung von gefundenen Effekten herangezogen (Leonhart, 2009, S. 575). Es handelt sich um die Differenz zwischen zwei Mittelwerten, Kurven oder Verteilungen, welche an der Streuung relativiert werden (vgl. Leonhart, 2009, S. 575). Nach Cohen (1988) wird die Effektgröße in kleine, mittlere und große Effekte unterteilt (Bortz & Schuster, 2010, S. 109). Der Effekt einer Schutzmaßnahme lässt sich mit der Effektgröße nach Gleichung 2.4 konkretisieren.

$$ d_M = \frac{\mu_A - \mu_C}{\sigma_{AC}} \quad mit \quad \sigma_{AC} = \sqrt{\sigma_{AC}^2} = \sqrt{\frac{\sum_{i=1}^{N}(x_i - \mu)^2}{N}} \quad (2.4) $$

$\mu_{A,C}$	Mittelwert Situation (A, C) (siehe Abbildung 1.1)
σ_{AC}	Standardabweichung
x_i	Messwerte der Stichprobe
μ	Durchschnitt aller Messwerte
N	Gesamtzahl der erhobenen Merkmalsträger

Über die Wirksamkeit lässt sich die Wirtschaftlichkeit von Schutzmaßnahmen nach Gleichung 2.5 ableiten ($Wirtschaftlichkeit_M$). Der Nutzen einer Maßnahme (W_M) wird mit dem dazu erforderlichen $Aufwand_M$ in ein Verhältnis gesetzt. Die Wirtschaftlichkeit spielt in der Sicherheitspraxis eine große Rolle (siehe Kapitel 13).

$$Wirtschaftlichkeit_M = \frac{Nutzen_M}{Aufwand_M} \qquad (2.5)$$

Um die vorgesehene Wirkung auf die Ausgangssituation und die zur Einführung der Schutzmaßnahmen vorliegende Gefährdung (vorher) entfalten zu können und eine möglichst hohe Wirksamkeit zu erreichen, ist es erforderlich, dass die Schutzmaßnahmen zuverlässig funktionieren. Unter Zuverlässigkeit wird die „Eigenschaft [einer Schutzmaßnahme] verstanden, die [...] festgelegten Funktionen unter den Auslegungsbedingungen während eines bestimmten Zeitintervalls ausfallfrei auszuführen" (vgl. Birolini, 1997) – nach Meyna & Pauli (2003) „Qualität über die Zeit". Sie wird als Wahrscheinlichkeit angegeben, mit der in einem bestimmten Zeitintervall kein Ausfall der Funktion [einer Maßnahme] erfolgt (vgl. Birolini, 1997). Die Zuverlässigkeit ist eine Eigenschaft von Schutzmaßnahmen und implizit in der Wirksamkeit – als Voraussetzung – enthalten.

2.2 Komplexe Systeme als risikologischer Gegenstand

Die Auseinandersetzung mit Gefährdungen und der Wirksamkeit von Schutzmaßnahmen betrifft alle Bereiche des Lebens, weshalb es eines allgemeinen Zugangs bedarf, wie ihn der Systemgedanke bietet.

2.2.1 Der Systemgedanke

Alles kann als System betrachtet werden. Ein System ist nach von Bertalanffy (1968, S. 33) „eine Menge/Klasse von in Wechselbeziehungen stehenden Elementen" [...], die nach Sachsse (1978, S. 17) durch „Beziehungen miteinander enger verknüpft sind als mit ihrer Umgebung". Die Herleitung des Begriffes findet sich in Abbildung 2.6 nach Herkunft und Bedeutung gegliedert (Seebold, 2011b; Hermann et al., 1985b und Wahrig, 1985b).

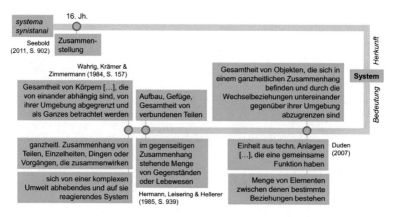

Abbildung 2.6 Herkunft und Bedeutung des Systembegriffes

Die Betrachtung von Gefährdungen und Risiken (mit ihren Bestimmungsgrößen) ist an die Gegebenheit bzw. Annahmen eines Systems als Aktionsrahmen gebunden und sie lassen sich nur für bestimmte Situationen angeben (Compes, 1982, S. 39). Für jede Fragestellung und für jede Aufgabe muss ein spezifisches System – und zwar theoretisch für eine bestimmte Situation – entworfen werden. Die Anschauung von Systemen richtet sich nach Ordnungsprinzipien, woraus sich Ereignis- und Systemmodelle ableiten (z. B. Renn et al., 2007; Kuhlmann, 1997a; Compes, 1988). Im Risikobereich hat sich zunächst das „Technik-Organisation-Person"-Modell (McGrath, 1976), darauf folgend das „Mensch-Maschine-System" bzw. „Mensch-Maschine-Umwelt-System" (Kuhlmann, 1997a) und „Gesellschafts-Anlage-Natur-System" (vgl. Compes, 1982, S. 60) etabliert. Solche Modelle sollen der Realität hinsichtlich ihres Aufbaus, ihrer Abläufe, Funktionen, Beziehungen und Eigenschaften (Festag, 2012, S. 10) nahekommen und gleichzeitig eine Allgemeingültigkeit aufweisen. Darauf aufbauend hat sich die Systembetrachtung in die Richtung von „multifaktoriellen Modellen" (in Anlehnung an Musahl, 1997) unter der Berücksichtigung von zeitabhängigen Verhaltensweisen (z. B. Albers, 1987) weiterentwickelt (siehe Abbildung 2.7).

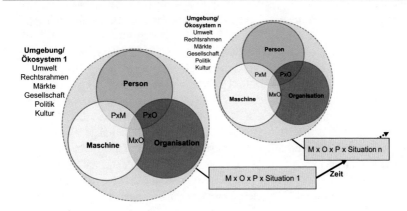

Abbildung 2.7 Multifaktorielles Systemmodell (Musahl, 1997, S. 375)

Systeme bestehen aus verschiedenen Bestandteilen: Personen, Maschinen, Organisation und einer Umwelt mit diversen Schnittmengen und Wechselwirkungen zwischen den Bestandteilen (Musahl, 1997). Die Bestandteile und Systeme hängen hinsichtlich ihrer Detailliertheit von dem Abstraktionsniveau der Betrachtung ab, wie Exkurs 5 erläutert.

Exkurs 5: Ein Finger – Bestandteil oder selbst ein System?
Finger bestehen aus Haut, einigen Muskeln und Knochen. Sie sind Instrumente der Sinne und Bewegung. Sie vollführen einen enormen Materie-, Energie- und Informationsaustausch, bei dem selbst in Ruhestellung in jeder Sekunde 500 einzelne Bewegungen, über 1.000 Sinneswahrnehmungen und Zehntausende von chemischen Reaktionen stattfinden (vgl. Vester, 2001). So lässt sich ein Finger als einfacher oder komplexer Bestandteil eines übergeordneten Systems (z. B. eines Menschen) betrachten oder selbst als ein komplexes System darstellen.

Die zeitliche Perspektive – der Zeithorizont und die Dynamik – hat neben den Bestandteilen und ihren Interaktionen eine große Bedeutung für das Systemverhalten (vgl. Dong et al., 2021; Logan et al., 2021; Barrero et al., 2018; Renn et al., 2007; Heidegger, 2006; Meyna & Pauli, 2003; Ozel, 2001; Musahl, 1997; Albers, 1987; Vester, 1983; Meyna, 1982). Beim Menschen führen z. B. Lernvorgänge dazu, dass eine kontinuierliche Veränderung des Systems über die Zeit erfolgt (Spitzer, 2009). Auch die technischen Systembestandteile verändern sich über die Zeit durch z. B. Umwelteinflüsse und systemspezifische, natürliche Alterungsvorgänge (vgl.

Hauptmanns, 2013; Kuhlmann, 1997a; Lakner & Anderson, 1985 und Rauchhofer, 1985).

Ein System mit seiner Struktur, Ordnung, seinen Bestandteilen und äußeren Einflüssen kann sich zu jedem Zeitpunkt (im Detail) verändern. Häufig sind die betrachteten Systeme dabei ein Teil eines übergeordneten Systems (vgl. Kochs, 1984, S. 17). Die Systeme sind in eine Umgebung (Öko-System) eingebettet und weisen zahlreiche Wechselwirkungen mit ihr auf. Diese Wechselwirkungen sind für das Verhalten der Systeme wesentlich (Luhmann, 1991) und können funktionale Wirkverbünde[3] bilden. Das Verhalten der meisten Systeme ist dynamisch und durch Veränderungen geprägt. Die möglichen Veränderungen des Systems, der Gefährdungen und der Einfluss von Schutzmaßnahmen erschweren eine konkrete und dennoch umfassende Systemdefinition, aus der die relevanten Versagensmechanismen hervorgehen.

Der Systemgedanke lässt sich bei der Analyse, Bewertung und Gestaltung von Gefährdungen heranziehen, auch wenn die Systeme nicht vollständig dargestellt werden können. Systeme stehen somit für eine in bestimmter, zweckorientierter Weise abgegrenzte Wirklichkeit (Meyer, 1983, S. 16). Sie sind ausschnittsweise und unter bestimmten Gesichtspunkten als vereinfachtes Modell zu verstehen (Meyer, 1983, S. 16). Eine effiziente Betrachtung von Systemen ist eine anspruchsvolle Aufgabe, insbesondere vor dem Hintergrund, dass das, was ein System für gewöhnlich ausmacht, nicht zwingend mit dem korrespondiert, was in einer gefährlichen Situation relevant ist. Das ist bei der Wirksamkeitskontrolle zu beachten.

Mit der Entwicklung von Systemmodellen (z. B. Musahl, 1997, Klampfer & Favre, 1997; Compes, 1980; Vorath, 1982 oder McGrath, 1976) und dem Systemgedanken (z. B. Haavik, 2020; Wahlström, 2018; Luhmann, 2011; Stroeve et al., 2009; Renn et al., 2007; von Bertalanffy, 1990; Sachsse, 1979; Sachsse, 1971; von Bertalanffy, 1968; Wiener, 1963) setzt sich die Vorstellung des soziotechnischen Systems durch (z. B. Ritz, 2015; AK-MF, 2011; Renn et al., 2007; SFK-GS-46, 2005; Hermann & Neuser, 2004 und Grote & Künzler, 1996) und öffnet ein Verständnis für „systemische Risiken" (siehe Abschnitt 2.2.2), wodurch die Rekonstruktion und Entschlüsselung von Ereignisursachen sowie deren Behandlung einen tieferen Blickwinkel erhalten.

---

[3] Arvay (2016, S. 35) verweist auf funktionale Wirkverbünde in der Wechselwirkung zwischen Menschen und ihrer Umwelt. Dabei bezieht er sich auf biologische Funktionskreise zwischen Umweltreizen und menschlichen Reaktionen in Anlehnung an von Uexküll (1928) und legt nahe, dass Menschen funktional mit ihrer Natur verbunden sind und die Naturreize spezifische Verhaltensweisen hervorrufen (vgl. Eckart, 2017). Menschliches Verhalten wird als „biopsychosoziale Einheit mit seiner individuellen Wirklichkeit" verstanden (z. B. Storp, 2009; Egger, 2005; Engel, 1977; von Uexküll & Kriszat, 1934).

Vor allem im Arbeitsumfeld sind spezifische Systemmodelle (z. B. Kahl, 2019; Schmidt et al., 2008; Bernotat, 2008; Hermann, 2003; Klampfer & Favre, 1997; Robinson & Bennett, 1995; Müller, 1992) auch für den menschlichen Faktor entstanden (z. B. Radandt, 2011; Sträter, 2011; Musahl, 1997; Meister, 1977), die auch für Zuverlässigkeitsanalysen (z. B. Sträter, 2011; Sträter, 1997; Bubb, 1994; Bubb, 1990; Swain & Guttman, 1983) und Gegenüberstellungen von generellen Stärken und Schwächen zwischen Mensch und Technik (z. B. Radandt, 2011; Grote & Künzler, 1996) verwendet werden. Die Zeitpunkte der Entstehung dieser Modelle sind Markierungspunkte für das Verständnis von menschlichem Verhalten und geben Aufschluss darüber, wie sich der Schwerpunkt vom technischen zum humanen Bild verschoben hat (vgl. Ritz, 2015). Zunächst sind Systemmodelle entstanden, die das menschliche Verhalten primär senso-motorisch beschreiben (z. B. Siebert, 1978). Anschließend sind Betrachtungen des Menschen als informationsverarbeitendes Modell zu erkennen (z. B. Reason, 1990; Rasmussen, 1988). Seither gewinnen zunehmend psychosoziale und emotionale Faktoren (z. B. Taylor, 2020; Gigerenzer, 2013; Festag, 2012; Sträter, 2011 und Griffiths, 2004) an Bedeutung zu. Das menschliche Verhalten lässt sich aber nur bedingt als System beschreiben. Trotz dieser Herausforderungen rückt der Systemgedanke mit den Modellvorstellungen, Einschränkungen und systemischen Betrachtungen „systemische Risiken" in das Problembewusstsein. Wirksamkeitsbetrachtungen sind für die Auseinandersetzung mit systemischen Risiken von großer Bedeutung.

2.2.2   Komplexe Systeme und systemische Risiken

Ausgangspunkt für „systemische Risiken" sind komplexe Systeme. Eine Herleitung der Begriffe „Komplex" bzw. „Komplexität" ist Abbildung 2.8 zu entnehmen (Seebold, 2011a; Pfeiffer, 1993; Hermann et al., 1985a; Wahrig, 1985a; Wahrig et al., 1982; Drosdowski, 1986).

Systeme besitzen nach Vester (1983, S. 19) Struktur und Ordnung und sind zu einem bestimmten Aufbau vernetzt. Sie werden zu einem neuen Ganzen, das sich anders als seine Teile verhält. Stacey (2021) unterteilt in „einfache", „komplizierte" und „komplexe" Systeme. Einfache Systeme haben eine einfache Struktur und ein einfaches zeitliches Verhalten. Komplizierte Systeme sind strukturell umfangreich und komplexe Systeme besitzen eine immanente, zeitliche Veränderbarkeit – ihr Verhalten ist kompliziert (Matthies, 2005). Neben dieser Unterscheidung wird zwischen statischen und dynamischen, reversiblen und irreversiblen sowie (ab)geschlossenen und offenen Systemen unterschieden, wobei weitere Unterscheidungen existieren (z. B. Meyer, 1983, S. 10). Ein „abgeschlossenes System" ist dadurch bestimmt,

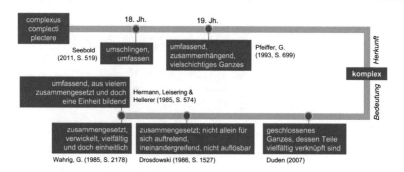

Abbildung 2.8 Herkunft und Bedeutung der Begriffe „Komplex" und „Komplexität"

dass die Elemente nur untereinander verbunden sind und jede Wechselwirkung mit der Umgebung unterbunden ist. Es handelt sich um einen idealisierten Zustand, der nur annähernd gegeben sein kann. Es gelten der Erhaltungssatz der Energie und Entropiesatz (Sachsse, 1971, S. 9). Unter „offenen Systemen" werden Systeme verstanden, für die der Austausch von Materie oder Energie oder von beiden mit der Umwelt wesentlich ist (Tipler & Mosca, 2006). Sie sind durch die Bewegung auf ein Gleichgewicht hin bestimmt, das man als „Fließgleichgewicht" bezeichnet (Sachsse, 1979), weil trotz des Austausches mit der Umgebung charakteristische Zustandsgrößen konstant bleiben. Daher ist für sie nicht die Erhaltung der Substanz, Materie oder Energie kennzeichnend, sondern die Erhaltung der Struktur. Daraus folgt, dass bei offenen Systemen die Umwelt berücksichtigt werden muss (vgl. Sachsse, 1971, S. 253). Luhmann (2011) zieht zur Erläuterung von Komplexität die Begriffe „Element" und „Relation" heran, womit die per Definition verschiedenen Bestandteile (Elemente) eines Systems (wesentlich) durch ihre Beziehung (Relation) komplex werden. Nach Renn et al. (2007, S. 164 f.) bedeutet Komplexität weiter, dass zwischen Ursache und Wirkung viele Größen wirksam sind […], sodass aus der beobachteten Wirkung nicht ohne Weiteres auf die Ursache geschlossen werden kann (Crutchfield, 2012; Springer, 2012; Zeh, 2011; Prigogine, 1979).

Bereits aus der Betrachtungsweise eines Systems entsteht ein Satz an Merkmalen, der ein System komplex gestaltet: (A) Betrachtungsweite und -tiefe, (B) die zeitliche Perspektive, (C) Wechselwirkung mit der Umgebung, (D) Eingriffe in das System (z. B. durch Maßnahmen) und (E) (Kaskaden-)Effekte (Terborgh & Estes, 2010). Mit den folgenden Eigenschaften lassen sich nach Schaub (1992, S. 135) komplexe Systeme charakterisieren:

- Vernetztheit; Systeme besitzen mehrere Bestandteile, die in Wechselwirkung zueinander und zur Umgebung stehen (Element und Relation); aus den Wechselwirkungen resultiert eine hohe Informationsmenge und -dichte
- Dynamik; die Systeme sind veränderbar, besitzen eine Eigendynamik (in Teilen mit einer Zielgerichtetheit) und können sich zumindest partiell selbst organisieren
- Intransparenz; die Systeme basieren auf multikausalen Wirkungsbeziehungen, die oft ein nichtlineares und emergentes Verhalten besitzen
- Offenheit; die Systeme und verknüpften Ereignisse sind in Bezug auf die Zielsituation offen, sie sind unbestimmt und unvorhersehbar (hoher Anteil an Ungewissheit)
- Polytelie; mehrere Ziele werden gleichzeitig verfolgt, die sich auch widersprechen können

Bei der Auseinandersetzung mit Gefährdungen und der Wirksamkeit von Schutzmaßnahmen sind im Detail systemseitig verschiedene Phasen des Lebenszykluses zu beachten. Nach Lehder & Skiba (2007, S. 418) sind die Phasen: Planung, Konstruktion, Einkauf, Fertigung, Entwicklung, Forschung, Zulassung, Zertifizierung, Vertrieb, Zulieferung, Inbetriebnahme, Abnahme, Genehmigung, Betrieb, Instandhaltung, Reklamation und Außerbetriebsetzung. Auch Systemvorgänge sind zu beachten (Fendler et al., 2017), die sich – einige Feinheiten ignorierend – in einen „Normal-" und „Nichtnormalbetrieb" einteilen lassen (vgl. Hauptmanns, 2013). Der Nichtnormalbetrieb nimmt in der Regel nur einen kleinen Zeitanteil in Anspruch. Wird beim Aufkommen von Unfällen und anderen Versagenserscheinungen dieser zeitliche Bezug hergestellt, dann ist der Nichtnormalbetrieb von überproportionaler Bedeutung für die Risikosituation (vgl. Hartwig, 2009). Abbildung 2.9 fasst die Merkmale für komplexe Systeme zusammen.

Offene und dynamische Systeme mit komplexen Risiken stehen im Vordergrund der Betrachtung, weil die betrachteten Systeme, Gefährdungen und Schutzmaßnahmen in der Realität diese Eigenschaften aufweisen. Damit liegen der Wirksamkeitskontrolle in der Regel komplexe Systembetrachtungen höherer Ordnung mit systemisch wirkenden Gefährdungen zugrunde. Diese komplexen Gefährdungen werden verkürzt als „systemische Risiken" bezeichnet. Sie reichen nach Renn et al. (2007) weit über den physischen Schadensbereich und den Ort ihrer Entstehung hinaus und sind durch eine Entgrenzung in Zeit, Raum und Schadenskategorie gekennzeichnet. Sie beziehen sich auf „hochgradig vernetzte Problemzusammenhänge mit schwer abschätzbaren Wirkungen hinsichtlich Umfang, Tiefe und Zeithorizont" (Renn, 2021, S. 46 f.), deren Bewältigung aufgrund eines hohen Maßes an

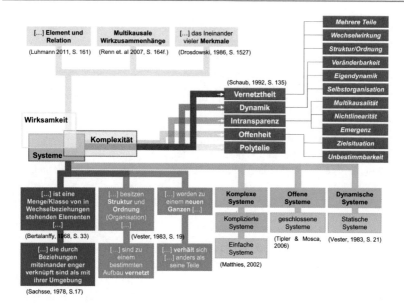

Abbildung 2.9 Eigenschaften komplexer Systeme

Komplexität, Unsicherheit und Ambiguität[4] mit erheblichen Wissens- und Bewertungsproblemen verbunden sind (Renn, 2016). Sie werden häufig unterschätzt (vgl. Renn et al., 2020; Lucas et al., 2018) und lassen sich nach Renn (2021, S. 48 ff.) anhand der folgenden Merkmale charakterisieren:

---

[4] Komplexität spiegelt in diesem Sinne nach Renn et al. (2007) den Stand des Systemwissens wider und Unsicherheit kennzeichnet, „dass in der Natur der Gefährdungen gleiche oder ähnliche Expositionen bei unterschiedlichen Individuen zu […] unterschiedlichen Reaktionen führen können" (vgl. Renn, 2008; Stirling, 2003; Bonß, 1996; Kahnemann et al., 1982). Unsicherheit bezieht sich auf Unbestimmtheit und Nichtwissen, d. h., es liegt ein hoher Anteil zufälliger Variation vor oder Unkenntnis über kausale Beziehungen (durch Ahnungslosigkeit oder weil sie hypothetisch naheliegend, wissenschaftlich aber nicht nachgewiesen sind). Ambiguität entspricht der Mehrdeutigkeit eines Sachverhalts und befasst sich mit den normativen Grundlagen als Orientierungsmarke für das eigene Handeln.

- Sie wirken lokal übergreifend (Lipsky, 2009) und können nicht auf eine bestimmte Region eingegrenzt werden.
- Sie sind eng mit anderen Risiken vernetzt und in ihren Wirkungen mit den Wirkungsketten anderer Aktivitäten und Ereignisse verknüpft, ohne dass dies unmittelbar erkenntlich ist (vgl. Howell, 2013).
- Sie sind meist durch nichtlineare Modelle von Ursache- und Wirkungsketten beschrieben und unterliegen stochastischen und chaotischen Beziehungen – in denen gleiche Ursachen zu einer Bandbreite von wahrscheinlichen Folgen führen (vgl. Bossel, 2004, 385 ff.).

Systemische Risiken beziehen sich nach Beck (1986) häufig auf Nebenfolgen von Nebenfolgen von Systemen im Sinne von Sekundär- und Tertiärschäden (vgl. Renn, 2021, S. 47), die unter Umständen auch Risikonetzwerke bilden (vgl. Radandt, 2022). Schutzmaßnahmen greifen vielfach systemische Risiken in komplexen Systemen an, was die Auseinandersetzung mit ihrer Wirksamkeit zu einer anspruchsvollen Aufgabe macht.

2.3   Einordnung in die Sicherheitswissenschaft

Unfälle, Katastrophen und Störungen wurden aufgrund ihres vermeintlich plötzlichen Eintritts lange Zeit als zufällige Schicksalsschläge hingenommen (Compes, 1983), während Angriffe eher als psychopathische Entgleisung in eine ähnliche „Schublade" gesteckt wurden. Dieses Verständnis hat sich mit der Zeit gewandelt. Gefährdungen werden nicht mehr als Akt „höherer Gewalt", sondern als sich anbahnende und teilweise ähnlichen Bedingungen unterliegende Phänomene begriffen. Durch diese Sicht hat sich ein systematischer und methodologischer Zugang zur Auseinandersetzung mit Gefahren, Gefährdungen und Risiken geöffnet. Die daraus resultierende Sicherheitswissenschaft ist die Lehre und Forschung der methodischen und systematischen Analyse, Bewertung und Gestaltung von Gefahren, sowie die Auseinandersetzung mit deren Schweren und Häufigkeiten zum Zwecke der Verringerung von Schäden und Verlusten (vgl. Compes, 1975). In diesem Rahmen werden nach Compes (1978) Erkenntnisse über das Wesen von Gefahren und ihre näheren Bestimmungen sowie den Schutz von Systemen vor insbesondere unfallartigen Schäden erarbeitet, zusammengestellt und vermittelt (vgl. GfS, 2017; Wahrig-Burfeind, 2006). Die Sicherheitswissenschaft ist der wissenschaftliche Überbau für die originäre Auseinandersetzung mit Gefahren, Gefährdungen, Risiken und Derivaten (vgl. Compes, 1975; Kahl, 2008; Lehder, 2008; Müller, 1992) sowie den Schutzstrategien. Sie ist nach Compes (1991) eine eigenständige, in sich geschlossene Wissenschaft (Seidel, 2008, vgl.). Sie basiert auf alle anderen Disziplinen (siehe Abbildung 2.10) und verfügt über einen eigenen Kern an Terminologien, Methodologien und Systematiken als Grundlagen für fachspezifische Definitionen, Prinzipien und Techniken mit dem Ziel, Schäden zu verhindern (vgl. GfS, 2017).

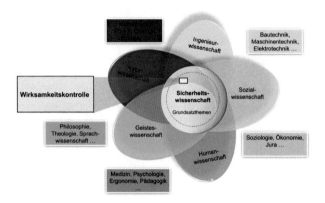

Abbildung 2.10 Einordnung der Wirksamkeitskontrolle in die Sicherheitswissenschaft

Gefahren für den Menschen und seine Umwelt existieren seit jeher. Das trifft auf die Entwicklung von (Überlebens-)Strategien und Techniken zum Schutz vor Gefährdungen (Schutzmaßnahmen) ebenso zu (Festag, 2014c). Von unfallartigen Ereignissen ausgehend, näherte sich die Sicherheitswissenschaft den umliegenden Problemstellungen über die Abgrenzung zu andersgearteten Ereignissen wie Beeinträchtigungen des Wohlbefindens, Belastungen, Krankheiten, Ängsten oder Funktionsbeeinträchtigungen und Störungen von Systemen und Maschinen sowie zu andersgewichteten Ereignissen wie Bagatellen und Katastrophen von primär technischen zu gesamtgesellschaftlichen Fragestellungen (vgl. Compes, 1982; Compes, 1978; Compes, 1975). Der wissenschaftliche Gegenstand spannt eine Ebene zwischen Chancen und Risiken sowie über die Art der Ereignisse und Schweregrade mit jeweils objektiven und subjektiven Anteilen auf (vgl. Nida-Rümelin & Weidenfeld, 2021).

Innerhalb der Sicherheitswissenschaft werden Erkenntnisse über das Ereignisgeschehen – von den Auslösern über die Abläufe bis zu den Ausgängen – erarbeitet, gesammelt, geordnet, (kritisch) bewertet und auf dieser Grundlage (systematisch) Gegenmaßnahmen zur Vor- und Nachsorge abgeleitet. Der gesamte Themenkomplex zielt auf die Annäherung an den Zustand der Sicherheit ab und lässt sich nach Compes (1991) als „Risikologie" beschreiben. Die Risikologie setzt sich aus der Risikoanalyse und Risikokontrolle zusammen (die Bewertung ist nicht explizit erwähnt, lässt sich aber der Analyse zuordnen). Der analytische Teil umfasst die „Risiko-Typen", „Risiko-Diagnosen" und „Risiko-Epidemien" (siehe auch Abschnitt 3.3.1). Hinsichtlich ihres Wirkvektors geht die Sicherheitswissenschaft über den allgemeinen Erkenntnisfortschritt hinaus. Sie erforscht und systematisiert als interdisziplinär angewandte Wissenschaft die Wirkbedingungen und Gesetzmäßigkeiten von Gefahren, Gefährdungen und Risiken übergreifend (Lehder & Skiba, 2005, S. 26) und befasst sich einerseits mit dem Wissenszugewinn und andererseits mit den Einschränkungen der gesicherten Erkenntnis, um daraus auch Regeln zum Handeln abzuleiten (vgl. Festag et al., 2020).

Die Betrachtung der Wirksamkeit fällt in den originären Kern der Sicherheitswissenschaft und tritt in Bezug auf bestimmte Sachverhalte in vielen Disziplinen auf. Sie geht aber in einer übergreifenden Behandlung über die einzelnen Disziplinen hinaus. Die Auseinandersetzung mit der Wirksamkeit von Schutzmaßnahmen stellt innerhalb der Sicherheitswissenschaft eine Grundsatzthematik dar und leistet einen methodischen Beitrag im Querschnitt.

2.3.1 Der Bezug zur Sicherheitstechnik

Die Sicherheitstechnik ist ein Bestandteil (Kuhlmann, 2000 und Müller, 1992) und eine praktische Anwendung der Sicherheitswissenschaft (Compes, 1978). Sie hat das Ziel, Menschen und ihre Umwelt vor Gefahren zu schützen (vgl. Compes, 1983), wobei der Schutz von Sachwerten, Kulturgütern etc. (siehe Abschnitt 3.3) auch zu ihren Zielen gehört (vgl. Lehder, 2008). Es gibt verschiedene Auslegungen darüber, was Sicherheitstechnik ist. Zusammengefasst ist Sicherheitstechnik im engeren Sinne der Begriffe die Lösung von technischen Sicherheitsproblemen (Sicherheit der Technik) und die technische Lösung zur Beherrschung von Gefährdungen (technische Sicherheit). In Bezug auf den Technikbegriff als Kunstfertigkeit ergibt sich nach Compes (1975) das Verständnis des gezielten Einsatzes von Techniken, um Sicherheit zu erreichen (vgl. Seidel, 2008). Als Sicherheitstechniken versteht sich das methodische und systematische Grundgerüst an Begriffen, Prinzipien, Instrumenten, Maßnahmen, Mitteln und Methoden, die dazu dienen, dem Zustand von Sicherheit möglichst nahe zu kommen. Die Sicherheitstechnik umfasst zum Teil gleichzeitig alle dargestellten Auslegungen. Sie ist demzufolge in mehrerlei Hinsicht mit soziotechnischen Systemen verbunden. Die Sicherheitstechnik widmet sich den Gefahren durch und für soziotechnische Systeme (vgl. Festag, 2014c).

Die Sicherheitstechnik umfasst als wissenschaftlicher Bereich eine Reihe an Fachgebieten (die sich zum Teil überlappen und hierarchisch auch unterschiedlich einordnen lassen), wie z. B. (in alphabetischer Reihenfolge): (1) Allgemeine Sicherheitswissenschaft (Risikologie), (2) Arbeits- und Gesundheitsschutz (Arbeitssicherheit), (3) Arbeitsmedizin, (4) Arbeitsphysiologie, (5) Arbeitspsychologie, (6) Anlagensicherheit, (7) Betriebssicherheitsmanagement, (8) Bevölkerungsschutz, (9) Brandschutz, (10) Energiesicherheit (z. B. Reaktorsicherheit und Strahlenschutz), (11) Ergonomie, (12) Explosionsschutz, (13) Gefahrenabwehr, (14) Gefahrenfrühwarnsysteme, (15) Gefahrenkognition (Risikowahrnehmung), (16) gefährliche Stoffe, (17) Infektionsschutz, (18) IT-Sicherheit (z. B. Datenschutz, Datensicherheit und Sicherheit der Informations- und Kommunikationstechnik, Cybersecurity), (19) Katastrophenschutz, (20) Konflikt- und Krisenbewältigung, (21) Konsequenzanalyse, (22) Methoden der Risikologie (siehe Kapitel 3), (23) Maschinensicherheit, (24) Naturschutz, (25) Notfallpädagogik, (26) Objektschutz, (27) persönliche Schutzausrüstung, (28) Produktsicherheit, (29) Prozesssicherheit, (30) Qualitätswesen, (31) Rettungswesen, (32) Risikoanalytik, (33) Risikokommunikation, (34) Risikomanagement, (35) Risikomodellierung und -simulation, (36) Schutz kritischer Infrastrukturen, (37) Schutz vor Naturgefahren, (38) Sicherheitsarchitektur, (39) sicherheitstechnische Bauelemente, (40) sicherheitstechnische Mess- und Regelungstechnik, (41) sicherheitstechnische Diagnostik, (42) Sicherheitskultur, (43) Sicherheitslogistik, (44) Sicherheitstheorie und -praxis, (45) Sicherung (z. B. Kriminologie und Kriminalitätsbekämpfung, Sabotage, Terrorismus, Unternehmenssicherheit und Werkschutz), (46) Systemsicherheit, (47) Technikfolgenabschätzung, (48) technische Zuverlässigkeit, (49) Umweltschutz, (50) Unternehmenssicherheit, (51) Veranstaltungssicherheit, (52) Verkehrssicherheit, (53) Versicherungswesen sowie (54) Werkstoffkunde (Materialwissenschaften und Korrosionsschutz). Dazu gibt es neben der Sicherheitstechnik weitere Wissenschaftsbereiche, die sich mit Gefahren, Gefährdungen und Risiken mit einem weniger technisch geprägten Zugang innerhalb der Sicherheitswissenschaft befassen, wie z. B. (A) Sicherheitsethik, (B) Sicherheitsmanagement und -organisation, (C) Sicherheitsökonomie, (D) Sicherheitspädagogik (Notfallpädagogik), (E) Sicherheitspolitik, (F) Sicherheitsrecht, (G) Sicherheitssoziologie und (H) Sicherheitspsychologie. Die Beurteilung von Schutzmaßnahmen und die Auseinandersetzung mit deren Wirksamkeit berühren alle Gebiete.

2.3.2   Die zunehmende Beachtung der Sicherung

Die Sicherheitswissenschaft hat sich historisch bedingt zunächst schwerpunktmäßig mit den natur- und ingenieurwissenschaftlich ausgelösten und behandelbaren Gefahren befasst (Kuhlmann, 1979, S. 27). Bei diesem Gegenstand handelt es sich um „stochastische Gefahren" – die mit Zufallsvariablen beschreibbar sind (vgl. Meyna, 1982). Das bedeutet, dass die Versagenserscheinungen nicht exakt bestimmbar, sondern als stochastische Prozesse zu verstehen sind (z. B. Meyna & Pauli, 2003; Birolini, 1997; Schuster, 1997; Cox & Miller, 1966). Bei Schutzmaßnahmen kommt die Zufallsvariable in zweierlei Hinsicht zum Tragen (Strnad, 1985, S. 481), nämlich mit der Wahrscheinlichkeit des Eintritts eines gefährlichen Ereignisses und dem möglichen Versagen des Schutzsystems selbst, bei dem die Schutzfunktion im Anforderungsfall unter Umständen nicht gewährleistet ist. In Anlehnung daran ist nach Hartwig (2007) die (klassische) Sicherheitstechnik die Auseinandersetzung mit den (stochastischen) Gefahren von soziotechnischen Systemen (engl. safety). Die humanen und sozialen Bereiche von Gefahren sind im Rahmen des stochastischen Versagens innerhalb der Sicherheitstechnik als „soziale Sicherheitstechnik" verortet (Compes, 1978). Die Teilmenge, die sich mit den von Menschen absichtlich ausgelösten Gefahren befasst, ist nach Hartwig (2007) die „Sicherung" (engl. *security*). Meyna (1982, S. 6 f.) spricht von „Sicherheitstechnik im engeren Sinne", die sich mit der Verhütung von Folgeminderung von nichtbeabsichtigten (unerwünschten) Ereignissen befasst, sowie von „Sicherheitstechnik im weitesten Sinne", die sich auch mit beabsichtigten Ereignissen (z. B. Körperverletzungen, Tötungen, Kriegshandlungen, Diebstahl, Einbruch, Zerstörung und Sabotage) beschäftigt. Vergleichbar ist der Gliederungsansatz in intentionale und nichtintentionale Gefahren (Schulze, 2006), wobei weitere Strukturierungen existieren (vgl. Thoma et al., 2016; Sinay, 2015; Buzan et al., 1998). Ein Bewusstsein für die Verflechtungen zwischen der Sicherheitstechnik und Sicherung gibt es schon länger (vgl. Kuhlmann, 1979). Modernere Ansätze integrieren die Bereiche – vgl. die Ausrichtung des Fachjournals „Safety Science" oder von einschlägigen Studienprogrammen (Sinay, 2015; Hartwig, 2007). Die Sicherung lässt sich als ein Gebiet innerhalb der Sicherheitstechnik verankern und ist ein Bindeglied zwischen der klassischen Sicherheitstechnik sowie den ihr im Schwerpunkt zugrundeliegenden Human- und Sozialwissenschaften mit Anknüpfungspunkten zu Gebieten wie Polizei- und Rechtswissenschaften, Kriminologie, Motivations- und Konfliktforschung, Persönlichkeitspsychologie und Soziologie.

Viele Schadensbilder lassen sich nur schwer nach der Handlungsintention einordnen, weil die Versagensmechanismen ohne Weiteres oft nicht bekannt und nur die Symptome offensichtlich sind. Erst durch differenzierte Ursachenanalysen ist die Unterscheidung nach der Handlungsintention (wenn überhaupt) möglich. Das ist eine Voraussetzung, um an der ereignisauslösenden Stelle vor dem Hintergrund systemischer Risiken wirksame Maßnahmen einleiten zu können. Die Auslöser und Wirkmechanismen von Schutzmaßnahmen können sich zwischen absichtlichen und unabsichtlichen Gefährdungen erheblich unterscheiden. Dies ist bei der Risikoanalyse und Ableitung von Schutzmaßnahmen bereits zu beachten und kann spätestens bei der Wirksamkeitskontrolle von Bedeutung sein, wenn Maßnahmen ihre Wirksamkeit nicht erbringen.

2.3.3 Die Konzepte: Sicherheit, Sicherung und Resilienz

Bei soziotechnischen Systemen liegt ein enger Bezug zur Sicherheitstechnik vor und es ist eine zunehmende Verbindung zur Sicherung zu erkennen. Aber auch der Resilienzansatz wird hier vermehrt diskutiert (siehe z. B. Norfs, 2020; Alexander, 2013; Hollnagel, 2011; Folke, 2006; Banse & Bechmann, 1998; Collingridge, 1996; Beck, 1993), weshalb im Folgenden hierzu ein Bezug hergestellt wird. Unter (technischer) Resilienz wird die (generische) Fähigkeit von Systemen verstanden, auf komplexe Systemveränderungen wie Störungen – mithilfe von Ingenieurslösungen – zu reagieren, sodass die Systeme den Veränderungen standhalten und sich an sie anpassen (vgl. Thoma et al., 2016; Ahn et al., 2014). Die Betrachtung der Resilienz geht aus der Auseinandersetzung mit der Widerstandsfähigkeit von Menschen bis hin zu Kollektiven (wie Organisationen) hervor und liefert Eigenschaften[5], die sie fördert. Im Vergleich der Konzepte lässt sich feststellen, dass sie sich ergänzen (eine Übersicht gibt Tabelle 2.1).

Die wesentlichen Gemeinsamkeiten zwischen diesen Konzepten sind, dass alle drei Ansätze auf einer interdisziplinären Ausrichtung basieren, wobei der Ingenieursansatz in der Sicherung als akademisches Gebiet noch jung ist. Bedeutender ist aber, dass sich alle drei Konzepte auf den Risikoansatz beziehen. Die Symptome, die Art der Schäden, sind oftmals sehr ähnlich. Einige Grundprinzipien der Risikokontrolle sind sich ähnlich und alle Konzepte unterstützen die nachhaltige System-

---

[5] Resilienzfaktoren sind in Bezug auf Menschen: Optimismus, Akzeptanz, Selbstwirksamkeit, Lösungsorientierung, auf eigene Stärken konzentrieren, Verantwortungsübernahme, Netzwerkorientierung, Zukunftsplanung – zum Teil werden Achtsamkeit, Ungewissheitstoleranz und Veränderungsbereitschaft ergänzt (Stephan & Schulz-Forberg, 2020, S. 372). Im technischen Bereich geht es darum, Systeme so zu gestalten, dass sie Gefährdungen absorbieren, ihre Kernfunktion aufrechterhalten (oder schnell wiederherstellen) und aus Erfahrungen mit Gefährdungen lernen, um sich an veränderte Umweltbedingungen anzupassen (vgl. Hiermeier et al., 2021, S. 5 f.).

Tabelle 2.1 Gegenüberstellung der Konzepte: Sicherheitstechnik, Sicherung und (technische) Resilienz (Gemeinsamkeiten (hellgrün) und Unterschiede (dunkelgrün) zwischen den Ansätzen)

Konzept	Sicherheitstechnik (Safety)	Sicherung (Security)	(Technische) Resilienz (Resilience)
Definition	■ Teil der Sicherheitswissenschaft; Kontrolle von Risiken; verantwortlich für das Funktionieren von soziotechnischen Systemen (Compes, 1978)	■ Befasst sich mit absichtlichen Gefahren (Hartwig, 2012)	■ Fähigkeit eines Systems, Störungen funktional standzuhalten und sich diesen anzupassen (Thoma et al., 2016; Ahn et al., 2014)
Wissenschaftlicher Hintergrund	■ Unfallforschung, USA (Heinrich, 1931), und Maschinenbau, DE (Compes, 1978)	■ Kriminologie, 1764 (Bock, 2007), Militär-, Verteidigungsforschung, Security Studies, Ingenieuransatz auf Basis der Sicherheitstechnik	■ Psychologie (Werner, 1977); (elastische Eigenschaften) Materialwissenschaften (Böckling, 2017); Evolutionsbiologie
Disziplinäre Grundlage	■ Interdisziplinär – Schwerpunkt Natur- und Ingenieurwissenschaften mit wesentlichen Bestandteilen der Sozial-, Human- und Geisteswissenschaften (Thoma et al., 2016; Compes, 1978)		
Historie	■ Ca. 90 Jahre (Ingenieuransatz)	■ Ca. 10–20 Jahre (Ingenieuransatz); Kriminologie deutlich älter	■ Max. 20–30 Jahre (Ingenieuransatz; vgl. Farid, 2017; Boumphrey & Bruno, 2015)
Gegenstand	■ Gefahren, Gefährdungen, Risiken (soziotechnische, meist komplexe Systeme)		
Entstehungsansatz	■ Pathogenese zur Salutogenese		■ Salutogenese

(Fortsetzung)

Tabelle 2.1 (Fortsetzung)

KONZEPT	SICHERHEITSTECHNIK (SAFETY)	SICHERUNG (SECURITY)	(TECHNISCHE) RESILIENZ (RESILIENCE)
Konzeptioneller Ansatz	▪ Systemtheorie	▪ Recht	▪ Systemtheorie
Konzeptionelle Basis (Theorie)	▪ Risiko („Normal Accidents Theory")	▪ Risiko (Naturwissenschaften, Recht und Kriminologie)	▪ Risiko (Kombination „Normal Accidents and High Reliability Organization Theory") (Ritz, 2015)
Art des Risikos	▪ Stochastisch	▪ Absichtlich	▪ Mit hoher Unsicherheit (Renn et al., 2007)
Risikoauslöser	▪ Stochastisch	▪ Absichtlich	▪ Offener Ansatz
(Symptome)	▪ Personenschutz, Umweltschutz, Sachschutz, Kulturschutz, u.v.m.		

gestaltung. Die wesentlichen Unterschiede sind, dass die Konzepte unterschiedliche Definitionen beinhalten und sich im Detail mit unterschiedlichen Gesichtspunkten von Gefahren befassen (Sicherheitstechnik mit stochastischen Gefahren, Sicherung mit intendierten Gefahren und Resilienz vor allem mit unbekannten Risiken). Vom Standpunkt der Genese ist das Resilienzkonzept unmittelbar auf die Salutogenese ausgerichtet, während die beiden anderen Ansätze ihren Ursprung in der Pathogenese besitzen (vgl. Mock & Zipper, 2020; Mock et al., 2019). Vor allem bei der Ätiologie unterscheiden sich die Konzepte: Die Sicherheitstechnik befasst sich mit stochastischen Gefahren im Sinne von Zufallsvariablen und die Sicherung schwerpunktmäßig mit absichtlich ausgelösten Ereignissen, dagegen charakterisiert sich die Resilienz durch einen offenen Ansatz gegenüber Risiken. In der Folge unterscheiden sich die Methoden. Der Resilienzansatz setzt auf risikobasierte Methoden, während bei den anderen Ansätzen diese Methoden stärker mit regelbasierten Ansätzen konkurrieren. Die Wirksamkeitskontrolle von Schutzmaßnahmen ist in allen Konzepten ein wichtiger Bestandteil.

Methoden der Risikologie 3

Dieses Kapitel beschreibt das methodische Umfeld der Wirksamkeitskontrolle und ordnet die Wirksamkeitsbetrachtung in das bestehende Vorgehen ein. Das Gebiet, das sich mit der Methodologie im vorliegenden Kontext befasst, wird hier als „Methoden der Risikologie" bezeichnet – vgl. „Methoden der Sicherheitstechnik" (Barth, 2020). Vorneweg: Sicherheitstechnische Methoden gibt es nicht. Es gibt aber zahlreiche Methoden zur Analyse und Bewertung von Systemen, Gefahren, Gefährdungen und Risiken. Das Methodengebiet konzentriert sich primär auf die (Weiter-)Entwicklung und Anwendung von Methoden zu risikologischen Zwecken. Das damit verbundene Querschnittsdenken und die Verbindung zwischen den Disziplinen ist darauf ausgerichtet, nachhaltig gefährdungs- und risikokontrollierende Beiträge zu industriellen und gesellschaftlichen Entwicklungs- und Entscheidungsprozessen zu fördern (vgl. Barth, 2020). Das Gebiet weist einen hohen Bezug zur Wirksamkeitskontrolle (und -forschung) auf, in dem eine kritische Auseinandersetzung mit den Schutzmaßnahmen im übergreifenden Sinne erfolgt.

3.1 Die Entwicklung von Schutzmaßnahmen

Die historische Entwicklung von Schutzmaßnahmen ist für die Auseinandersetzung mit ihrer Wirksamkeit von Bedeutung und lässt sich verkürzt in drei Phasen einteilen (Festag, 2014c): Phase (I) geht auf die Anfänge der Zivilisation zurück. Natürliche Gefahren, wie Hungersnot oder schlechte Witterungsbedingungen, und später soziale Konflikte (Sachsse, 1978) waren bedeutende Gefahren für Menschen und ihre Umwelt. Schutzmaßnahmen gab es in Form von z. B. Pfeil und Bogen, Feuer oder Lederwaren zur Bekleidung. Phase (II), gegen Mitte des 18. Jahrhunderts, ist durch die Technisierung gekennzeichnet (vgl. Mock, 2015; Störig, 2007; Sachsse, 1978). Hilfsmittel sind zu Maschinen und Systemen gereift, welche neben den natürlichen zunehmend auch künstliche Gefahren hervorriefen (siehe z. B. Compes, 1991; Undeutsch, 1982; Compes, 1980). Explosionen von Druck-behältern, Freisetzungen von gefährlichen Stoffen beim Versagen von Produkti-onsanlagen oder ungünstige Gestaltungen von Arbeitsplätzen hinterließen in dieser Phase erhebliche Schäden (vgl. Kuhlmann, 1997a). Die einfachen Schutzmaßnah-men wurden durch technische Lösungsstrategien ergänzt, die auf neue Erkenntnisse gestützt, kontinuierlich weiterentwickelt wurden. Die Antwort auf die neuen und pri-mär technisch einzuordnenden Gefahren waren in dieser Phase Schutzmaßnahmen mit standardisierten Produkten, Zulassungsverfahren und normierten Vorgehens-weisen. Zahlreiche technisch bedingte Probleme konnten auf diese Weise gelöst werden. Inzwischen ergibt sich Phase (III) mit Gesamtsystemen, bei denen Men-schen in einer Umwelt eingebettet sind sowie mit einer schwer überschaubaren – komplexen – Technik und Organisation dynamisch interagieren und verwoben sind (vgl. Ritz, 2015). Zwischen dem Anfang und der Mitte des 20. Jahrhunderts wur-den ausgehend aus der Telekommunikation, Luftfahrt und Kerntechnik, später auch in der Prozessindustrie, aufwendige Schutzprogramme zur Risikominderung ent-wickelt (vgl. Meyna & Pauli, 2003). Technische Produkte wurden verbessert und Maschinenbediener schrittweise in die Schutzmaßnahmen eingebunden. Natürli-che und menschliche Verhaltensweisen wurden auf technische Systeme übertragen und natürliche Verhaltensweisen häufig technisch beschrieben (vgl. Bluma, 2005; Müller, 1992; Wiener, 1963). So wurden Leistungsgrenzen durch Technik über-wunden und monotone, langwierige oder gefährliche Arbeiten durch Automation ersetzt. Diese technisch geprägten und normierten Maßnahmen haben bemerkens-werte Resultate erzielt und sich durchgesetzt. Die heute verbreiteten Schutzmaß-nahmen beruhen darauf. In der Jetztzeit spielt bei einem Großteil der Gefährdungen in den Industrienationen der Mensch eine zentrale Rolle (vgl. Hartwig, 2007). Diese Gefährdungen sind in systemischen und künstlich gestalteten Rahmenbedingungen mit psychosozialen und emotionalen Reaktionsweisen begründet (Festag, 2012). Die normierten Maßnahmen werden diesem Sachverhalt zumindest partiell nicht gerecht. Das ist bei der Wirksamkeitsbetrachtung zu beachten.

3.2   Wirkungsrichtungen von Schutzmaßnahmen

Die Wirkrichtung einer Schutzmaßnahme ist für die Beurteilung ihrer Wirksam-keit ausschlaggebend und teilt sie in wirksame, unwirksame und kontraproduktive Maßnahmen ein (siehe Abbildung 3.1).

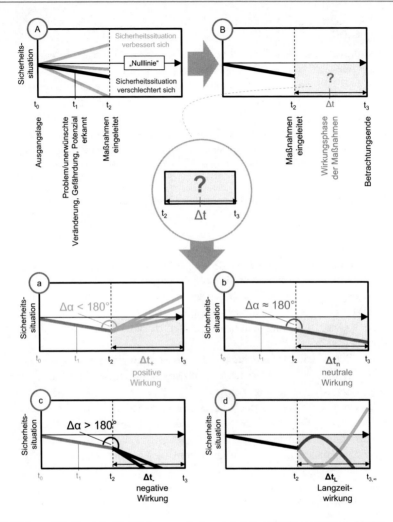

Abbildung 3.1 Vereinfachte Wirkungsverläufe von Schutzmaßnahmen (Festag, 2017a)

Die Beurteilung der Wirkrichtung ist kontextabhängig, aber lässt sich mit einer generellen Überlegung unterstützen: Beim Einsatz von Schutzmaßnahmen werden nach Festag (2017a) Situationen betrachtet, die in der Ausgangslage (t_0) ein Handeln erfordern, weil unerwünschte Veränderungen bzw. Gefährdungen (t_1) entdeckt wurden (siehe Abbildung 3.1 (A)), woraufhin Schutzmaßnahmen geplant und eingeleitet werden (t_2). Die Wirksamkeitskontrolle kennzeichnet das vorläufige Betrachtungsende mit dem Zeitpunkt t_3. Das Intervall Δt dazwischen ist für die Wirksamkeitskontrolle relevant (siehe Abbildung 3.1 (B)). Innerhalb dieses Intervalls können die Wirkungsweisen der Maßnahmen diverse Verläufe einnehmen (vereinfacht sind hier zunächst lineare Funktionen aufgeführt):

- Wirkungsverlauf mit einem positiven Effekt (Δt_+) auf die Situation ($\Delta \alpha < 180°$), siehe Abbildung 3.1 (a). Die Maßnahme reduziert die Gefährdung.
- In Abbildung 3.1 (b) ist ein neutraler Wirkungsverlauf (Δt_n) zu sehen. Die Schutzmaßnahme zeigt keine Wirkung ($\Delta \alpha \approx 180°$) und die Gefährdung ($t_1$) bleibt bestehen. Die für die Maßnahme aufgebrachte Energie ist in diesem Fall verschwendet und es stellt sich ein negatives Kosten-Nutzen-Ergebnis ein.
- Abbildung 3.1 (c) zeigt einen negativen Effekt (Δt_-) auf die Situation ($\Delta \alpha > 180°$), d. h., die Situation verschlechtert sich mit der Schutzmaßnahme (Festag, 2012).
- In Abbildung 3.1 (d) ist ein die bisherigen Wirkrichtungen überwölbender und sich über die Zeit verändernder Verlauf dargestellt. Der hypothetische Verlauf zeigt, dass sich die Wirkung einer Maßnahme über die Zeit verändern kann. Langzeitbetrachtungen sind bei der Wirksamkeitskontrolle von Bedeutung, da sich in der Lebenswirklichkeit mit der Zeit Veränderungen ergeben können („Nachhaltigkeit von Schutzmaßnahmen"). Die Wirksamkeitskontrolle ist beim Einsatz von Schutzmaßnahmen ein Instrument zur Überwachung von Langzeiteffekten.

3.3   Risikologische Vorgehensweisen

Die „Methodologie" befasst sich mit den Zugangsweisen des Erkenntnisgewinns über einen disziplinären Gegenstand (vgl. Becker-Lenz et al., 2016; Wehrle, 2021; Popper, 1984; Eberhard, 2016). Nach Musahl (1997, S. 16) führt der systematische Charakter des Erkenntnisgewinns und die Forderung nach intersubjektiver Überprüfbarkeit von Aussagen [...] zu allgemeinen „Forschungs-Paradigmen" und deren wissenschaftsinterner Kritik (im Sinne der Diskussion von „Methoden-Logik") sowie zur Entwicklung bestimmter Verfahren und Techniken („Methoden").

Die risikologische Vorgehensweise ist eine Herangehensweise („Methodik") zur Auseinandersetzung mit Gefährdungen bzw. Risiken und stützt sich dabei auf diverse Methoden (siehe Abbildung 3.2). Die methodischen Herangehensweisen (links in der Abbildung) sind Prozeduren, Verfahrensweisen, die einem bestimmten Aufbau folgen. Die Methoden (rechts in der Abbildung) stellen hingegen z. B. bestimmte Instrumente, Mittel, Techniken und Verfahren dar (siehe Abschnitt 3.3.3), die sich in das Herangehen einbinden lassen.

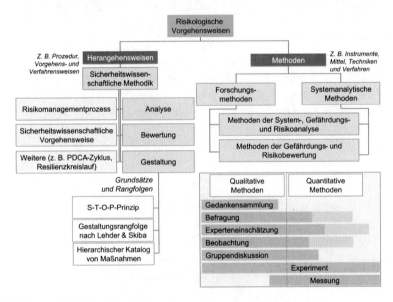

Abbildung 3.2 Risikologische Vorgehensweise

3.3.1 Die sicherheitswissenschaftliche Methodik

Die methodische Auseinandersetzung mit Gefährdungen und Risiken[1] folgt den aufbauenden Schritten: Analyse, Bewertung, Gestaltung (vgl. Lehder & Skiba, 2007) – welche als Methodik zusammengefasst werden (siehe Abbildung 3.3). Bei empi-

---

[1] Es ist zwischen Gefahren, Gefährdung und Risiken zu unterscheiden, weil sich die Analyse- und Bewertungsverfahren dabei auf verschiedene Sachverhalte beziehen. Es gibt Gefahren-, Gefährdungs- und Risikoanalysen, die in dieser Reihung aufeinander aufbauen. Dabei verengt sich im Allgemeinen der Blickwinkel, während der Detailgrad, Informationsgehalt und Analyseaufwand steigt (Festag, 2015a).

rischen Arbeiten folgt die Struktur ähnlichen, aber meist differenzierteren Schritten
(vgl. z. B. Franck & Stary, 2013). Die Wirksamkeitskontrolle von Schutzmaßnahmen stellt das Bindeglied zwischen der Gestaltung und dem rückgekoppelten Ana-
lyseschritt dar.

Abbildung 3.3 Sicherheitswissenschaftliche Methodik

Diese Methodik findet sich im Vorgehen z. B. bei der Gefährdungs- und Belas-
tungsbeurteilung im Arbeits- und Gesundheitsschutz (Lehder & Skiba, 2005, S. 91)
oder in ähnlicher Form bei der Risikobeurteilung in der Maschinen- und Systemsicherheit im Rahmen des Risikomanagementprozesses nach ISO 31000 (2018) wieder (vgl. Ridder, 2015). Ähnlich gilt sie im „PDCA-Zyklus" (z. B. BSI-Standard
100-1, 2008; Shewhart, 1986), „Resilienzkreislauf" (vgl. Thoma et al., 2016;
Edwards, 2009) und bei evidenzbasierten Ansätzen (vgl. Herodotou et al., 2019;
Rose, 2003).

Im Mittelpunkt steht die Gefährdungs- bzw. Risikobeurteilung (siehe Abbildung 3.4).

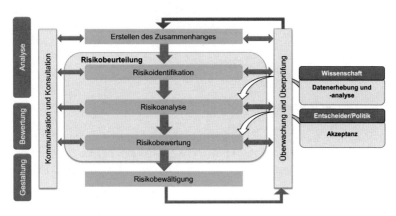

Abbildung 3.4 Vorgehensweise im Risikomanagementprozess (ISO 31000, 2018)

Sie beginnt mit der Analyse, um Risiken (implizit sind Gefahren bzw. Gefährdung angesprochen) zu identifizieren und zu charakterisieren. Sie ist die sachliche – und wissenschaftlich begründete – Grundlage für einen Handlungsbedarf und den Einsatz von Maßnahmen. Die anschließende Bewertung bezieht sich auf die systemspezifischen Gefährdungen und kann auf verschiedene Schutzziele und Bewertungsmaßstäbe zurückgreifen. Die Gefährdungen bzw. Risiken werden hinsichtlich ihrer Priorität eingeordnet und auf dieser Basis werden Maßnahmen abgeleitet (vgl. Ridder, 2015; Pidgeon, 1998).

In der Praxis hat sich das Vorgehen in sechs Schritten (siehe Abbildung 4.1) bewährt (Festag & Hartwig, 2018, S. 2 ff.), wobei es Vorgehen gibt, die einzelne Schritte zusammenfassen oder um Details erweitern (z. B. BGW, 2022; Nohl & Thiemecke, 1987). Im ersten Schritt (1) wird das betrachtete System definiert, festgelegt und abgegrenzt (z. B. Abläufe, Strukturen und Tätigkeiten). In diesem Schritt hat die Systemanalyse eine tragende Funktion, da hiermit die relevanten und systemspezifischen Gegebenheiten erfasst werden. Schnittstellen zwischen den verschiedenen Systembestandteilen und relevante Wechselwirkungen zwischen Teilsystemen und mit der Systemumwelt sind hierbei zu berücksichtigen. Darauffolgend sind die Gefahren im System zu analysieren und auf dieser Basis die systemspezifischen Gefährdungen – und unter Umständen näher bestimmte Risiken – zu identifizieren und zu bewerten (2). Die Systemanalyse vertieft sich zur Gefährdungsanalyse. Für die verschiedenen Analysen stehen je nach Zweck unterschiedliche Methoden zur Verfügung (siehe Abschnitt 3.3.3). In Schritt (3) werden die Schutzziele sowie die Ordnungs- und Bewertungskriterien festgelegt (vgl. Stoll & Festag, 2018). Mit diesen Schritten werden die Defizite (unvertretbare Risiken) zwischen dem Soll- und Ist-Zustand ermittelt (4). Damit beginnt der Problemlösungsprozess. In diesem Schritt (5) werden die möglichen Schutzmaßnahmen zur Beseitigung der identifizierten Differenzen geplant und ergriffen. Bei der Auswahl und Ableitung von Schutzmaßnahmen existieren zu beachtende Erfahrungen, Rechtsgrundlagen, Prinzipien und Gestaltungsrangfolgen, wobei die Maßnahmen im Detail fallspezifisch festzulegen sind. Erkenntnisse über die Wirksamkeit von Schutzmaßnahmen sind in diese Überlegungen einzubinden. Nach der Einleitung einer Schutzmaßnahme ist die Wirksamkeitskontrolle durchzuführen. Für die Durchführung der Wirksamkeitskontrolle liegen in den etablierten Vorgehensweisen und Handlungshilfen nur rudimentäre Anhaltspunkte vor (vgl. BG RCI, 2022, S. 12; Kittelmann et al., 2022, S. 11; ASI 10.0, 2020, S. 25). Das gesamte Vorgehen ist zu dokumentieren. Anschließend beginnt die Iteration, falls sich Veränderungen ergeben.

Der Schritt der Analyse in der Methodik
Für die Analyse von Gefahren, Gefährdungen und Risiken stehen zahlreiche Verfahren und Instrumente zur Verfügung (z. B. Brenig, 2015; Andrlik, 2012; Ganz, 2012; Meyna & Pauli, 2003; Hartwig, 1999; Peters & Meyna, 1986). In der Analyse geht es um die systematische Auswertung von Informationen, um das System zu verstehen und Gefahren zu identifizieren. Bei der Gefährdungsanalyse werden die Gefahren kontextabhängig eingeordnet, d. h. auf das betrachtete System bezogen. Die Risikoanalyse vertieft die Gefährdungsanalyse und befasst sich vor allem mit den Eintrittswahrscheinlichkeiten und Schweregraden von Ereignissen, wobei einzelne Parameter ausgeblendet oder weitere herangezogen werden können. Die Risikoanalyse behandelt folglich bestimmte Eigenschaften von Gefährdungen, wodurch eine Selektion und Priorisierung (relevanter) Gefährdungen vorgenommen wird. Vermehrt finden sich Vorschläge für vertiefende Strukturierungen, um in der Analyse die Risiken, z. B. hinsichtlich ihrer Unsicherheit, zu spezifizieren (z. B. Birkmann et al., 2016; Blum & Kaufmann, 2013; Renn et al., 2007).

Der Schritt der Bewertung in der Methodik
Die Analyse und Bewertung sind zwei getrennte Prozessschritte, z. B. resultiert aus der Analyse einer Risikozahl, die dann hinsichtlich ihrer Toleranz bewertet wird. Es können von der Einschätzung der Gefährdung hin zu den Risiken aber auch fließende Übergänge zwischen der Analyse und Bewertung entstehen. Das liegt daran, dass bei der Charakterisierung von Gefährdungen und Risiken implizit spezifische Eigenschaften in den Vordergrund geraten, wobei Verflechtungen zwischen den Wahrnehmungs- und Bewertungsprozessen eine Rolle spielen (siehe Exkurs 6) und sich subjektive und objektive Gefahrenurteile gegenseitig diluieren können.

Exkurs 6: Die Wahrnehmung und Bewertung von Gefährdungen
Der Wahrnehmungsprozess des Menschen beschreibt die Erfassung und Verarbeitung von Reizen über die Sinnesorgane und unterliegt nur teilweise dem Bewusstsein (z. B. Koch, 2020; Gazzaniga et al., 2014; Greenfield, 2001; Crick, 1997; Dennett, 1994). Der Prozess verläuft individuell und hängt von der persönlichen Konstitution, den Denkprozessen, Erfahrungen bzw. Gedächtnisinhalten, Stimmungen, moralischen Einstellungen und Umwelteinflüssen ab (Kahnemann, 2012; Rasmussen, 1988; Reason, 1987). Gleiche Gefährdungen bzw. Risiken können subjektiv unterschiedlich eingeschätzt werden. Die (selektive) Wahrnehmung und Bewertung umfasst einerseits den praktischen Umgang mit realen Gefährdungen, denen eine Person (potenziell) ausgesetzt ist (vgl. Slovic, 2011), und andererseits die Abwägung von theoretisch möglichen Gefährdungen bzw. Risiken. In Abhängigkeit der subjektiven Wertung einer Situation wird über den Wahrnehmungsprozess die Ausprägung der Aufmerksamkeit reguliert und darauf basierend das Handeln bestimmt (vgl. Dörner, 2008; Singer, 2000; Fernandez-Duque & Johnson, 1999). Das lässt sich für die Ableitung von Schutzmaß-

nahmen nutzen. Musahl (1997, S. 76) zieht zur Erklärung der Aufmerksamkeit und Risikobereitschaft Urteilsheuristiken[2] heran. Dabei ist vor allem auf Gefährdungen hinzuweisen, die objektiv gefährlicher sind, als sie subjektiv eingeschätzt werden. Solche Urteile entstehen häufig auf Basis der Heuristiken durch die „(negative) Verstärkung" (Musahl, 1997). Aber auch Akzeptanzkriterien[3] bzw. Kriterien zur Beurteilung subjektiver Gefährlichkeit spielen beim Verhalten von Menschen im Umgang mit Gefährdungen bzw. Risiken eine Rolle (z. B. Kahl, 2011; Lichtenstein & Slovic, 2006). Darüber hinaus wird im Kontext der Risikoperzeption auch die Theorie der „Risikohomöostase" diskutiert (vgl. Kahl, 2011; Wilde, 1992; Wilde, 1988). Danach verfügen Menschen über ein annähernd konstantes und individuelles Akzeptanzniveau gegenüber Risiken. Dieses Niveau ergibt sich aus motivationalen Zielen und der situativen Wahrnehmung unter der Berücksichtigung von Erfahrungen und der Vorausschau auf zukünftige Situationen. Das wahrgenommene Risiko steht in diesem Vorgang unter einem Abgleich mit dem individuellen Akzeptanzniveau und steuert die Risikobereitschaft, so die Theorie (vgl. Wilde, 1982). Maßnahmen, die nicht die motivationalen Ziele ansprechen (Heckhausen, 1991), bleiben demnach (zumindest über einen längeren Zeitraum betrachtet) ohne Effekt. Nach Heitmann & Windemuth (2021) lassen sich die Ereignismechanismen durch unterschiedliche Theorien ergänzend erklären.

Bei der Bewertung stehen entweder mehrere Gefährdungen, Risiken oder Schutzmaßnahmen untereinander im Vergleich („Risiko-Risiko-Vergleiche") oder sie werden anhand von „Grenzrisiken" (als größtes noch vertretbares Risiko) oder Schutzzielen spezifisch eingeordnet. Für Risikovergleiche gibt es eine Reihe von Arbeiten (vgl. Nida-Rümelin & Weidenfeld, 2021; Brenig, 2015; Stoll & Festag, 2018; Ganz, 2012; Musahl, 1997; Stoll, 1989; Fritzsche, 1986; Slovic et al., 1982; Starr, 1971). Der Vergleich erfordert vergleichbare Risiken und Rahmenbedingungen (vgl. Wittmann, 2019). Dazu werden die Risiken – auch über mehrere Risikoarten hinweg – anhand von Kriterien charakterisiert und eingeordnet. Das Ergebnis hängt wiederum von objektiven und subjektiven Einschätzungen der Betroffenen und derjenigen Personen ab, die eine Bewertung vornehmen (z. B. Bier, 2020; Siegrist &

---

[2] Heuristiken bilden ordnungsstiftende Prinzipien und sind als Regelsätze zu verstehen, wie Menschen Situationen verarbeiten. Die Heuristiken sind: (1) Repräsentativität/Ähnlichkeit, (2) Verfügbarkeit und (3) Verankerung und Anpassung des Wahrnehmungsprozesses von Menschen (basierend auf Jungmann & Slovic, 1993; Tversky & Kahnemann, 1992; Norman, 1986; Reason, 1986; Dörner et al., 1983; Sarris, 1974; Tversky & Kahnemann, 1974; Wright, 1974).

[3] Die Kriterien basierend auf Lowrance (1976) sind: Freiwilligkeit, Unmittelbarkeit des Effektes, Kenntnis des Risikos, Wissen über das Risiko, Neuheit, chronisch versus katastrophal, Alltäglichkeit, Ernsthaftigkeit der Folgen, Vermeidbarkeit, Schadensbegrenzung, Gefährdungsausmaß, Tragweite der Folgen, eigene Betroffenheit, Reversibilität, globale Bedrohung, beobachtbare Schädigung, Gefahrenentwicklung, Gefahrenminderbarkeit (vgl. Slovic et al., 1980; Hale & Glendon, 1987, S. 109–190).

Arvai, 2020; Kahl, 2011; Kunreuther, 2002; Sjöberg, 2000; Boholm, 1998; Slovic, 1992; Tversky & Kahnemann, 1982) – was problembehaftet sein kann (vgl. Gatzert & Müller-Peters, 2020; Musahl, 1997, S. 203). Im Zuge der Bewertung von (individuellen und kollektiven) Risiken anhand von schutzzielorientierten Grenzrisiken werden, sofern vorhanden, Akzeptanzgrenzwerte als Bewertungsmaßstab herangezogen (Hauptmanns, 2013, S. 270 ff.). Hierbei werden Risiken über ihren Schweregrad entlang der Eintrittswahrscheinlichkeit aufgetragen (siehe Abbildung 2.3). Anschließend werden sie z. B. nach dem ALARP[4]-Prinzip in die folgenden Bereiche eingeteilt (Hauptmanns, 2013, S. 272 f.; Ganz, 2012, S. 34):

- „nicht tolerierbar"; Risiken müssen auf ein unbedenkliches Maß reduziert werden,
- Übergangsbereich; Risiken sind tolerabel eingestuft, wobei Schutzmaßnahmen so lange wie sinnvoll durchzuführen sind (bis die Risikoreduktion und der dazu erforderliche Aufwand im Missverhältnis stehen),
- „tolerierbar"; Risiken werden (durch die Gesellschaft) hingenommen.

Für die Bewertung von Gefährdungen bzw. Risiken gibt es diverse Methoden. Häufig wird die Bewertung über die Risikokenngrößen anhand von Matrizen (vgl. Ganz, 2012; Suddle, 2003) dargestellt (siehe Abbildung 3.5 (a)) oder ähnlich mit weiteren Kriterien unterfüttert z. B. als Risikograph (vgl. DIN EN ISO 13849-1, 2021;

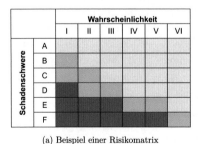

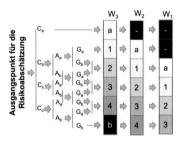

(a) Beispiel einer Risikomatrix   (b) Beispiel eines Risikographs

Abbildung 3.5 Darstellung einer Risikomatrix und eines Risikographs

---

[4] ALARP steht für „As Low As Reasonable Possible/Practicable" (so gering wie vernünftiger Weise durchführbar) und wird gleichbedeutend zu ALARA verwendet (vgl. Ganz, 2012, S. 33), was so viel bedeutet wie „As Low As Reasonable Achievable" (so gering wie vernünftiger Weise erreichbar).

Börcsök, 2006), siehe Abbildung 3.5 (b). Die Bezeichnung (a) im Abbildung verweist darauf, dass in diesem Pfad keine speziellen und (b) mehrere Schutzmaßnahmen erforderlich sind. Die Kürzel (1) bis (4) kennzeichnen Pfade mit Maßnahmen, die in dieser Reihenfolge zunehmende Anforderungen erfüllen.

Die Einteilung der Risiken erfolgt über die Bereiche „nicht tolerierbar" (Grau), „Übergangsbereich" (Hellgrün) und „tolerierbar" (Dunkelgrün). Ein Beispiel für den Bewertungsmaßstab der Risikomatrix liefert Tabelle 3.1 (Ganz, 2012, S. 17) und Tabelle 3.2 für den Risikographen (Börcsök, 2006).

Tabelle 3.1 Beispielhafte Bewertungsmaßstäbe für eine Risikomatrix

KLASSE	SCHWERE	KLASSE	WAHRSCHEINLICHKEIT
A	katastrophaler Schaden	I	unwahrscheinlich
B	kritischer Schaden	II	sehr selten
C	großer Schaden	III	selten
D	Schaden	IV	gelegentlich
E	kleiner Schaden	V	häufig
F	vernachlässigbarer Schaden	VI	sehr häufig

Tabelle 3.2 Beispielhafte Bewertungsmaßstäbe für den Risikographen

KLASSE	SCHADENSSCHWERE
c_a	leichte Verletzung einer Person, kleinere schädliche Umwelteinflüsse
c_b	schwere Verletzungen oder Tod einer Person
c_c	Tod mehrerer Personen
c_d	Tod sehr vieler Personen
	AUFENTHALTSDAUER EINER PERSON IM GEFÄHRLICHEN BEREICH
A_a	selten bis häufig
A_b	häufig bis dauernd
	GEFAHRENABWENDUNG
G_a	möglich unter bestimmten Bedingungen
G_b	kaum möglich
	EINTRITTSWAHRSCHEINLICHKEIT
W_1	sehr gering
W_2	gering
W_3	relativ hoch

Die Bewertung anhand von Schutzzielen erfolgt generell oder fallgebunden (Marzi, 2015; Hess, 2008). Die generellen Ziele lassen sich z. B. folgendermaßen einteilen:

- Personenschutz (Vermeidung von Personenschäden); z. B. Anzahl an Toten, Schwer- und Leichtverletzten, Erkrankten, Hilfsbedürftigen, Vermissten, Verlust von körperlichen und geistigen Funktionsleistungen, Auftreten von Ängsten und Phobien, Lebenszeitverkürzungen
- Umweltschutz (Vermeidung von Umweltschäden); z. B. Auftreten von Umweltbelastungen, Verbrauch von Ressourcen, Beeinträchtigungen von Tieren und Pflanzen, Fläche geschädigter Schutzgebiete, beschädigte Wald- oder Nutzflächen, Volumen verschmutzter Gewässer, Anzahl an verstorbenen oder verletzten Lebewesen, Verdrängungen von Lebewesen aus ihren Habitaten
- Sachschutz (Vermeidung von Sachschäden); z. B. materielle Verluste, zerstörte Objekte, Funktionsstörungen, Betriebsausfallschäden
- Schutz immaterieller Werte (Vermeidung von immateriellen Schäden); z. B. kulturelle und ideelle Schäden, Symbolschäden, Rufschäden und Imageverluste, Datenverluste (Datenraub und -missbrauch)[5] und Eingriffe in die Persönlichkeitsrechte

Schutzziele sind unter Umständen untereinander verflochten (z. B. können sich aus Betriebsunterbrechungen auch Gewinnverluste und Imageschäden ergeben). Die fallgebundenen Schutzziele sind dagegen so systemspezifisch, dass eine Einteilung ausbleiben muss.

Der Schritt der Gestaltung in der Methodik
Bei der Gestaltung von Gefährdungen bzw. Risiken (im Sinne der Ableitung von Schutzmaßnahmen) sind verschiedene Rangfolgen und Grundsätze (z. B. kollektive Maßnahmen haben Vorrang vor individuellen, vgl. § 4 ArbSchG, 2022) zu beachten.

---

[5] Daten gewinnen als Schutzziel an Bedeutung und besitzen einen individuell oder kollektiv bedingten Wert, wie Gold (Festag & Hartwig, 2018). Der Datenwert wird häufig über den „mittleren Umsatz pro Nutzer" (Average Revenue per User, kurz ARPU) ausgedrückt (z. B. ergeben sich Werte für die Daten einer postalischen Adresse in Höhe von 0,065 bis 0,24 Euro, einer E-Mail-Adresse von 0,01 bis 0,75 Euro oder für eine Sozialversicherungsnummer von 7,00 Euro (OECD, 2013)). Daten sind ein Angriffsmittel und eine Schutzmaßnahme (im Sinne der sicheren Gestaltung von Daten und datenbasierten Systemen) sowie ein schützenswertes Gut (Schutzziel). Zu den sozialpsychologischen Verflechtungen zwischen Daten und der Gesundheit von Menschen gibt Selke (2014) eine Übersicht (vgl. Selke, 2017).

gsrangfolge liefern Lehder & Skiba (2007), bei der in „primäre", „sekun-
„tertiäre" Maßnahmen unterteilt wird (vgl. Lottermann, 2012). Primäre
ßnahmen haben das Ziel, die Entstehung einer Gefahr zu vermeiden bzw.
Dem nachrangig sind sekundäre Schutzmaßnahmen, die Gefährdungen
n oder mindern, indem sie die Ausbreitung der Gefährdung vermeiden.
en tertiäre Schutzmaßnahmen, die zum Ziel haben, die Einwirkung einer
ng auf ein schützenswertes Gut zu verhindern oder zu mindern. In einem
Ansatz werden Schutzmaßnahmen in „unmittelbare", „mittelbare" und
ende Schutzmaßnahmen" strukturiert.

ritt der Wirksamkeitskontrolle in der Methodik
ksamkeitskontrolle dient im Rahmen der Gefährdungs- bzw. Risikobeurtei-
Überprüfung von Schutzmaßnahmen (Pflaumbaum, 2013). Sie ist rechtlich
t (z. B. § 3 Abs. 1 (2) ArbSchG, 2022; TRGS 500, 2021, S. 33 ff.; TRGS
17, S. 23 ff.; TRBS 1111, 2018 sowie z. B. im Bauordnungsrecht z. B. § 2
PrüfVO, 2011) und in den gängigen Vorgehensweisen verankert:

ihrdungs-,   Risikobeurteilung   (vgl.   Wirksamkeitskontrolle   oder
rprüfung; z. B. BGW, 2022; Kittelmann et al., 2022; Kahl, 2019)
komanagementprozess (vgl. „Überprüfung"; ISO 31000, 2018)
A-Zyklus (vgl. „Check"; Arntz-Gray, 2016)
denzbasiertes Vorgehen (vgl. „Evaluation"; Sackett et al., 1996)
gehen in sechs Schritten (vgl. „Wirksamkeitskontrolle"; ASI 10.0, 2020)

baum (2013) strukturiert die Wirksamkeitskontrolle über technische, orga-
ische und personenbezogene Maßnahmen in messtechnische und nichtmess-
sche Ermittlungsmethoden. Es sind nur wenige Orientierungspunkte für die
amkeitskontrolle gegeben. Nach BGW (2022) ist zum Beispiel zu kontrollie-
die Maßnahmen durch die beauftragten Personen termingerecht ausgeführt
n. Weiter ist zu prüfen, ob die Gefährdungen auch wirklich beseitigt und ob
die Maßnahmen eventuell neue, zusätzliche Gefährdungen entstanden sind.
n Fall, dass eine Gefährdung nicht vollständig beseitigt wurde, ist festzustel-
arum diese Gefährdung noch besteht. Es sind erneut Maßnahmen festzulegen,
e Gefährdung zu beseitigen, und die Wirksamkeit ist abschließend sicher zu
n. Die Ergebnisse sind schriftlich festzuhalten. Nach Kittelmann et al. (2022,
) ist zu berücksichtigen, dass manche Maßnahmen nicht unmittelbar wirk-
werden, sondern erst mittel- oder langfristig Auswirkungen zeigen. Wenn trotz
etzung der festgelegten Maßnahmen die Schutzziele nicht erreicht werden, sind

Compes (1988) ordnet das Vorgehen nach d[...]
Schutzmaßnahmen unter dem Oberbegriff der Risi[...]
die Risikoeliminierung, -reduzierung, -limitierung[...]
(siehe Abbildung 3.6).

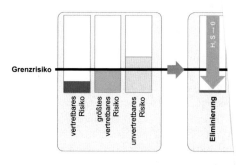

Abbildung 3.6 Zieloptionen von Schutzmaßnahmen (Comp[...]

Die Risikoeliminierung (R = 0) strebt die Beseitigu[...]
lichkeit oder Schwere eines gefährlichen Ereignisses [...]
Risikoreduzierung verfolgt das Ziel, das Risiko bezugne[...]
ßen auf einen Minimalwert (mindestens auf das in Be[...]
zu reduzieren. Unter Risikolimitierung wird die Beschrän[...]
keit bzw. Schwere von Risiken auf einen Höchstwert (Gr[...]
Kompensation von Risiken (auch „Risikokompensation") [...]
unvertretbaren Risiken (über das Grenzrisiko hinausgeh[...]
Schäden, z. B. durch Versicherungen (Compes, 1988). A[...]
Schutzmaßnahme (mit einer ausreichenden Schutzwirku[...]
tion verstanden, wenn zu einer anderen Schutzmaßnahme [...]
Sinne kompensiert eine Maßnahme eine andere.

Alternativ zu dieser Gestaltungsfolge ist im Arbeitssch[...]
„gefährlichen Stoffe" (TRGS 500, 2021, S. 7 ff.) das „(S[...]
Praxis gängig. Hiernach sind zunächst Maßnahmen zu e[...]
Gefährdung durch harmlosere Systeme, Produkte, Substanz[...]
stituiert wird (S). Erst, wenn dies nicht umsetzbar ist, komr[...]
dem nachrangig organisatorische Maßnahmen (O) zum Ein[...]
Regel kollektiv wirkenden Maßnahmen nicht umsetzbar, dan[...]
Schutzmaßnahmen bzw. persönlich wirkende (personen- un[...]
Schutzmaßnahmen (P) zum Gebrauch (vgl. Wittmann, 201[...]

die vorherigen Prozessschritte zu wiederholen, um weitere Maßnahmen zu ermitteln. Nach ASI 10.0 (2020, S. 25) wird bei der Überprüfung der Wirksamkeit hinterfragt, ob (a) die Gefährdungen vollständig ermittelt wurden, (b) die Risiken richtig eingeschätzt und beurteilt wurden, (c) die festgelegten Maßnahmen konsequent und nachhaltig umgesetzt werden, (d) die Maßnahmen den gewünschten Erfolg erzielen, (e) sich durch festgelegte Maßnahmen Zielkonflikte oder negative Auswirkungen ergeben und (f) weiterführende Maßnahmen erforderlich sind. Bei den messtechnischen Verfahren werden weitere Details ausgeführt (vgl. Pflaumbaum, 2013). In einigen Fällen liegen konkrete Kriterien für die Wirksamkeitskontrolle vor, wie z. B. bei einer Sichtprüfung oder bei maßnahmenbezogenen Messungen, die Messergebnisse liefern und an Schwellen-, Auslöse- oder Expositionsgrenzwerten eingeordnet werden können. In der einschlägigen Literatur finden sich keine weiteren Hilfestellungen, wie die Wirksamkeit von Schutzmaßnahmen methodisch zu bewerten ist – insbesondere wenn keine eindeutigen Beurteilungskriterien vorliegen.

3.3.2 Der Forschungsprozess als Orientierung

Nach Bortz (1993, S. 3) gliedert sich der Forschungsprozess in die (1) Erkundungs-, (2) Theorie-, (3) Planungs-, (4) Untersuchungs-, (5) Auswerte- und (6) Entscheidungsphase. Prozessual ist zwischen sequenziellen und zirkulären sowie qualitativen und quantitativen Vorgehen zu unterscheiden (Döring & Bortz, 2016), wobei sich Letztere auch verbinden. Die vorliegende Arbeit verbindet den Forschungsprozess und (empirische) Forschungsmethoden zur Bewertung der Wirksamkeit von Schutzmaßnahmen mit den etablierten risikologischen Vorgehensweisen. Das „mehrphasige Modell eines Forschungsprozesses bei Interventionsstudien" von Campbell et al. (2000) liefert dazu einen Ansatz (siehe Abbildung 3.7) und lässt sich auf Schutzmaßnahmen adaptieren. Das Modell besteht aus fünf Phasen von der Entwicklung einer Schutzmaßnahme bis zur Wirksamkeitskontrolle in der Praxis.

Die Phasen werden nach Wirtz & Petrucci (2007) folgendermaßen charakterisiert (vgl. Wirtz et al., 2007):

- Theorie; die Evidenz für die Gestaltung einer wirksamen Schutzmaßnahme wird zusammengestellt. Die Grundlagen für die Schutzmaßnahme (z. B. Recherche), die Eigenschaften und das Forschungsdesign werden erarbeitet.
- Phase I (Modellierung); die Maßnahmen und ihre Wirkkomponenten werden geplant. Ein Grundmodell wird erarbeitet, um das wesentliche Wirkgefüge abzubilden. Evidenzen aus der Praxis werden herangezogen, um Hypothesen zu begründen und die Annahmen in Bezug auf ihre Gültigkeit durch empirische

Vorklinisch	Phase I	Phase II	Phase III	Phase IV
Theorie	Modellierung	Exploratorische Studien	Kontrollierte (random.) Studien	Langzeit Implementation
Literatur- und erfahrungsbasierte Exploration relevanter Grundlagen der Theorie bzgl. • Intervention • Hypothese • Störfaktor • Studiendesign	Identifikation der Teilkomponenten einer Intervention und der Wirkmechanismen bzgl. der Ausgangsparameter Entwicklung einer (differenzierten) Programmtheorie	Beschreibung und Optimierung der konstanten und variablen Elemente der Intervention • Akzeptanz und Machbarkeit • Definition der Kontrollbehandlung • Adaption des Designs • Ergebnisse	Intern valide Testung der Wirksamkeit Theoretisch begründetes, reproduzierbares, kontrolliertes Studienprotokoll Begründete Messinstrumente und Stichprobengrößen	Identifikation von Bedingungen zur optimalen Implementation von Maßnahmen unter natürlichen Bedingungen • Optimierung von Inanspruchnahme • Sicherstellung der Implementationsqualität
Literaturrecherche Qualitative Methoden (z. B.) • Delphi-Methode (Expertenbefragung) • Fokusgruppen • Metaplantechnik • Fallstudien	Simulationstechniken und deskriptive oder quasi-experimentelle Studien (u. U. mit Intervention) Qualitative Methoden (z. B.) • Delphi-Methode • Fokusgruppen • Metaplantechnik • Fallstudien • Szenariotechnik	Zirkuläres Modell qualitativer Forschung Machbarkeitsstudien Qualitative und kontrollierte Designs zur Optimierung von Interventions- und Kontrollbedingungen	Statistische Datenanalyse (u. U. statistische Kontrolle von Störfaktoren) Qualitative Methoden zur Überprüfung der Implementationsqualität	Simulationstechniken Machbarkeitsstudien Qualitative Methoden (z. B.) • Delphi-Methode • Fokusgruppen • Metaplantechnik • Fallstudien
Vorwiegend zirkuläres Modell der qualitativen Forschung			Vorwiegend lineares Modell der quantitativen Forschung	Vorwiegend zirkuläres Modell der qualitativen Forschung

Abbildung 3.7 Mehrphasiges Modell eines Forschungsprozesses bei Interventionsstudien nach Campbell et al. (2000, adaptiert übernommen aus Wirtz et al., 2007)

Beobachtungen abzusichern. Die Bedingungen für die Umsetzung der Maßnahme in der Praxis werden geplant.

- Phase II (exploratorische Studien); die bisherigen Ergebnisse werden für die Versuchsplanung und die Maßnahmengestaltung verwendet. Die Beschreibung der Schutzmaßnahme in der Praxis erfolgt.
- Phase III (kontrollierte (randomisierte) Studie); die methodologischen Grundlagen der Implementierung der Schutzmaßnahme unter kontrollierten Bedingungen werden erstellt. Das Ziel ist die Bewertung der Wirksamkeit der Maßnahme (z. B. experimentell und mit einem Bezugspunkt, wie einer Vergleichsgruppe).
- Phase IV (Langzeit-Implementation); die Wirksamkeit der Maßnahme wird langfristig und in der Praxis überprüft. Die natürlichen und optimalen Einsatzbedingungen der Schutzmaßnahmen werden hinterfragt.

Empirische Vorgehensweisen sind fallspezifisch und unterliegen nach Musahl & Schwennen (2000) im Vorgehen gewisse Standards in Bezug auf das Design (Forschungsdesign) und die Planung (Versuchsplan), was sich für die Wirksamkeitskontrolle ebenfalls aufgreifen lässt. Die Standards richten sich nach dem Ziel und stützen sich auf verschiedene Studientypen, den Erkenntnisstand sowie die Struktur und Abfolge der Wirkbeziehung zwischen den „unabhängigen Wirkvariablen" (uV) und den davon „abhängigen Variablen" (aV) (vgl. Musahl & Schwennen, 2000). In dem Forschungsdesign werden die methodische Grundrichtung (nach Sarris (1985) z. B. Längs- und Querschnittstudien, retrospektive und prospektive Studien sowie Studien basierend auf Labor- und Felddaten) und Kontrolltechniken[6] angegeben, die prüfbaren (statistischen) Hypothesen definiert bzw. präzisiert und damit der methodologische und theoretische Geltungsanspruch des Vorgehens charakterisiert.

Die empirischen Vorgehensweisen werden in korrelative („Beobachtungsstudien") und experimentelle Studien („Interventionsstudien") unterschieden (vgl. Sarris, 1985, S. 2; Eyseneck, 1981), wobei die Ansätze häufig verknüpft werden, z. B. wenn über Experimente Korrelationen aufgedeckt werden. Beim korrelativen Vorgehen ist nach Musahl & Schwennen (2000) eine Trennung der relevanten Wirkvariablen (uV) und davon abhängigen Variablen (aV) typischerweise nicht gegeben bzw. die Abfolge der Variablen ist nicht bekannt. Aus diesem Grund zielt dieses Vorgehen darauf ab (komplexe) Wirkzusammenhänge aufzudecken und zu strukturieren ohne Kausalaussagen zu liefern (vgl. Sarris, 1985). Das Vorgehen wird auch für die Modellbildung (Phase I) verwendet. Experimentelle Vorgehensweisen bauen auf diesem Wissen auf und analysieren die Art der Beziehung zwischen den Variablen – vermuteten Prädiktoren (uV) und Kriterien (aV). Um experimentelle Vorgehensweisen handelt es sich, wenn eine Unterscheidung zwischen den Variablen möglich ist und die unabhängige der abhängigen Variable vorausgeht und wenigstens zwei Untersuchungsgruppen zur Verfügung stehen (vgl. Musahl & Schwennen, 2000; auf der Basis von Hager, 1987, S. 73). In Abbildung 3.8 ist eine Übersicht über

---

[6] Spezielle Kontrolltechniken sind z. B.: 1. *Verblindung* (Blind-, Doppelblindstudien und unverblindete „Open-Label-Studien"), 2. „placebokontrollierte und nichtplacebokontrollierte Studien", 3. Multi- (in mehreren Einrichtungen von unterschiedlichen Personen durchgeführt) und Single-Center-Studien (in einer Einrichtung durchgeführt), 4. „Vergleichsstudien" (direkt, auch „Head-to-Head-Studien") und „Fall-Kontroll-Studien" (betroffene mit nichtbetroffenen Systemen in Bezug auf verschiedene Einflussgrößen verglichen), 5. „Kohorten-Studien" („Follow-up-Studie"; von Maßnahmen betroffene Systeme werden nach „Exposition" und dann bezüglich des Auftretens von Effekten überwacht) und 6. „randomisierte (kontrollierte) Studien" (prospektiv; Zugehörigkeit zur Interventions- bzw. Kontrollgruppe erfolgt im Zufallsverfahren, wodurch Störgrößen ausgeglichen werden).

die verschiedenen Formen der empirischen Untersuchung gegeben (die Typen von Experimenten sind innerhalb des farblich gekennzeichneten Feldes aufgeführt).

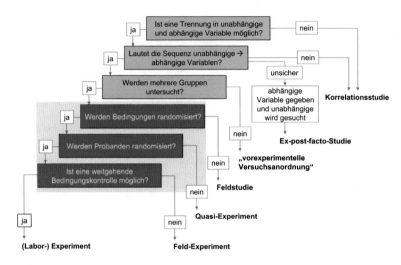

Abbildung 3.8 Formen der empirischen Untersuchung (Musahl & Schwennen, 2000)

Häufig liegen nur Annahmen über Wirkbeziehungen vor, wobei aus den vorgefundenen Fakten (aV) rückblickend („ex post facto") und auf Hypothesen basierend auf mögliche Auslöser (uV) geschlossen wird. Darüber hinaus existieren „vorexperimentelle Versuchsanordnungen", die einmalig einen Effekt in einer Untersuchungsgruppe mit unkontrollierten Bedingungen untersuchen und damit keine belastbaren Aussagen zulassen (Musahl & Schwennen, 2000). Ein wesentliches Merkmal experimenteller Ansätze sind verschiedene Grade der Randomisierung, d. h. die Zuordnung und Kontrolle von Bedingungen zu Versuchsgruppen und Probanden, womit in „Feldstudien" (Bedingungen randomisiert), „Quasi-Experimente" (Probanden und Bedingungen randomisiert) sowie „Feld"- und „Laborexperimente" unterschieden wird (Musahl & Schwennen, 2000).

3.3.3 Die (risikologische) Methodenkunde

Die Methodenkunde ist ein Bestandteil der Methodologie und dient der Systematisierung und (Weiter-)Entwicklung von Verfahren und Techniken (vgl. Musahl, 1997,

S. 16). Neben der Pflege des Inventars an Methoden befasst sich die Methodenkunde mit der Übertragung von Methoden auf bestimmte Sachverhalte (z. B. Kuckartz, 2014; Opp, 2014). Eine Methode ist nach Luczak (1998) ein Verfahren, das auf einem Regelsystem aufbaut und der Gewinnung von wissenschaftlichen Erkenntnissen oder praktischen Ergebnissen dient (der Begriff wird häufig synonym für Verfahren bzw. Techniken verwendet). Methoden werden zu verschiedenen Zwecken eingesetzt (vgl. Döring & Bortz, 2016), wie zur Analyse und Bewertung von Gefährdungen bzw. Risiken.

Die Sicherheitswissenschaft weist als interdisziplinäre Wissenschaft Verbindungen zu allen anderen Wissenschaften auf – sofern Gefahren, Gefährdungen, Risiken und Schutzmaßnahmen berührt sind. Jede Disziplin verfügt über ein eigenes und sich mit anderen Disziplinen zum Teil überschneidendes Inventar an Methoden (vgl. Fasching, 2013, S. 1 ff.), weshalb in der Sicherheitswissenschaft strukturbedingt eine Vielzahl an Methoden zum Einsatz kommen kann. Die Auswahl von Methoden ist für das Vorgehen wegweisend und richtet sich nach dem Zweck. Methoden prägen das Forschungsdesign, die Versuchsplanung und das Ergebnis (vgl. Röhrig et al., 2009, S. 263).

Die risikologische Methodenkunde umfasst die Anamnese, Genese, Epidemiologie und (differenzielle) Diagnostik von Gefahren, Gefährdungen und Risiken (vgl. Vorath, 1982) sowie deren Kontrolle mit Schutzmaßnahmen – einschließlich deren Evaluation (d. h. Wirksamkeitskontrolle). Sie stellt die Methoden in das Zentrum der Betrachtung und widmet sich von hier aus den gegenstands- und situationsgebundenen Systemen und Gefahrenfeldern. Die (kritische) Auseinandersetzung mit den Zielen der spezifischen Methoden, ihren Vor- und Nachteilen, dem Aufbau des Regelsystems, die anwendungsbezogene Auswahl und die darauf gestützte Durchführung gehören zum Gegenstand der Methodenkunde. Sie verbindet die Gestaltungsgrundsätze, -prinzipien, -rangfolgen mit Ordnungskriterien zur Bewertung und Priorisierung von Gefährdungen, Risiken und Maßnahmen. Die risikologische Methodenkunde liefert übergeordnete Bedingungen von Schutzmaßnahmen und ihrer Wirksamkeit, während die Schutzmaßnahmen im Speziellen meist gezielt und spezifisch mit dem Gefährdungs-Tatbestand verknüpft sind und somit methodisch vielfach trivial oder für eng abgegrenzte Anwendungen gültig sind (Stoll & Festag, 2018, S. 141).

Das Inventar an risikologischen Methoden besteht aus (wissenschaftlichen) Forschungsmethoden und (systemanalytischen) Fachmethoden (siehe Abbildung 3.2, rechts).

Die (wissenschaftlichen) Forschungsmethoden
Mit dem Einsatz von Forschungsmethoden ist allgemein der Anspruch verbunden, dass die wissenschaftlichen Gütekriterien (weitestgehend) erfüllt sind. Die Gütekriterien werden häufig in qualitative[7] und quantitative[8] Kriterien eingeteilt (z. B. Roebken & Wetzel, 2019; Raithel, 2008; Bortz & Döring, 2006 und Mayring, 2002). Häufig erfolgt die Einteilung der Forschungsmethoden nach den empirischen und nichtempirischen Wissenschaften (vgl. Reinders et al., 2015, S. 48; Brosius et al., 2009, S. 18) oder in deduktive – aus einer allgemeinen Regel werden besondere Fällen abgeleitet – und induktive – aus besonderen Fällen wird eine allgemeine Regel abgeleitet – Methoden (z. B. Brenig, 2015, S. 141; Meyna, 1982, S. 89). Eine Übersicht an Forschungsmethoden gibt Abbildung 3.9.

Für die Wirksamkeitskontrolle lassen sich empirische Methoden heranziehen. Sarris (1985, S. 4) schlägt hier die Klassifizierung vor, wie in Abbildung 3.10 auf Basis der Untersuchungen der vorliegenden Arbeit gezeigt.

Die (systemanalytischen) Fachmethoden
Die Fachmethoden ergänzen das Methodeninventar. Sie werden in verschiedenen Disziplinen entwickelt, angepasst und eingesetzt, wie z. B. zur Unterstützung von Kreativität, Führungs-, Gruppen- oder Entscheidungsprozessen (siehe exemplarisch Abbildung 3.9). Andere Beispiele für Fachmethoden sind spektrometrische Methoden in der Chemie (z. B. Kurreck et al., 2022), Methoden der Mikroskopie in der Biologie (z. B. Ehrenstein, 2019)) oder bildgebende Methoden in der Medizin (z. B. Dössel, 2016).

Auf einen Betrachtungsgegenstand können verschiedene Fachmethoden bezogen werden, z. B. führen Wahlster & Winterhalter (2020, S. 42 ff.) in Bezug auf den Gegenstand der „künstlichen Intelligenz" 107 Methoden auf, die sich zu verschiedenen Zwecken (Problemlösen, Suchen, Planen, Entscheidungsfindung, Wissensrepräsentation und Inferenz, maschinelles Lernen und hybride Lernverfahren) in

---

[7] Die Kriterien sind: 1. Nachvollziehbarkeit (Steinke, 2010), 2. Intersubjektivität (Flick, 2010, S. 395) und 3. Reichweite (Heister & Wessler-Possberg, 2011, S. 92).

[8] Die Kriterien sind: 1. Gültigkeit bzw. Validität (wenn das gemessen wird, was gemessen werden soll; es wird nach Bortz & Schuster (2010, S. 8) in eine interne (wenn das Ergebnis eindeutig interpretierbar ist; mit wachsender Anzahl plausibler Alternativerklärungen für das Ergebnis sinkt sie) und externe Validität (Repräsentativität; wenn eine Ergebnis über die besonderen Bedingungen der Untersuchungssituation [...] hinausgehend generalisierbar ist) unterteilt), 2. Objektivität (bezeichnet nach Flick (2014) das Ausmaß der Unabhängigkeit eines ermittelten und dargestellten Ergebnisses von der Person, welche die Ergebnisse erzielt hat) und 3. Wiederholbarkeit (repräsentiert nach Oesterreich & Bortz (1994) die Ausprägung der Unabhängigkeit eines Ergebnisses von den Versuchsbedingungen).

Forschungsmethoden
- Ausprobieren, Versuchen (Trial and Error)
- Befragung (Aufzeichnung, Beschreibung, Beobachtungsinterview, Fragebogen, Interview, Umfrage, Berichte)
- Beobachtung (direkt/indirekt, Aufzeichnung, Quellenanalyse)
- Berechnungen, Berechnungsverfahren
- Clusteranalyse
- Computersimulationen
- Delphi-Verfahren, -Befragung
- Expertenschätzung, Experteninterview
- Einsatzübung (Einsatznachbereitung/-auswertung)
- Fallbericht
- Fokusgruppen
- Gedankensammlung
- Gruppendiskussion
- Messungen, Messverfahren (chemisch-physikalisch)
- Metaanalyse
- Metaplantechnik
- Planspiel, Rollenspiel, Stabsübung
- Szenariotechnik

Qualitätsmethoden
- 5S-Aktion
- 5Why (Ursachenermittlung)
- 7-W-Fragen (Problemdefinition)
- 8D-Bericht
- Ablaufdiagramm
- Affinitätsdiagramm
- Balanced Scorecard
- Baumdiagramm
- Beschwerdemanagement
- Blueprinting
- Brainstorming
- Fehlermöglichkeits- und Einflussanalyse
- Fehlersammellisten, Daten-, Fehlersammelblatt
- Frequenz-Relevanz-Analyse
- GROW
- Histogramm
- Korrelationsdiagramm
- Methode der kritischen Ereignisse
- Maßnahmenplan
- Matrixdiagramm
- Muda (Arten der Verschwendung)
- Netzplan
- Paretoanalyse
- Poka Yoke (Fehlervermeidung)
- Portfolioanalyse
- Problem-Entscheidungs-Plan
- Qualitätsregelkarte
- Quality Function Deployment
- Relationsdiagramm
- Six Sigma
- Servqual
- SWOT-Analyse
- Turtle (Prozessbeschreibung)
- Ursachen-Wirkungs-Diagramm
- Vignettentechnik
- Wertstromanalyse

Kreativitätstechniken
- Cluster-Verfahren
- Die 6 Denkhüte
- Klebepunkt-Methode
- Ideen-Formular
- Ideen-Screening
- Morphologischer Kasten
- Osborn-Checkliste
- Rollenspiel
- SCAMPER
- SWOT-Analyse
- Kopfstandtechnik
- Walt-Disney-Methode
- 6-3-5 Methode

Systemanalytische Methoden
- Analyse und Fehler gemeinsamer Ursachen (Common Cause Analysis; CCA)
- Analyse besonderer Risiken (Particular Risk Analysis; PRA)
- Analyse redundanzüberbrückender Fehler (Common Mode Analysis; CMA)
- Ausbreitungsmodelle
- Ausfall-Effekt-Analyse (Fehlzustandsart- und -auswirkungsanalyse; siehe FMEA)
- Bayes´sche Netze
- Begehung bzw. Audit
- Checklisten (Kontroll-/Klarliste)
- Dokumentenanalyse
- Ereignisablaufanalyse, Störfallablaufanalyse
- Ereignisbaumanalyse (ETA)
- Expertenschätzung
- Fehlerbaumanalyse, Gefährdungsbaumanalyse
- Fehlermöglichkeits- und Einflussanalyse (FMEA; insb. System-, Konstruktions- und Prozess-FMEA)
- Fehlzustandsbaumanalyse (siehe Fehlerbaumanalyse)
- Gefährdungsanalyse (Funktionsrisikoanalyse auch System-FMEA; FRA)
- Hazards and Operability Analysis (PAAG/HAZOP)
- Human Reliability Analysis
- Intensitäts-Beziehungsmatrix
- Ishikawa (Ursache-Wirkungs-Diagramm)
- Kraftfeldanalyse
- Kritikalitätsanalyse
- Layer of Protection Analysis (LOPA)
- Markov Analyse
- Monte-Carlo-Methode (Simulation)
- Risikograph
- Risiko-(Identifikations-)Matrix
- Schmetteleringsdiagramm (Bow-tie)
- Sensitivitätsanalyse
- Simulationen (auch Fehlersimulationen)
- Störfallablaufanalyse
- Unfallanalyse bzw. Unfallrekonstruktion
- Ursache-Wirkungs-Diagramm
- Vorläufige Systemsicherheitsanalyse (Preliminary System Safety)
- Was-Wenn-Verfahren
- Wirkungsmodelle
- Zonensicherheitsanalyse (Zonal Safety Analysis)
- Zuverlässigkeitsblockdiagramm

Abbildung 3.9 Exemplarische Übersicht über Forschungs- und Fachmethoden

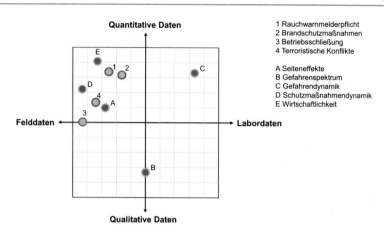

Abbildung 3.10 Klassifizierung von empirischen Untersuchungen (vgl. Sarris, 1985, S. 4)

diesen Kontext einsetzen lassen. Im Kontext von Bränden als einer Gefahrenart sind zahlreiche mögliche Schadensarten miteinander verbunden, die weiter differenziert werden können und sich jeweils mit verschiedenen Methoden (z. B. Härteprüfung bei einer thermischen Beaufschlagung von Bauteilen) bemessen lassen (vgl. Esser, 2022, S. 39).

Im Kontext von Gefährdungen und Risiken stehen systemanalytische Fachmethoden zur Analyse und Bewertung im Vordergrund. Die Analyse bezieht sich auf die Systeme, Gefahren, Gefährdungen, Risiken und Schutzmaßnahmen. Hierbei haben sich zunehmend systemanalytische und probabilistische Methoden bewährt, die das retrospektive Vorgehen nach „Versuch und Irrtum" zumindest in Teilen ersetzen, um Schäden vorzubeugen. Ausgehend von der Kenntnis der wesentlichen Aufbau- und Ablaufstrukturen eines Systems, dienen solche Methoden der Aufdeckung von Wirkmechanismen, Gesetzmäßigkeiten und möglichen Versagenszuständen in den Systemen. Die systemanalytischen Methoden werden häufig in die Dimensionen „qualitativ/quantitativ", „induktiv/deduktiv" oder „retrospektiv/prospektiv" gruppiert (vgl. Brenig, 2015; Hauptmanns, 2013; Meyna & Pauli, 2003; Meyna, 1982). Die Gefährdungs- bzw. Risikoanalyse ist selbst ein Werkzeug, das sich prozessual auf diverse Methoden stützen kann.

Im Wesentlichen gehen die systemanalytischen Methoden auf eine Reihe von Arbeiten zurück, welche der Analyse der Risiken dienten, die für die Allgemeinheit durch Kernkraftwerke (z. B. NUREG-1150, 1991; GRS, 1990; GRS, 1979; GRS, 1979; WASH 1400, 1975), die chemische Industrie (z. B. RPA, 1982; HSE,

1978), den Verkehr und weitere Sachverhalte (vgl. MIK, 2022; Brenig, 2015; BBK, 2010; Hartwig, 1983) bestehen. Mit der Bewährung dieser Methoden ist ein Paradigmenwechsel in der Sicherheitsphilosophie verbunden (vgl. Hauptmanns, 2013, S. 268; Kumamoto, 2007). Zuvor wurde postuliert, dass technische Systeme und deren Gebrauch sicher sind und nicht versagen, wenn sie unter Achtung bestimmter Kriterien im Rahmen der Genehmigung als hinreichend sicher eingestuft wurden. Erst mit dem Einzug probabilistischer Methoden setzte sich allgemein die Denkweise durch, dass Systeme immer mit einem wenn auch nur kleinen „Restrisiko" (im Sinne von certitudo securitatis) verbunden sind. In diesem Zuge gewann die Risikoanalyse über ihre Erfolge bis heute an Bedeutung, wenngleich die Aussagekraft von solchen Analysen auch nicht zu überschätzen ist (Hartwig, 1999, S. 11). Abbildung 3.9 (rechts) gibt einen Überblick über gängige (systemanalytische) Fachmethoden (vgl. Zinke, 2022), die sich zum Teil aufeinander abstimmen lassen (vgl. DIN EN ISO 14971, 2020; Leksin, 2017; Schwanbom, 2014, S. 46; Hauptmanns, 2013, S. 264 ff.; Meyna & Pauli, 2003, S. 264; ARP4761, 1996).

Die Methoden betrachten Individuen oder Kollektive und werden häufig auf Ereignisse bezogen und führen dann zu ereignisspezifischen Beurteilungen. Nach Lehder & Skiba (2005, S. 90 ff.) gibt es darüber hinaus faktor-, objekt-, stoff-, tätigkeits- und personenspezifische Beurteilungen (vgl. Lottermann, 2012, S. 19). Für die Bewertung von Gefährdungen bzw. Risiken existieren, wie oben bereits beschrieben, zahlreiche methodische Ansätze (z. B. Hauptmanns, 2013; Jonkmann et al., 2003; Zwick & Renn, 2001; Merz, 1995; Sokolowska & Tzyska, 1995; Vrijling et al., 1995; Stoll, 1989; Pilz, 1980). Bemerkenswert ist, dass im Hinblick auf die Methoden zunehmend Computersimulationen in vielen Risikobereichen die bisherigen, oft statischen, Methoden ergänzen (z. B. Wu et al., 2021; Aerts et al.,, 2020; Neumann, 2009; Vale & Campanella, 2005). Generell gibt es über die Methodologie, die einzelnen Methoden, die Versuchsplanung und das Forschungsdesign umfangreiche und weiterführende Literatur (z. B. Baur & Blasius, 2019; Schumann, 2018). Die Ausführungen hier konzentrieren sich darauf, die Vielzahl der Methoden zu skizzieren und ein Grundverständnis dafür aufzubauen, dass im Zuge der Wirksamkeitskontrolle empirische Methoden eingesetzt werden können, die das bestehende Vorgehen und die darin eingesetzten Methoden im Rahmen der Gefährdungs- bzw. Risikobeurteilung erweitern.

Der methodische Arbeitsrahmen für die Wirksamkeitskontrolle

4

Die Durchführung der Wirksamkeitskontrolle zielt darauf ab, das Verständnis für die Wirkmechanismen von Schutzmaßnahmen zu erhöhen und die tatsächliche Wirksamkeit einer Maßnahme im Einsatz zu hinterfragen. In den etablierten Vorgehensweisen existieren zwei Anknüpfungspunkte für Wirksamkeitsbetrachtungen: ein Anknüpfungspunkt über prospektive Wirksamkeitsanalysen und einer für die retrospektive Wirksamkeitskontrolle[1]. Vor allem für die Durchführung der Wirksamkeitskontrolle werden im Folgenden Orientierungspunkte geben.

Wirksamkeitsbetrachtungen beziehen sich in der Regel auf Zusammenhänge, in denen Schutzmaßnahmen in der Realität fallspezifisch wirken. Die Wirksamkeit hängt von der Maßnahme selbst ab, aber auch von den spezifischen Einsatzbedingungen (der betrachteten Gefährdung und den damit in Verbindung stehenden Systemen samt ihrer Umwelt). Für die Behandlung der damit einhergehenden Komplexität wird der methodische Arbeitsrahmen über die bereits dargestellte „systemische Betrachtung" und „methodische Herangehensweise" aufgespannt. Belastbare Erkenntnisse über die Wirksamkeit von Schutzmaßnahmen sind vielfach erst aus dem tatsächlichen Einsatz zu erwarten. Für die Durchführung der Wirksamkeitskontrolle werden der Forschungsprozess und empirische Methoden herangezogen,

---

[1] Üblicherweise wird im Kontext von Risiken bei der prospektiven Betrachtung der „mögliche Schaden" und bei der retrospektiven der „eingetretene Schaden" betrachtet (vgl. Kronauer, 1982, S. 102). Der Schadenseintritt spielt als Bezugspunkt hier keine Rolle, sondern der Zeitpunkt der Einleitung einer Maßnahme. Die prospektive Wirksamkeitsanalyse bezieht sich auf den Zeitpunkt vor und die retrospektive Wirksamkeitskontrolle auf den Zeitpunkt nach der Einleitung einer Schutzmaßnahme. Die Betrachtungen verbinden sich, wenn Ergebnisse aus der Kontrolle unter bestimmten Voraussetzungen in die Prävention einfließen.

S. Festag, *Risikologische Wirksamkeitsanalyse*, https://doi.org/10.1007/978-3-658-46728-9_4

um für diesen Schritt – neben Messverfahren mit eindeutig Beurteilungskriterien – ein wissenschaftliches Fundament zu reichen.

4.1   Die Risikovorsorge

Es gibt eine Reihe von strukturellen und prozessualen Maßnahmen, die in der Regel vor dem Gebrauch von Schutzmaßnahmen ergriffen werden, um die Wirksamkeit von Schutzmaßnahmen zu gewährleisten. So ist es eine gängige Praxis, dass neue technische Systeme, Substanzen, Verfahren etc. im Rahmen des Inverkehrbringens und vor dem praktischen Gebrauch zunächst Zulassungs-, Zertifizierungs- und Akkreditierungsverfahren durchlaufen. Über harmonisierte Qualitätsstandards erfolgt damit eine Risikovorsorge (vgl. Dimitropoulos, 2012, S. 38 ff.). Solche Verfahrensweisen dienen dem Schutz von Menschen und ihrer Umwelt gegenüber Gefährdungen. In Abhängigkeit vom Betrachtungsgegenstand gibt es verschiedene Zulassungsverfahren. Bei diesen Verfahren handelt es sich um festgelegte Prozeduren (vgl. Tiede et al., 2012), bei denen eine allgemein anerkannte Stelle einer anderen Stelle oder Person das Erfüllen bestimmter Eigenschaften oder Kompetenzen in Bezug auf z. B. Produkte, Systeme, Verfahren oder Dienstleistungen bescheinigt (vgl. ISO/IEC 17011, 2018). Im europäischen Raum gibt es einen rechtlich geforderten und freiwilligen Bereich für solche Verfahren. Im rechtlich geforderten Bereich wird eine Prüfstelle, die mit der Kompetenz der Zertifizierung bzw. Notifizierung[2] ausgestattet ist, durch eine benennende Stelle im Kontext der Konformitätsbewertung überwacht. Im freiwilligen Bereich nimmt die Akkreditierungsstelle die Aufgabe der Akkreditierung der Prüfstelle vor. Sofern die Prüfprozedur erfolgreich durchlaufen ist, werden entsprechende Leistungserklärungen ausgestellt und Kennzeichnungen über die Konformität mit den geltenden Anforderungen vorgenommen, womit sich die Leistungen im Wirtschaftsraum in Verkehr bringen lassen. Solche Maßnahmen der Risikovorsorge werden in der vorliegenden Arbeit nicht weiter behandelt, sondern bei den betrachteten Schutzmaßnahmen im Wesentlichen als gegeben angenommen.

---

[2] Die notifizierte Stelle hat die Aufgabe, dem Hersteller eines Produktes bzw. einer Maßnahme und den zuständigen Überwachungsbehörden die Einhaltung der harmonisierten Anforderungen unter Beachtung des geregelten Konformitätsbewertungsverfahrens zu bescheinigen. Nähere Erläuterungen finden sich in Wissenschaftliche Dienste (2009).

4.2   Vorbereitung der Wirksamkeitskontrolle

Vor der Wirksamkeitskontrolle sind Vorbereitungen im Rahmen der Gefährdungs-
bzw. Risikobeurteilung zu treffen. Zuerst ist eine geeignete methodische Herangehensweise für die Gefährdungs- bzw. Risikobeurteilung auszuwählen. Im Folgenden
wird die Vorgehensweise nach BGW (2022) verwendet. Sie hat sich in der Praxis
bewährt und gibt Anknüpfungspunkte für die Wirksamkeitsbetrachtungen her. Die
prospektive Wirksamkeitsanalyse berührt den Planungsprozess von Maßnahmen
(Schritt 5), während sich die (retrospektive) Wirksamkeitskontrolle direkt auf die
Überprüfung der Wirksamkeit einer eingeleiteten Maßnahme (Schritt 6) bezieht. In
den einzelnen Schritten (1–5) der Gefährdungs- bzw. Risikobeurteilung sind für die
Wirksamkeitskontrolle die folgenden Sachverhalte vorzubereiten (siehe Abbildung
4.1):

- Schritt 1: Die Systemdefinition baut das grundlegende Systemverständnis auf.
  Die Beschreibung des Systems beinhaltet z. B. die wesentlichen Systemelemente, Wechselwirkungen und Schnittstellen, Aufbau- und Ablauforganisation
  des Systems sowie den Betrachtungszeitraum. Die Systemdefinition beschreibt
  die relevante Systemmechanik für die Kontrolle der Wirksamkeit der Schutzmaßnahme.
- Schritt 2: Die Beschreibung der Gefährdungs- bzw. Risikosituation beruht darauf,
  dass die relevanten Gefahrentypen in systemspezifische Gefährdungen formuliert
  werden. Es sind Überlegungen zur Wirkmechanik und zum Reaktionsmechanis-
  mus der Gefährdungen bzw. Risiken anzustellen.
- Schritt 3: Die Festlegung der Schutzziele liefert Anhaltspunkte zu den Zielen
  der Schutzmaßnahme. Es sind Wirksamkeitsindikatoren zu identifizieren, die bei
  der Wirksamkeitskontrolle herangezogen werden können. Die Ziele und Wirkmechanismen der Schutzmaßnahme müssen als Kriterien bewertbar sein, denn
  ohne eine eindeutige Zielstellung ist die Überprüfung der Wirksamkeit einer
  Maßnahme nicht umsetzbar.
- Schritt 4: Aus der Ableitung der Defizite zwischen Soll- und Ist-Zustand ergeben sich die „relevanten Gefährdungen bzw. Risiken", womit Priorisierungen
  in Bezug auf die näher zu betrachtenden Reaktionsmechanismen vorliegen
  (die Überlegungen der vorherigen Schritte lassen sich somit auf die relevanten
  Gefährdungen bzw. Risiken verdichten).

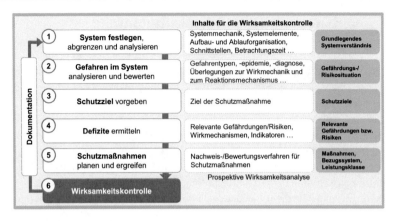

Abbildung 4.1 Vorbereitungen für die Wirksamkeitskontrolle

In die Planung von Maßnahmen in Schritt 5 sind Überlegungen zur Wirksamkeit der infrage kommenden Schutzmaßnahme zu integrieren (siehe Abbildung 4.2). Die Eignung der Maßnahmen, ein bestimmtes Problem zu lösen, wird dabei hinterfragt. Das dient der zielgerichteten Auswahl von Maßnahmen. Quellen für eine prospektive Wirksamkeitsanalyse sind z. B. Annahmen, theoretische bzw. logische Überlegungen, (kausales) Wissen und Erfahrungen, Beobachtungen, Mess-, Auslöse-, Schwellen- und Expositionsgrenzwerte, Studien bzw. Vor-, Labor- und Feldversuche sowie (computergestützte) Simulationen. Mit solchen Grundlagen lassen sich Wirkmodelle erarbeiten, die das Verhalten von Systemen, Gefährdungen und Schutzmaßnahmen beschreiben. Erkenntnisse aus Wirksamkeitskontrollen können hier ebenso einfließen, um den Akt der Wirksamkeitsbetrachtung langfristig in die Prävention zu verlagern.

Abbildung 4.2 Anhaltspunkte für die prospektive Wirksamkeitsanalyse

Relevante Fragestellungen im Rahmen der prospektiven Wirksamkeitsanalyse und der Auswahl geeigneter Maßnahmen sind z. B.: Was ist das Ziel der Maßnahme? Welche Gefährdungen werden durch die Maßnahme angesprochen und wie reagieren die Maßnahmen mit den Systemen bzw. Gefährdungen? Lässt sich die Wirksamkeit der Maßnahme anhand von Kriterien und Verfahren bewerten? Welche Maßnahme wird vom betroffenen System akzeptiert? Entstehen durch die Maßnahme neue Gefährdungen? Welchen Einfluss haben langfristige Veränderungen im System auf die Maßnahme und umgekehrt? Welche Maßnahme weist das beste Aufwand-Nutzen-Verhältnis im Risiko-Risiko-Vergleich auf?

4.3 Durchführung der Wirksamkeitskontrolle

Die Wirksamkeitskontrolle (Schritt 6) bezieht sich auf das reale Einsatzumfeld der Maßnahme und strukturiert sich in eine Planungs- und Durchführungsphase. Die Planungsphase knüpft an die prospektive Wirksamkeitsanalyse an und findet prozessual möglichst früh vor der Einleitung der zu kontrollierenden Maßnahme statt. Nach der Einleitung der Maßnahme folgt die Wirksamkeitskontrolle. Abbildung 4.3 fasst die zu beachtenden Elemente der Wirksamkeitskontrolle in einer Übersicht zusammen.

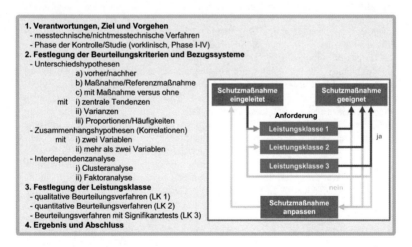

Abbildung 4.3 Elemente der Wirksamkeitskontrolle

4.3.1 Verantwortlichkeiten, Ziel und Vorgehen

Die Verantwortlichkeiten für die Durchführung der Wirksamkeitskontrolle sind fest-zulegen. Sofern mehrere Personen hierfür Verantwortungen tragen, müssen die Rollen entsprechend zugewiesen werden. Es bietet Vorteile, wenn eine unabhängige Person bzw. Stelle die Kontrolle durchführt. Sofern Maßnahmen verändert werden, sind entsprechende Abstimmungen zu anderen Verantwortlichkeiten zu beachten.

Die Wirksamkeitskontrolle hat das Ziel, die Erreichung der Ziele einer eingeleiteten Schutzmaßnahme zu ermitteln. Die Schutzmaßnahme steht dabei im Mittelpunkt der Betrachtung und nicht die Gefährdung (die sich auch durch andere Faktoren ändern kann). Das Ziel einer Schutzmaßnahme ergibt sich aus der Situation des Systems, den relevanten Gefährdungen sowie den Schutzzielen. Der Wechselwirkung zwischen der systemspezifischen Gefährdung und der Schutzmaßnahme liegt eine Vorstellung über den Kausalverlauf zugrunde. Auf dieser Basis ist das Vorgehen für die Wirksamkeitskontrolle festzulegen. Bei dem Vorgehen ist zunächst zu prüfen, ob (i) qualitative oder quantitative, (ii) kasuistische oder statistische und (iii) direkt oder indirekt messtechnische Verfahren heranzuziehen sind.

Exkurs 7: Direkt und indirekt messtechnische Verfahren
Es gibt direkt messtechnische Verfahren, die zur Beurteilung der Wirksamkeit von Schutzmaßnahmen im Einsatz mit eindeutigen Kriterien (z. B. anhand von chemisch-physikalischen Größen) herangezogen werden können. Zum Teil sind (regelmäßige) Messungen (anhand von Fristen) vorgeschrieben. Die Beurteilung der Wirksamkeit richtet sich dann basierend auf Pflaumbaum (2013) nach (a) verfahrens- und stoffspe-zifischen Kriterien (z. B. Angaben im Sicherheitsdatenblatt), (b) Auslöse-, Schwellen-oder Expositionsgrenzwerten (z. B. Arbeitsplatzgrenzwerte, Dauerüberwachungen) oder (c) technischen Parametern und Leistungsstandards (z. B. Luftgeschwindigkeit von Absaugungen, Luftwechselraten in Räumen). Für diese Art der Wirksamkeitskon-trolle bedarf es meist keiner zusätzlichen methodischen Vertiefung. Dagegen liegen bei indirekt messtechnischen (auch „nichtmesstechnischen") Verfahren oft keine ein-deutig festgelegten Kriterien zur Beurteilung der Wirksamkeit einer Schutzmaßnahme im Einsatz vor. Dann lassen sich in der Regel indirekte Wirksamkeitskriterien aufgrei-fen, um Beurteilungen vorzunehmen. Diese Verfahren beinhalten einerseits qualitative Kontrollen und Vergleiche (z. B. Funktionsüberprüfung von Systemen, Sichtkontrolle, regelmäßige Wartungen, Einhaltung von organisatorischen Festlegungen, Einhaltung der Nutzungsdauer von technischen Systemen, sachgerechte Anwendung von Hilfs-mitteln) und andererseits Vorgehen, die Kriterien zur Beurteilung nutzen, welche sich direkt aus den Schutzzielen der Maßnahmen ableiten oder sich auf indirekte Indikato-ren und Proxydaten stützen. Proxydaten werden zur Rekonstruktion von Systemen bzw. Merkmalen von Systemen herangezogen, zu denen zum Teil keine direkten Messda-ten vorliegen. Über die Herleitung und Kalibrierung von Zusammenhängen zwischen Proxy- und Messdaten lassen sich anhand von Proxydaten die fehlenden Messdaten näherungsweise modellieren. Dieses Vorgehen wird z. B. zur Beschreibung des Klimas

vor der messtechnischen Aufzeichnung verwendet (vgl. Wanner, 2016). Eisbohrkerne, Baumringe, Pollenanalysen, Niederschriften über Getreidepreise etc. liefern Proxydaten (Köstner et al., 2007, S. 13).

4.3.2   Zeitpunkt und Intervall der Wirksamkeitskontrolle

Der Zeitpunkt für die Wirksamkeitskontrolle ist möglichst früh im Prozess (bereits in der Planungsphase) festzulegen. Wiederkehrende Wirksamkeitskontrollen können sich ergeben, ähnlich wie es bei Inspektionen oder anderen Prüfungen für bestimmte Schutzmaßnahmen üblich ist. Instandhaltungsmaßnahmen lassen sich, sofern sie die Wirksamkeit von Schutzmaßnahmen überprüfen, in die Wirksamkeitskontrolle integrieren.

4.3.3   Beurteilungskriterien und Bezugssysteme

Bei der Wirksamkeitskontrolle sind die Phasen des Forschungsprozesses (siehe Abschnitt 3.3.2) zu beachten und das Ziel der Kontrolle (vorklinisch, Phase I bis IV) ist einzuordnen. Mit der Systembeschreibung, den Zielen der Schutzmaßnahme und dem angenommenen Kausalverlauf zwischen der relevanten Gefährdung und Schutzmaßnahme lassen sich die Beurteilungskriterien für die Wirksamkeitskontrolle herleiten. Die Kriterien ergeben sich aus dem Ziel, Vorgehen und der Verfügbarkeit von Informationen. Die Kriterien müssen einen Bezug zu den Schutzzielen aufweisen und werden zur Bewertung auf Referenzsysteme bezogen. Die Wirksamkeitskriterien werden:

- auf die Ausgangssituation bezogen („Vorher/Nachher-Vergleich")
- auf eine Referenzmaßnahme bezogen („Maßnahme/Referenzmaßnahme")
- auf vergleichbare Situationen ohne die Maßnahme bezogen („Mit/Ohne-Vergleich")
- mit Systemparametern korreliert (um Zusammenhänge zwischen der Maßnahme und Gefährdung bzw. dem System aufzudecken)

4.3.4   Die Leistungsklassen der Wirksamkeitskontrolle

Die vorliegende Arbeit führt Leistungsklassen für die Wirksamkeitskontrolle ein (siehe Kasten in Abbildung 4.3). Es gibt eine Bandbreite an Schutzmaßnahmen und

Anforderungen an die Wirksamkeitskontrolle. In einigen Fällen stellt die Hinterfragung der Wirksamkeit bereits einen wichtigen Schritt dar, und in anderen Fällen bedarf es eindeutiger, abgesicherter Beurteilungen. In dieser Bandbreite bewegen sich die Anforderungen und der damit verbundene Aufwand. Um diesen Erfordernissen zu entsprechen, werden drei Leistungsklassen mit steigenden Anforderungen definiert:

- qualitative Beurteilungsverfahren (Leistungsklasse 1)
- quantitative Beurteilungsverfahren (Leistungsklasse 2)
- Beurteilungsverfahren mit Signifikanztests (Leistungsklasse 3)

Mit der Wirksamkeitskontrolle der Leistungsklasse 1 erfolgt eine qualitative Bewertung der Wirksamkeit von Schutzmaßnahmen. Sie werten die Gefährdungs- bzw. Risikosituation, die unter dem Einfluss der betrachteten Schutzmaßnahme entsteht (z. B. besser/schlechter, mehr/weniger, Schutz gegeben/nicht gegeben). Wirksamkeitskontrollen dieser Leistungsklasse liefern einen Schluss über die Wirkrichtung einer Maßnahme (positiv, neutral, negativ). Sie sind häufig einfach in der Durchführung und erfolgen in der Praxis z. B. anhand von Sicht-, Hörkontrollen oder organisatorischen Festlegungen (vgl. Pflaumbaum, 2013, S. 2 f.). Auch die Eignung und richtige Verwendung von Schutzmaßnahmen ist zu prüfen, wobei ein Übergang zu quantitativen Wirksamkeitskontrollen erfolgt (z. B. Kontrolle der Einhaltung der maximalen Tragedauer von Gehörschutz).

In die Wirksamkeitskontrolle der Leistungsklasse 2 fallen quantitative Beurteilungsverfahren, die eine Aussage über das Maß der Wirksamkeit liefern. Häufig werden messtechnische Verfahren zur Überprüfung von zweckgebundenen Auslegungskriterien von Schutzmaßnahmen genutzt (z. B. Ermittlung von Messwerten). Quantitative Beurteilungskriterien ergänzen die qualitative Kontrolle der Leistungsklasse 1. Die Ergebnisse aus der Wirksamkeitskontrolle der Leistungsklasse 2 sagen aus, wie stark sich die Gefährdungs- bzw. Risikosituation durch das Einwirken der Schutzmaßnahme verändert (z. B. wie viel besser/schlechter, wie viel mehr/weniger, Grenzwert über- oder unterschritten etc.). Es ist zu beachten, dass quantitative Werte einen Sachverhalt auf das Zähl- oder Messbare einschränken, was mitunter beabsichtigt ist, wenn damit ein Sachverhalt auf das Relevante vereinfacht wird.

Bei der Wirksamkeitskontrolle der Leistungsklasse 3 sind zusätzlich zur Klasse 2 interferenzstatistische Testverfahren heranzuziehen. Diese „Signifikanztests" dienen der Absicherung von Befunden gegenüber „zufälligen" Einflüssen. Adäquat sind auch messtechnische Verfahren anhand von gezielten Messungen, wiederkehrenden oder anlassbezogenen Kontrollmessungen, Dauerüberwachungen, sofern eindeutige Beurteilungskriterien in der Praxis der Schutzmaßnahme vorliegen.

Das Schutzziel ist dabei häufig durch Auslöse-, Schwellen- und Expositionsgrenzwerte definiert. Die Ergebnisse der Leistungsklasse 3 liefern eine Aussage über die Bedeutsamkeit der Ergebnisse (z. B. bedeutsam mehr/weniger, bedeutsam besser/schlechter).

4.3.5   Auswahl des Testverfahrens (Leistungsklasse 3)

Die Auswahl eines geeigneten Signifikanztests (siehe Abbildung 4.4) für die Durchführung einer Wirksamkeitskontrolle der Leistungsklasse 3 hängt von dem Skalenniveau, der Anzahl der Variablen, dem Stichprobenumfang und der Verteilung der Datenmerkmale ab. Daraus leitet sich die Verwendung parametrischer oder nicht-parametrischer (verteilungsfreier) Tests ab (vgl. Leonhart, 2009). Vor allem Unterschieds- und Zusammenhangshypothesen werden geprüft. In Fällen, in denen wenige Theorien und Strukturen über die Schutzmaßnahmen und spezifischen Gefährdungen bzw. Risiken vorliegen, können Interdependenzanalysen zum Einsatz kommen, um z. B. den Anteil einer Schutzmaßnahme an einer Wirkung zu überprüfen (vgl. Bortz, 1993).

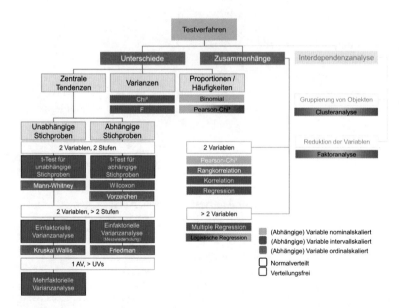

Abbildung 4.4 Testverfahren zur Signifikanzbeurteilung (Universität Zürich, 2007)

Bei Unterschiedshypothesen werden Abweichungen zwischen zentralen Tendenzen (z. B. Mittelwerte, Mediane), Varianzen oder Proportionen bzw. Häufigkeiten verglichen, während bei Zusammenhangshypothesen Abhängigkeiten zwischen Variablen geprüft werden. Liegt ein Zusammenhang vor, lässt sich dieser über die Art (z. B. linear, exponentiell, quadratisch oder eine andere beliebige Funktion) und Stärke des Zusammenhangs beschreiben (Janczyk & Pfister, 2013, S. 149 ff.). Häufig sind Axiome, Gesetzmäßigkeiten bzw. Zusammenhänge im Rahmen des Wirkmechanismus in großen Teilen bekannt und lassen sich mit „funktionalen Zusammenhängen"[3] beschreiben. In der Sicherheitspraxis sind Zusammenhänge meist nicht exakt vorhersagbar und werden dann als „stochastische Zusammenhänge" beschrieben. Ihre Vorhersage ist umso präziser, je höher der Zusammenhang zwischen den Variablen ist, bzw. die Wahrscheinlichkeit, eine richtige Vorhersage zu treffen, nimmt zu, je deutlicher die untersuchten Variablen oder Merkmale zusammenhängen (Bortz, 1993, S. 166). Häufig kommen der Korrelationskoeffizient nach Pearson (Schwarze, 2005, S. 74 ff.) und nach Spearman (Bortz, 2005, S. 214 ff.) zum Einsatz. Der Korrelationskoeffizient ist eine notwendige, jedoch keine hinreichende Bedingung für das Vorliegen eines kausalen Wirkzusammenhanges (Musahl et al., 1985). Es muss geprüft werden, ob neben dem formal- auch ein sachlogischer Zusammenhang vorliegt. Nach Leonhart (2009, S. 238 ff.) kommen die folgenden Optionen für eine Kausalbeziehung infrage:

1. A beeinflusst B kausal,
2. B beeinflusst A kausal,
3. A und B beeinflussen sich gegenseitig,
4. A und B werden von mindestens einer weiteren Variable C beeinflusst,
5. A beeinflusst C und C wiederum B (bzw. Variationen dieser Variablen) oder
6. der Zusammenhang zwischen A und B ist rein zufällig.

Statistische Testverfahren zur Überprüfung der Signifikanz sind z. B. abhängiger und unabhängiger t-Test, U-Test von Mann-Whitney, Wilcoxon-Test, 4-Felder-Kontingenztafel und Konfigurationsfrequenzanalyse (siehe Abbildung 4.4). Die Details zur Durchführung der Signifikanztests lassen sich in der Literatur nachlesen (z. B. Leonhart, 2009; Bortz, 2005; Bortz, 1993).

---

[3] Ein Beispiel für einen funktionalen Zusammenhang stellt das zweite Newtonsche Axiom in der klassischen Mechanik mit der Bezeichnung des Aktionsprinzips dar. Dieses besagt, „dass ein Körper in Richtung der resultierenden äußeren Kraft beschleunigt, die auf ihn wirkt. Die Beschleunigung ist gemäß $F = m \cdot a$ proportional zur resultierenden äußeren Kraft F, wobei m die Masse des Körpers ist [...]" (Tipler & Mosca, 2006, S. 78). Kraft, Masse und Beschleunigung stehen in einem funktionalen Zusammenhang zueinander.

4.3.6   Ergebnis und Abschluss der Wirksamkeitskontrolle

Die Wirksamkeitskontrolle führt entweder zu dem Ergebnis, dass das Schutzniveau mit der Maßnahme ausreichend erreicht wird oder nicht. Ist eine Schutzmaßnahme ausreichend wirksam, dann gilt es, sie im Rahmen der iterativen Überprüfung der Gefährdungs- bzw. Risikobeurteilung nachzuhalten und bei der nächsten Wirksamkeitskontrolle erneut zu überprüfen. Ist die Maßnahme nicht ausreichend wirksam, dann muss sie angepasst und der Vorgang erneut durchgeführt werden (siehe Kasten in Abbildung 4.3).

Die Durchführung und das Ergebnis der Wirksamkeitskontrolle ist zu dokumentieren, wobei die Dokumentation dem Nachweis der Wirksamkeitskontrolle dient. Die Erkenntnisse lassen sich unter Umständen für prospektive Wirksamkeitsanalysen nutzen. Abschließend erfolgt die Iteration.

Teil II

Praktische Anwendungen von Wirksamkeitskontrollen

Wirksamkeit der Rauchwarnmelderpflicht (Fallanalyse I)

Dieses Kapitel untersucht die Wirksamkeit der Rauchwarnmelderpflicht basierend auf Festag (2020); Festag & Meinert (2020); Festag (2013a) und Festag (2013b). Die Untersuchung repräsentiert eine Wirksamkeitskontrolle der Leistungsklasse (3) und prüft Unterschiedshypothesen zur Bewertung mittels eines Vorher/Nachher-Vergleiches. Erstmals wird in Mayr (2012) und Kaiser (2012) die Wirksamkeit der Ausstattungspflicht von Rauchwarnmeldern hinterfragt und in Festag (2013b) wissenschaftlich nachgewiesen. Erste Analysen in Bezug auf die Nachrüstpflicht für Bestandsbauten sind in Festag (2013a) gegeben.

5.1 Einleitung

Rauchwarnmelder detektieren Brände automatisch anhand von typischen Kenngrößen (z. B. Rauch, Wärme oder Gaskonzentration) und verfügen über eine Energieversorgung sowie einen integrierten Warntongeber. Sie werden primär in Wohnungen und im wohnungsähnlichen Umfeld eingesetzt, um dort vorrangig Menschenleben vor Bränden zu schützen. Der Wohnungsbereich stellt in Bezug auf das Brandrisiko einen Schwerpunkt dar (Festag & Döbbeling, 2020). Die Einführung der Rauchwarnmelderpflicht adressiert dieses Risiko über die Verpflichtung zur Ausstattung des Wohnungsbereiches mit Rauchwarnmeldern. Die automatische Branddetektion soll eine frühzeitige Selbstrettung im Brandfall in Gang setzen. Die Rauchwarnmelderpflicht ist eine rechtlich-organisatorische Schutzmaßnahme, die

Ergänzende Information Die elektronische Version dieses Kapitels enthält Zusatzmaterial, auf das über folgenden Link zugegriffen werden kann https://doi.org/10.1007/978-3-658-46728-9_5.

seit dem Jahre 2003 in Deutschland sukzessiv in den Landesbauordnungen verankert wurde. Damit ist der Einsatz von Rauchwarnmeldern in Deutschland verpflichtend, wie z. B. auch in Großbritannien, Niederlanden, Belgien, Frankreich, Dänemark, Schweden, Norwegen und Österreich (vgl. Festag, 2020; Taudin, 2013). In vielen Ländern haben sich die Ausstattungsgrade von Haushalten mit Rauchwarnmeldern erhöht (Festag, 2020). Seit dem Jahr 2004 beträgt der Ausstattungsgrad in den USA 96 % (Ahrens, 2021, S. 1). In Großbritannien (England und Wales) beträgt der Ausstattungsgrad etwa 88 % (Crowhurst, 2015, S. 34) und in Deutschland betrug er im Jahr 2013 etwa 40 % (Festag, 2014b). Mittlerweile sind es ca. 60–80 %, wobei der Anteil in Deutschland zwischen den Bundesländern variiert.

In Deutschland unterliegt der Brandschutz föderalen Strukturen und fällt in den Verantwortungsbereich der Bundesländer. Mittlerweile existiert in allen Bundesländern eine flächendeckende Rauchwarnmelderpflicht. Die Wirksamkeitskontrolle der Rauchwarnmelderpflicht ist in Deutschland aufschlussreich, weil sie ab dem Jahre 2003 in allen Bundesländern sukzessiv zu unterschiedlichen Zeitpunkten implementiert wurde und Daten als Wirksamkeitskriterien über den gesamten Zeitraum vorliegen. Neben der Pflicht zur Installation von Rauchwarnmeldern für Neubauten („Einführungspflicht") greift diese Maßnahme zeitverzögert auch für Wohnungen in Bestandsbauten („Nachrüstpflicht") – wobei im Detail in der rechtlichen Umsetzung stellenweise unterschiedlich Regelungen vorzufinden sind, z. B. die Verantwortung für die Installation.

Das Ziel der folgenden Untersuchung ist die Kontrolle der Wirksamkeit der Rauchwarnmelderpflicht für Deutschland insgesamt und für die 16 Bundesländer im Einzelnen. Gleichzeitig bezieht sich die Untersuchung auf die Entwicklungen in den Bundesländern und den unterschiedlichen Zeitpunkten der Pflicht in den Landesbauordnungen, welche nach Neu- und Bestandsbauten differenziert werden. Darüber hinaus hinterfragt die Wirksamkeitskontrolle wie viele Personen durch diese Maßnahme (statistisch gesehen) gerettet werden.

5.2   Methodische Vorgehensweise

Rauchwarnmelder sollen im Brandfall in erster Linie Menschenleben retten (Schutzziel), auch wenn sie darüber hinaus Verletzungen, physische und psychische Belastungen sowie Sach-, Kultur- und Umweltschäden, ideelle Schäden (wie Ruf- und Imageschäden) reduzieren. Die Wirksamkeit der Rauchwarnmelderpflicht lässt sich vereinfacht durch das Kernziel „Vermeidung von Personenschäden mit Todesfolge" bemessen, indem das Brandsterberisiko vor und mit dieser Maßnahme verglichen wird (Festag, 2020). Das Risiko ermittelt sich aus der Anzahl der Sterbefälle durch

Brände auf Basis der amtlichen Todesursachenstatistik (GBE-Bund, 2019) und der Einwohnerzahl (DESTATIS, 2020a). Für die Wirksamkeitskontrolle werden die Brandsterbefälle von 1998 bis 2016 jahresweise für jedes Bundesland separat herangezogen. Die Daten vor 1998 werden ausgegrenzt, weil es in diesem Jahr zu einer Änderung in der öffentlichen Klassifikation kam (ICD-10-WHO–1, 2010; ICD-10-WHO–2, 2010) und Veränderungen in der Datenbasis nur schwer ausgeschlossen werden können. Sterbefälle durch unfallartige Brände werden in der Todesursachenstatistik als „Exposition gegenüber Rauch, Feuer und Flamme" (Kodierung [X00-X09]) aufgeführt. Die Unterkategorien „Exposition gegenüber nicht unter Kontrolle stehendem Feuer in Gebäuden oder Bauwerken" [X00], „Exposition gegenüber unter Kontrolle stehendem Feuer in Gebäuden oder Bauwerken" [X02], „Exposition gegenüber nicht näher bezeichnete(m)(n) Rauch, Feuer oder Flammen" [X09] werden hier herangezogen. Dabei werden ausschließlich die Sterbefälle in die Analyse einbezogen, die sich in Wohnungen oder wohnungsähnlichen Bereichen ereignen, da diese Fälle im Wirkungsbereich der Rauchwarnmelderpflicht liegen. In Abbildung 5.1 ist die zeitliche Entwicklung der Brandsterbefälle pro Jahr für Deutschland dargestellt (GBE-Bund, 2019). Bis zur ersten Einführungspflicht (Rheinland-Pfalz, 21.12.2003) ergeben sich im Schnitt 501 Sterbefälle durch unfallartige Brände (graue Balken) und im Mittel 380 Sterbefälle zu Hause bzw. im Wohnungsbereich (schwarze und grüne Balken).

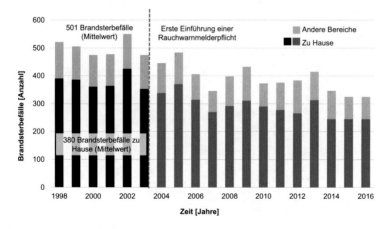

Abbildung 5.1 Entwicklung der Brandsterbefälle in Deutschland

Da die Einführung der Rauchwarnmelderpflicht in den Bundesländern zu unterschiedlichen Zeitpunkten erfolgte, lassen sich die Daten für jedes Bundesland einzeln von dem Jahre 1998 bis zur Einführung der Pflicht (als „Referenz" ohne diese Maßnahme) mit den Daten seit der Einführung bis zum Jahre 2016 vergleichen (Festag, 2020, S. 6). Für die Nachrüstpflicht von Bestandsbauten mit den jeweiligen Einführungszeitpunkten wird vergleichbar verfahren. Die Veränderung der Brandsterberisiken gibt Aufschluss über die Wirksamkeit der Rauchwarnmelderpflicht in den jeweiligen Bundesländern (einen anderen Ansatz liefert Ahrens (2021)). Die Veränderungen werden mit einem Signifikanztest für unabhängige Stichproben mit einer Irrtumswahrscheinlichkeit von $\alpha = 5\ \%$ bei einer mittleren Effektstärke nach Bortz (1993, S. 132 ff.) zur Bewertung geprüft (siehe Festag, 2020, S. 7). Hierzu werden die Einzelabweichungen pro Jahr aus dem mittleren Brandsterberisiko (zu Hause) vor und seit der Rauchwarnmelderpflicht ermittelt. Die Differenz der Mittelwerte berechnet sich zu: $\overline{x}_1$-$\overline{x}_2$. Über die Summe der Jahre berechnet sich die Gesamtabweichung nach Gleichung 5.1:

$$\sum_{i=1}^{n_1}(x_{1,i} - \overline{x}_1)^2 \quad bzw. \quad \sum_{i=1}^{n_2}(x_{2,i} - \overline{x}_2)^2 \qquad (5.1)$$

Da die gemeinsame Populationsvarianz σ^2 unbekannt ist, wird sie aufgrund der Daten beider Stichproben nach Gleichung 5.2 geschätzt:

$$\sigma^2 = \frac{\sum_{i=1}^{n_1}(x_{1,i} - \overline{x}_1)^2 + \sum_{i=1}^{n_2}(x_{2,i} - \overline{x}_2)^2}{(n_1 - 1) + (n_2 - 1)} \qquad (5.2)$$

$\overline{x}_1$	Mittleres Brandsterberisiko (zu Hause) vor der Rauchwarnmelderpflicht [–]
$\overline{x}_2$	Mittleres Brandsterberisiko (zu Hause) seit der Rauchwarnmelderpflicht [–]
n_1	Anzahl der Jahre von 1998 bis zur Rauchwarnmelderpflicht [–]
n_2	Anzahl der Jahre seit der Rauchwarnmelderpflicht [–]

Der Standardfehler der Differenz wird nach Gl. 5.3 berechnet:

$$\widehat{\sigma}_{(\overline{x}_1 - \overline{x}_2)} = \sqrt{\frac{\sum_{i=1}^{n_1}(x_{1,i} - \overline{x}_1)^2 + \sum_{i=1}^{n_2}(x_{2,i} - \overline{x}_2)^2}{(n_1 - 1) + (n_2 - 1)}} \cdot \sqrt{\frac{1}{n_1} + \frac{1}{n_2}} \qquad (5.3)$$

Die Bedeutsamkeit der Abweichung der gefundenen Differenzen wird in Bezug zur Streuung der Mittelwertedifferenzen $\widehat{\sigma}_{(\overline{x}_1 - \overline{x}_2)}$ gesetzt und entspricht dem berechneten t-Wert, der für kleine Stichproben (gewöhnlich mit $n < 10$) t-verteilt und für größere Stichproben angenähert normalverteilt ist (Bortz, 1993, S. 133):

$$t_{berechnet} = \frac{\overline{x}_1 - \overline{x}_2}{\widehat{\sigma}_{(\overline{x}_1 - \overline{x}_2)}} \tag{5.4}$$

Der theoretische t-Wert ($t_{theoretisch}$) folgt der Funktion der t-Verteilung und ist z. B. in Bortz (1993, S. 701) tabelliert. Ist $t_{theoretisch}$ kleiner als $t_{berechnet}$, so unterscheiden sich die Brandsterberisiken statistisch signifikant und der Effekt ist bedeutsam.

Zur Bewertung der Wirksamkeit der Rauchwarnmelderpflicht in Deutschland (insgesamt) wird der Signifikanztest für abhängige Stichproben anhand der Daten über alle Bundesländer angewendet (Bortz, 1993, S. 135 ff.). Für jedes Bundesland ergeben sich Wertepaare über den Mittelwert vor (x_1) und seit der Pflicht (x_2). Diese Wertepaare werden über alle Bundesländer aufgeführt und die Unterschiede mit einem Signifikanztest für abhängige Stichproben geprüft (Festag, 2020, S. 7). Zur Beurteilung der Ergebnisse wird für jedes Wertepaar die Differenz d_i ermittelt. Aus der Summe aller Differenzen wird das arithmetische Mittel mit der Anzahl der Messwertpaare n gebildet:

$$\overline{x}_d = \frac{\sum_{i=1}^{n_1} d_i}{n} \tag{5.5}$$

Die Streuung der Differenzen in der Population wird geschätzt zu:

$$\widehat{\sigma}_d = \sqrt{\frac{\sum_{i=1}^{n_1}(d_i - \overline{x}_d)^2}{n-1}} \tag{5.6}$$

Analog zum Standardfehler des arithmetischen Mittels wird die Streuung der Verteilung der Mittelwerte von Differenzen daraus ermittelt:

$$\widehat{\sigma}_{\overline{x}_d} = \frac{\sigma^d}{\sqrt{n}} \tag{5.7}$$

Der berechnete t-Wert ($t_{berechnet}$) leitet sich hierbei aus Gleichung 5.8 ab:

$$t_{berechnet} = \frac{\overline{x}_d}{\widehat{\sigma}_{\overline{x}_d}} \tag{5.8}$$

$t_{theoretisch}$ bestimmt sich aus den Freiheitsgeraden df und dem Signifikanzniveau $\alpha = 5\,\%$ (Bortz, 1993, S. 701). Ist $t_{theoretisch}$ kleiner als $t_{berechnet}$, so sind die Unterschiede zwischen den Brandsterberisiken vor Einführung der Rauchwarnmelderpflicht zu denen danach (bzw. der Nachrüstpflicht) mit einer mittleren Effektstärke statistisch signifikant.

5.3   Ergebnisse der Wirksamkeitskontrolle

Zuerst werden die Ergebnisse der Wirksamkeitkontrolle der Rauchwarnmelderpflicht für die einzelnen Bundesländern dargestellt und anschließend die für Deutschland insgesamt.

5.3.1   Wirksamkeit in den Bundesländern

Die Entwicklung des Brandsterberisikos in den Bundesländern ist in den Abbildun-
gen 5.2 und 5.3 mit den Zeitpunkten für die Einführungs- und Nachrüstungspflicht
dargestellt (siehe Festag, 2020, S. 6). Für jedes Bundesland ist das Brandsterberisiko
pro Jahr vor Einführung der Rauchwarnmelderpflicht in Schwarz dargestellt, das
relevante jährliche Brandsterberisiko in der Zeit seit der Einführung der Rauchwarnmelderpflicht für Neubauten in Hell-Grün und sofern vorhanden seit der Einführung
der Nachrüstpflicht in Grün. Unter der x-Achse sind die mittleren Brandsterberisiken (zu Hause) aufgeführt. Die zugrunde liegenden Zahlenwerte sind in Tabelle
A.1 (im Anhang) aufgeführt (Festag, 2020, S. 6). Abbildung 5.3 zeigt beispielsweise
für das Bundesland Hessen in den Jahren von 1998 bis 2004 ohne Rauchwarnmelderpflicht einen steigenden Verlauf des Brandsterberisikos (zu Hause). Nach der
Einführung der Rauchwarnmelderpflicht ist eine Risikoreduzierung zu verzeichnen. In drei Bundesländern (Berlin, Brandenburg und Sachsen) kann aufgrund der
geringen Vergleichszahl (weniger als 2 Jahreswerte) keine belastbare Aussage über
den Einfluss der Rauchwarnmelderpflicht getroffen werden. Es zeigt sich, dass das
Brandsterberisiko in diesen Bundesländern im Beobachtungszeitraum auch ohne
Rauchwarnmelderpflicht zurückgeht. Das kann damit erklärt werden, dass die Menschen sich der Brandgefährdung zu Hause und der Möglichkeit einer frühen Warnung über Rauchwarnmelder bewusster werden und eigenständig eine Installation
vornehmen. Die Aufmerksamkeit für die Möglichkeit der Verwendung von Rauchwarnmeldern geht über Landesgrenzen hinaus und Aufklärungskampagnen können
eine übergreifende Wirkung haben, auch wenn sie sich auf einzelne Bundesländer
konzentrieren.

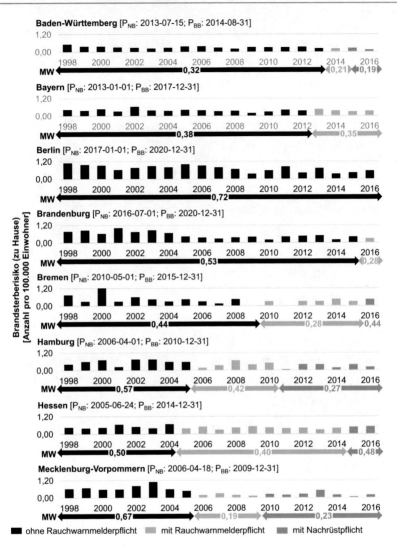

Abbildung 5.2 Entwicklung des Brandsterberisikos (zu Hause) von 1998 bis 2016: Teil 1

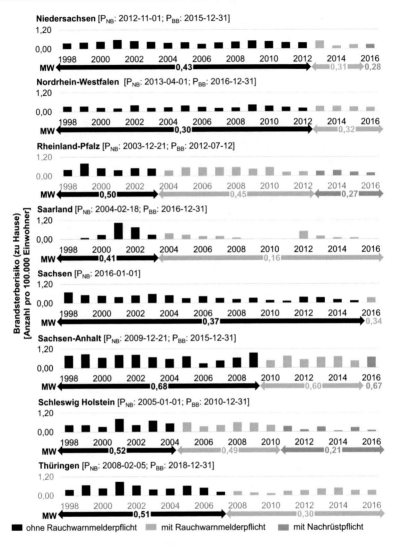

Abbildung 5.3 Entwicklung des Brandsterberisikos (zu Hause) von 1998 bis 2016: Teil 2

In Nordrhein-Westfalen steigt das mittlere Brandsterberisiko nach Einführung der RWM-Pflicht von 0,30 auf 0,32 Sterbefälle pro 100.000 Einwohner pro Jahr an, während die Risikoverteilung geringer ausfällt. Einzelne Ereignisse in einem Jahr haben einen hohen Einfluss auf diese Datengrundlage. In Mecklenburg-Vorpommern sinkt das Brandsterberisiko von 0,67 vor Einführung der Rauchwarnmelderpflicht auf 0,22 Sterbefälle pro 100.000 Einwohner, während es für den Zeitraum der Nachrüstpflicht stagniert bzw. geringfügig auf 0,23 Sterbefälle pro 100.000 Einwohner steigt. Beim Vergleich mit der Nachrüstpflicht zeigen sich dagegen in Schleswig-Holstein wie auch in Rheinland-Pfalz und Hamburg reduzierte Brandsterberisiken im Vergleich zum Referenzzeitraum.

Die Analyse des Brandsterberisikos der Bundesländer zeigt, dass für alle Bundesländer ein positiver Effekt vorliegt (mit Ausnahme von Nordrhein-Westfalen). Für die „Einführungspflicht" ergeben sich bereits signifikante Ergebnisse in fünf von 13 Bundesländern (Baden-Württemberg, Hamburg, Mecklenburg-Vorpommern, Niedersachsen, Thüringen). In Baden-Württemberg, Hamburg, Mecklenburg-Vorpommern, Rheinland-Pfalz und Schleswig-Holstein zeigt sich, dass mit der Nachrüstpflicht die positiven Effekte zunehmen (Festag, 2020, S. 6 f.).

Die Wirksamkeit der Rauchwarnmelderpflicht verstärkt sich mit der Zeit und der Umsetzung dieser Maßnahme. Das lässt sich damit erklären, dass mit Inkrafttreten der rechtlichen Verankerung der Pflicht die Haushalte nicht sofort alle mit Rauchwarnmeldern ausgestattet wurden, wie Ergebnisse von Forsa-Umfragen zeigen (Forsa, 2006, Forsa, 2010 und Forsa, 2014).

5.3.2   Wirksamkeit in Deutschland

Ausgehend von den dargestellten Mittelwerten der Brandsterbefälle pro 100.000 Einwohner je Bundesland und Jahr zeigt Abbildung 5.4 den Vergleich des Brandsterberisikos vor (Schwarz) und nach Einführung der Rauchwarnmelderpflicht (Hell-Grün) bzw. seit der Nachrüstpflicht (Grün). Es zeigt sich, dass sich in zwölf von 13 Bundesländern das Brandsterberisiko nach Einführung der Rauchwarnmelderpflicht reduzierte. In fünf der zwölf Bundesländer kann die Wirksamkeit der Rauchwarnmelderpflicht statistisch belastbar nachgewiesen werden. Ein sinkendes Brandsterberisiko ist in allen sechs Bundesländern mit der Nachrüstpflicht im Vergleich zum Referenzzeitraum zu verzeichnen. In fünf von sechs Bundesländern ist ein statistisch abgesicherter Effekt vorhanden. In Hamburg, Rheinland-Pfalz und Schleswig-Holstein wird der positive Trend deutlich verstärkt.

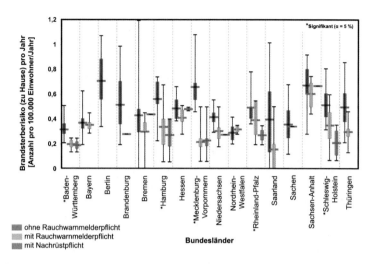

Abbildung 5.4 Verteilung der Brandsterberisiken in den Bundesländern

Für Deutschland (gesamt) weist der Signifikanztest für abhängige Stichproben einen signifikanten positiven Effekt der Rauchwarnmelderpflicht aus (siehe Tabelle A.2 im Anhang). Daraus leitet sich ab, dass die Rauchwarnmelderpflicht wirksam ist (Festag, 2020, S. 7). Dies gilt für die Einführungs- als auch für die Nachrüstpflicht. Die Wirkung der Rauchwarnmelderpflicht hängt von der Anzahl der Neubauten und folglich von Bränden in Neubauten ab, während die Wirkung der Nachrüstpflicht von der Anzahl der vorhandenen Bestandsgebäuden – die den dominierenden Teil ausmachen – und Brände in bestehenden Gebäuden bestimmt wird.

Mit der Wirksamkeitskontrolle lässt sich über die zeitliche Entwicklung der Risikoreduktion durch die Rauchwarnmelderpflicht (Hell-Grün) und die Nachrüstpflicht (Grün) die Anzahl der statistisch geretteten Menschenleben ermitteln. Das sind die Personen, die seit der Pflicht im Vergleich zum Mittelwert vorher statistisch gesehen weniger durch Brände verstorben sind (siehe Tabelle 5.1).

Tabelle 5.1 Gerettete Personen aufgrund der Rauchwarnmelderpflicht

Jahr	BW	BY	BE	BB	HB	HH	HE	MV	NI	NW	RP	SL	SN	ST	SH	TH	DE
Bundesland																	
Gerettete Personen pro Jahr																	
2004										6	0						6
2005						7				2	1					-2	8
2006					7	4	9			1	1					1	23
2007					5	7	8			0	2					2	24
2008					3	6	8			0	2				1	6	26
2009					3	5	9			0	2				0	7	26
2010				1	3	5	8			0	3			6	1	8	34
2011				2	4	5	8			1	3			3	1	7	35
2012				2	3	5	8			2	2			4	3	7	36
2013		-10		1	3	6	8	-5	-7	3	2			4	3	6	14
2014	11	-4		1	4	6	8	7	-8	3	3			3	4	6	44
2015	9	1		1	4	6	8	9	-5	4	3			4	4	6	52
2016	13	2	6	1	4	5	8	10	-3	4	3		2	4	5	6	68
Gerettete Personen (kumuliert)																	
2004										6	0						6
2005						7				5	2					-2	11
2006					7	7	9			3	4					2	32
2007					11	20	16			1	6					5	59
2008					9	25	24			0	10				3	6	76
2009					12	24	34			2	14				2	14	101
2010				1	12	28	42			0	18			6	4	23	135
2011				4	21	35	51			11	23			7	9	29	189
2012				5	24	40	58			20	22			12	20	35	235
2013		-10		6	27	53	62	-5	-7	28	24			14	25	38	255
2014	11	-8		6	34	59	71	15	-15	35	28			15	38	40	328
2015	19	2		7	37	61	82	27	-16	45	31			23	45	45	406
2016	38	6	6	6	43	60	90	39	-13	57	35		2	25	57	50	501

Für alle Bundesländer beträgt die Summe aller „statistisch geretteten" Menschenleben bis 2016 insgesamt 501 Personen. Im Jahr 2016 sind bereits im Mittel pro Jahr 68 Personen weniger im Vergleich zum Referenzzeitraum verstorben. Pro Jahr steigt die Anzahl der geretteten Personen mit der sequenziell verankerten Rauchwarnmelderpflicht, wobei einzelne Brände diesen positiven Trend stellenweise unterbrechen (z. B. Nordrhein-Westfalen). Die Gesamtentwicklung ist auch darauf zurückzuführen, dass die Nachrüstpflicht zunehmend in den Bundesländern greift. Die Rauchwarnmelderpflicht wirkt in der Wirklichkeit mit anderen Maßnahmen zusammen. Es ist möglich, dass auch andere Maßnahmen die beobachteten

Effekte beeinflussen. Es ist aber unwahrscheinlich, dass mit der Umsetzung der Rauchwarnmelderpflicht in den Bauvorschriften der verschiedenen Bundesländern gleichzeitig andere Maßnahmen die Effekte überlagern. Außerdem ist festzustellen, dass die Rauchwarnmelderpflicht das Bewusstsein der Menschen für das Brandrisiko zu Hause stärkt. In diesem Kontext ist es von Vorteil, die Wirkmechanismen noch genauer zu untersuchen, vor allem diejenigen, die das Brandsterberisiko in Bundesländern ohne eine Rauchwarnmelderpflicht während des Untersuchungszeitraums gesenkt haben.

5.4   Fazit

Brände im Wohnbereich sind ein Risikoschwerpunkt. Um dem entgegenzuwirken, wurde in den deutschen Bundesländern die Rauchwarnmelderpflicht eingeführt. Die Wirksamkeitskontrolle liefert für diese Maßnahme für Deutschland insgesamt eine positive Wirksamkeit mit einem signifikanten Ergebnis (Leistungsklasse 3). In zwölf von 13 Bundesländern ist das Brandsterberisiko nach der Einführung der Rauchwarnmelderpflicht für Neubauten gesunken. Der positive Effekt wird durch die Nachrüstpflicht für Bestandsbauten verstärkt. Eine belastbare Wirksamkeit zeigt sich bezugnehmend auf die Einführungspflicht bereits in fünf von 13 Bundesländern und in Bezug auf die Nachrüstpflicht in fünf von sechs Bundesländern. Einige der anderen Bundesländer weisen positive Effekte auf, aber signifikante Effekte stehen aus (Leistungsklasse 2). In einem Bundesland ist gemessen an der Veränderung des Medians ein negativer Effekt zu erkennen, wobei die Risikostreuung seit der Maßnahme reduziert werden konnte, was wiederum positiv zu werten ist. Außerdem wurden durch die Rauchwarnmelderpflicht von 2003 bis zum Jahre 2016 statistisch gesehen 501 Menschenleben gerettet und die Tendenz steigt. Die Wirksamkeit der Rauchwarnmelderpflicht nimmt bisher mit fortschreitender Umsetzung zu. Die Langzeitfolgen dieser Maßnahme müssen weiter analysiert werden.

Wirksamkeit von anlagentechnischen und abwehrenden Brandschutzmaßnahmen (Fallanalyse II)

6

Brandschutzmaßnahmen werden ergriffen, um Brände zu vermeiden oder um den aus einem Brand resultierenden Schaden möglichst gering zu halten. Dieses Kapitel stellt basierend auf Festag (2021) und Festag & Döbbeling (2020) eine Wirksamkeitskontrolle von anlagentechnischen und abwehrenden Brandschutzmaßnahmen dar.

6.1 Einleitung

Mit statistischen Methoden können über die Analyse des Brandvorkommens einerseits Risikoschwerpunkte und Trends sowie andererseits Wirkzusammenhänge identifiziert und schließlich die Wirksamkeit von Schutzmaßnahmen überprüft werden. Dazu wurde eine systematische und feuerwehrübergreifende Datenbasis mit einheitlich erhobenen Kriterien für Feuerwehreinsätze bei Gebäudebränden entwickelt (Festag & Döbbeling, 2020) und die Wirksamkeit insbesondere von automatischen Brandmeldeanlagen, Feuerlöschanlagen, Rauch- und Wärmeabzugsanlagen sowie von Feuerwehren in Abhängigkeit von ihrer Art untersucht (vgl. Festag, 2021; Zehfuß, 2020; Festag, 2018c). So lassen sich typische Brandereignisse und Schadenbilder hinsichtlich des Einsatzes von Maßnahmen wie auch des Einflusses der Maßnahmen auf den Brandverlauf bewerten. In der Praxis ist das für die leistungsorientierte Erreichung von Schutzzielen nützlich.

Ergänzende Information Die elektronische Version dieses Kapitels enthält Zusatzmaterial, auf das über folgenden Link zugegriffen werden kann https://doi.org/10.1007/978-3-658-46728-9_6.

6.2   Methodische Vorgehensweise

Die hier zugrunde liegende Untersuchung (Festag & Döbbeling, 2020) basiert auf einer systematisch erhobenen Datenbasis von Feuerwehreinsätzen über einen einheitlichen Erfassungsbogen von 5.016 Gebäudebrandeinsätzen mit 1.216 realen Brandereignissen. Die Erfassungsbögen wurden von 29 Feuerwehren, quer durch Deutschland verteilt, ausgefüllt – und zwar vom Einsatzleiter oder von einer anderen Person, die mit den Einsatzgegebenheiten vertraut ist (Festag & Döbbeling, 2020). Bei der Kontrolle der Wirksamkeit der Schutzmaßnahmen wurden die Erfassungsbögen aller beteiligten Feuerwehren anonymisiert in eine zentrale Datenbank zusammengeführt und ausgewertet. Der Erfassungsbogen umfasst 20 einheitliche Erfassungsblöcke mit 149 Einzelkriterien (siehe Tabelle 6.1).

Tabelle 6.1 Die Erfassungsblöcke des einheitlichen Erfassungsbogens

1.	Allgemeines
2.	Feuerwehrstatus
3.	Gebäudeart
4.	Gebäudenutzung
5.	Notruf/Meldung
6.	Brand-/Falschalarm
7.	Falschalarm ausgelöst durch
8.	Ausgelöste Anlagentechnik
9.	Vermutl. Ursache der Brandentstehung
10.	Geschoss der Brandentstehung
11.	Vermutl. Ort der Brandentstehung
12.	Vermutl. Objekt der Brandentstehung
13.	Brandausmaß beim Eintreffen der Feuerwehr
14.	Brand begrenzt auf
15.	Rauchausbreitung beim Eintreffen der Feuerwehr
16.	Rauchschichtung
17.	Benutzbarkeit des Rettungsweges
18.	Menschenrettung
19.	Geschätzter Sachschaden
20.	Löschwassereinsatz

Es werden Informationen zu Gebäudebrandeinsätzen vom Ort und Zeitpunkt des Feuerwehreinsatzes über die Alarmierung der Feuerwehr, die Brandentstehung und -ausbreitung bis zum resultierenden Schaden sowie zu den eingeleiteten Brandschutzmaßnahmen erhoben. Der Gebrauch von Erfassungsbögen ist eine standardisierte Abfragemethode. Hier werden standardisierte Fragen und standardisierte Antworten verwendet, wobei in manchen Erfassungsblöcken auch Freitextfelder angeboten werden. Neben den grundsätzlichen Grenzen der Erhebungsmethoden als wissenschaftliches Instrument (z. B. Musall & Schwennen, 2000; Campbell & Stanley, 1966) gibt es hier zusätzliche Einschränkungen in der Aussagekraft der Ergebnisse. Die Daten werden von unterschiedlich qualifizierten Einsatzkräften der Feuerwehren erhoben. Die Vollständigkeit und Richtigkeit der Angaben kann nicht vollständig überprüft werden und ist zumindest teilweise subjektiv – wobei eine Person, die mit den Bedingungen des Einsatzes vertraut ist, die Erfassungsbögen unmittelbar nach dem Einsatz ausfüllen sollten, um die Unsicherheiten in der Qualität der Erhebung zu begrenzen. Zudem werden die Daten bei der Pflege in die Datenbank auf ihre inhaltliche Konsistenz überprüft. Fehler aufgrund der Übertragung der ausgefüllten Erfassungsbögen in die Datenbank können durch gezielte Analysen und Replikationstests der Ergebnisse weitestgehend ausgeschlossen werden.

Brandeinsätze basieren auf der jeweils geltenden Alarm- und Ausrückordnung der Feuerwehren, weshalb zwischen Brandfällen und Brandeinsätzen zu unterscheiden ist (Festag & Döbbeling, 2020, S. 15). Bei Einsätzen in Verbandsgemeinschaften mit mehreren Gemeinden und mit überregionaler Hilfe werden die Brände in vielen Fällen mehrfach gezählt (vgl. Esser, 2022). Die hier analysierten Fälle wurden von verschiedenen Feuerwehren erfasst und die Anzahl der Einsätze entspricht der Anzahl der Brände bzw. Falschalarme. Jeder gemeldete Gebäudebrandeinsatz wird in dem Erfassungsbogen anhand des Ortes mit der Gemeindekennziffer versehen und jeder Einsatz wird anhand des Tages und der Uhrzeit sowie der Details der Einsätze eindeutig charakterisiert. Doppelt eingepflegte Einsätze (von mehreren Feuerwehren) sind in dem Datensatz ausgeschlossen.

Die Wirksamkeitskontrolle von den hier betrachteten Brandschutzmaßnahmen erfolgt über Vergleiche zwischen den Verteilungen von Schadenskriterien auf Basis von Bränden mit bestimmten Maßnahmen entgegen Bränden, bei denen keine Anlagentechnik vorhanden war (als Referenzszenario). Die Wirksamkeit der Brandbekämpfung durch die Feuerwehr lässt sich auf vergleichbarem Wege differenziert nach freiwilligen, Berufs- und Werkfeuerwehren über die Verteilung von Schadenskriterien sowie im Vergleich untereinander nachweisen. Bei der Anwendung der folgenden Ergebnisse muss in Anlehnung an Festag & Döbbeling (2020) im Einzelfall geprüft werden, ob die Daten für die jeweilige Verwendung sinnvoll sind.

Darüber hinaus sind die folgenden Punkte bei der Verwendung der hier gewählten Wirksamkeitskriterien zu berücksichtigen:

- Einige (anlagentechnische) Maßnahmen werden in Gebäuden mit einer hohen Wertekonzentration bzw. Brandlast eingesetzt, womit das Schadenspotenzial in der Regel größer ist als bei dem Referenzszenario.
- Die Wirksamkeitskriterien geben keine Information über die Auslegungskriterien der Maßnahmen (z. B. werden Feuerlöschanlagen auch zur Kompensation von Abweichungen im baulichen Brandschutz eingesetzt, womit das Schutzziel der Ersatz einer Brandwand sein kann und nicht die Brandbekämpfung innerhalb eines Brandabschnittes).
- Über die konkreten Brandschutzmaßnahmen liegen keine Detailinformationen vor (z. B. der Standard, nach dem die Anlagen geplant und errichtet wurden).

Die Datenerhebung gliedert sich in eine Pilotphase (Döbbeling et al., 2012) und in zwei Haupterhebungsphasen. Der hier relevante Erfassungszeitraum erstreckt sich über die beiden Haupterhebungen vom Jahre 2013 bis 2017, wobei sich Feuerwehren mit einzelnen Erfassungsbögen bis hin zu einer Vollerfassung ihrer Einsätze über einen frei gewählten Zeitraum an dem Projekt beteiligten. Die Erhebungsphase I beinhaltet 2.775 Erfassungsbögen inkl. 681 tatsächlichen Bränden von 18 Feuerwehren aus den Beteiligungsjahren 2013 bis 2015 (vgl. Festag, 2018c), und die anschließende Phase II beinhaltet über die Jahre 2016 und 2017 weitere 2.241 Erfassungsbögen inkl. 535 Bränden von 11 Feuerwehren (Festag & Döbbeling, 2020).

Um die Wirksamkeit der Schutzmaßnahmen hinsichtlich ihrer Signifikanz zu überprüfen, wird der Wilcoxon-Vorzeichen-Rang-Test verwendet (Festag, 2021). Der Test ist ein nichtparametrisches Verfahren, das die zentrale Tendenz gepaarter Proben vergleicht. Das Verfahren wird herangezogen, weil die Brände bzw. Daten nicht normalverteilt sind und die Stichprobe klein ist (vgl. Bortz, 1993, S. 144 f.). Die Ergebnisse werden gegen die Nullhypothese (H_0) geprüft, die besagt, dass die beiden Schadensverteilungen (Schutzmaßnahmen und die Referenz) aus Populationen stammen, die keine Unterschiede in Bezug auf die zentrale Tendenz aufweisen (Musahl et al., 1985). Zur Bewertung der Hypothese wird der W-Wert benutzt, da die Stichprobengröße (N) hier meist unter 10 liegt. Der Test wird beidseitig mit einer Irrtumswahrscheinlichkeit von $\alpha = 1\%$ ($**$) und 5% ($*$) durchgeführt. Neben dem W-Wert wird auch der z-Wert verwendet, wenn die Stichprobengröße größer ist ($N > 20$), da dann eine Normalverteilung angenommen werden kann. Die Effektstärke wird anhand des Wilcoxon-Tests aus dem z-Wert und der Stichprobengröße bestimmt (vgl. Lenhard & Lenhard, 2016) und anschließend nach Cohen (1988) interpretiert.

6.3   Ergebnisse der Wirksamkeitskontrolle

Nachstehend werden die Ergebnisse der Wirksamkeitskontrollen für die betrachteten Brandschutzmaßnahmen dargestellt. Die Wirksamkeit der Maßnahmen lässt sich in Anlehnung an ihre Zielstellung und die gewünschte Wirkung auf das Brandszenario mittels verschiedener Schadenskriterien bemessen (Festag & Döbbeling, 2020). Die Bemessung der Brandschäden erfolgt hier über die folgenden Kriterien: (a) den geschätzten Sachschaden in Euro, (b) die Brandausbreitung beim Eintreffen der Einsatzkräfte, (c) die Rauchausbreitung beim Eintreffen der Einsatzkräfte, (d) das Vorhandensein einer Rauchschichtung, (e) die Begehbarkeit von Flucht- und Rettungswegen sowie (f) den zur Brandbekämpfung erforderlichen Löschwasserverbrauch.

Es ist möglich, dass die hier betrachteten Schutzmaßnahmen zusammenwirken, z. B. wenn Brandmelder die Rauch- und Wärmeabzugsanlagen auslösen, auch wenn die Ergebnisse im Folgenden auf die einzelnen Schutzmaßnahmen bezogen werden.

6.3.1   Wirksamkeit von Brandmeldeanlagen

Auf der Basis von Tabelle A.3 im Anhang sind in Abbildung 6.1 die Brandschadenskriterien für die Brandfälle mit der Auslösung einer Brandmeldeanlage (n = 178) in hellgrünen Balken und Kurven aufgeführt (gemeint sind Anlagen auf Basis der EN-54-Reihe, ohne Rauchwarnmelder) und diejenigen Brände ohne eine Anlagentechnik (n = 731) als Referenzszenario in grauen Balken und Kurven. Abbildung 6.1 (a) macht deutlich, dass bei Bränden mit der Auslösung von Brandmeldeanlagen der geschätzte Sachschaden deutlich geringer ausfällt (in 83 % der Fälle ist der geschätzte Sachschaden kleiner 1.000 Euro) als bei den Bränden ohne Anlagentechnik mit 69 %. Bei den Bränden mit der Auslösung einer Brandmeldeanlage war der Brand in 85 % der Fälle beim Eintreffen der Feuerwehr auf einen Gegenstand bzw. ein Gerät begrenzt (siehe Abbildung 6.1 (b)). Dies traf im Vergleich nur in 71 % der Brände ohne Anlagentechnik zu. Darüber hinaus zeigt sich bei den Bränden ohne Anlagentechnik (siehe Abbildung 6.1 (c)), dass sich der Rauch zum Eintreffzeitpunkt der Feuerwehr verhältnismäßig weiter ausgebreitet hatte. Insbesondere sind dann auch die Flucht- und Rettungswege häufiger noch benutzbar (bei Brandmeldeanlagen in 79 %) als bei Bränden ohne Anlagentechnik (58 %). Brandmeldeanlagen wirken sich auch auf den Verbrauch von Löschwasser aus (siehe Abbildung 6.1 (d)): So wurden bei den Bränden ohne Anlagentechnik in 20 % der Fälle mehr als 500 Liter Löschwasser eingesetzt, wogegen beim Auslösen einer Brandmeldeanlage dies nur in 6 % der Fälle notwendig war. Zusammengefasst zeigt sich, dass Brandmeldeanlagen anhand aller erhobenen Kriterien zu niedrigeren Brandschäden führen.

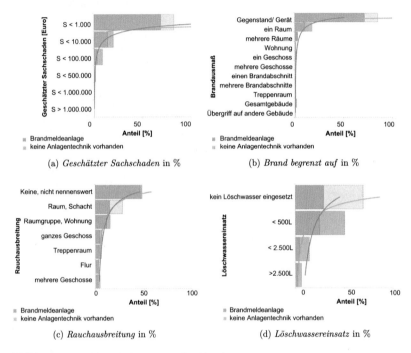

(a) *Geschätzter Sachschaden* in %

(b) *Brand begrenzt auf* in %

(c) *Rauchausbreitung* in %

(d) *Löschwassereinsatz* in %

Abbildung 6.1 Wirksamkeit von Brandmeldeanlagen

6.3.2 Wirksamkeit von Feuerlöschanlagen

Vergleichbar zu den Brandmeldeanlagen kann die Wirksamkeit für Feuerlöschanlagen beurteilt werden. Allerdings sind die Fallzahlen hier gering: In 128 Fällen liegen Angaben zu Feuerlöschanlagen vor, wobei nur zu maximal zwölf echten Bränden auch differenziertere Angaben zu den Schadenskriterien vorliegen (mit einer Mehrfachnennung zum Brandausmaß). Die Wirksamkeitskontrolle ist demzufolge konservativ auszulegen (Leistungsklasse 2). Außerdem werden die

Sprinkler, Wassernebel-, Schaum- und Gaslöschanlagen aufgrund der geringen Fallzahlen zusammengefasst. Abbildung 6.2 zeigt basierend auf Tabelle A.3 (Anhang)
mit hellgrünen Balken und Kurven das Ergebnis der Auswertung der Brandschadenskriterien bei Bränden mit der Auslösung von Feuerlöschanlagen (n = 12) im
Vergleich zum Referenzszenario mit Bränden, bei denen keine Anlagentechnik
(n = 731) vorhanden war (graue Balken und Kurven).

Aus Abbildung 6.2 (a) geht hervor, dass bei den Gebäudebrandeinsätzen, in
denen Feuerlöschanlagen vorhanden waren, in keinem registrierten Fall der Sachschaden größer als 100.000 Euro war. Die Brandausbreitung hat sich in keinem
Fall, bei dem Feuerlöschanlagen im Gebäude vorhanden waren, auf den gesamten
Brandabschnitt ausgedehnt (siehe Abbildung 6.2 (b)). Demgegenüber hat sich in
32 von 747 Fällen ohne Feuerlöschanlagen der Brand auf mindestens den gesamten
Brandabschnitt oder mehrere Etagen ausgedehnt. Bei der Rauchausbreitung (siehe
Abbildung 6.2 (c)) zeigt sich, dass sich zehn von zwölf Bränden mit Feuerlöschan-
lagen auf eine Wohnung beschränkten. Der Rauch hat sich beim Vorhandensein von

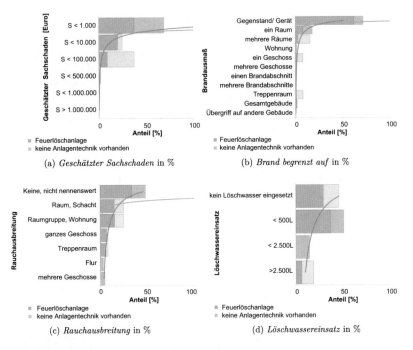

(a) *Geschätzter Sachschaden* in %

(b) *Brand begrenzt auf* in %

(c) *Rauchausbreitung* in %

(d) *Löschwassereinsatz* in %

Abbildung 6.2 Wirksamkeit von Feuerlöschanlagen

Feuerlöschanlagen in 16 % der Fälle über eine Wohnung auf das Geschoss und den Treppenraum ausgebreitet, wogegen bei Brandfällen ohne Anlagentechnik in insgesamt 21 % der Fälle mehrere Geschosse (5 %), der Flur (3 %), Treppenraum (5 %) oder ein Geschoss betroffen waren (5 %). Die Flucht- und Rettungswege waren zum Eintreffzeitpunkt der Feuerwehr mit 58 % (7 von 12 Fällen bei Feuerlöschanlagen und 446 von 774 Fällen ohne Anlagentechnik) gleichermaßen benutzbar. Der geringere Einsatz von zusätzlichem Löschwasser (siehe Abbildung 6.2 (d)) in neun von elf Fällen mit weniger als 500 Liter zusammen mit der geringeren Brandausbreitung deuten darauf hin, dass sich Feuerlöschanlagen in den untersuchten Fällen positiv auf die Begrenzung der Brandausbreitung und Unterstützung der wirksamen Löscharbeiten auswirken.

6.3.3   Wirksamkeit von Rauch- und Wärmeabzugsanlagen

Abbildung 6.3 zeigt die Verteilungen der Brandschadenskriterien (siehe Tabelle A.3 im Anhang) zwischen den Brandfällen mit der Auslösung von natürlichen und maschinellen Rauch- und Wärmeabzugsanlagen (n = 38) in hellgrünen Balken und Kurven im Vergleich mit Fällen, bei denen keine Anlagentechnik (n = 731) vorhanden war (graue Balken und Kurven). Von den 5.016 erfassten Einsätzen liegen in 38 Fällen Angaben zu Rauch- und Wärmeabzugsanlagen mit differenzierten Angaben zu den Schadenskriterien vor. Die geringe Fallzahl liegt unter anderem darin begründet, dass diese Anlagen vorwiegend in Gebäuden besonderer Art und Nutzung eingebaut sind. Für Rauch- und Wärmeabzugsanlagen ist die Wirksamkeit konservativ auszulegen (Leistungsklasse 2).

Abbildung 6.3 (a) zeigt, dass beim Vorhandensein einer Rauch- und Wärmeabzugsanlage keine Brandfälle erfasst wurden, in denen der Sachschaden auf größer 100.000 Euro geschätzt wurde, und acht Brandfälle (22 %), in denen der geschätzte Sachschaden bei größer 10.000 Euro lag. Das Brandausmaß (siehe Abbildung 6.3 (b)) ist im Vergleich ähnlich häufig auf einen Gegenstand begrenzt (67 % bei Bränden mit Auslösung einer Rauch- und Wärmeabzugsanlage). Hinsichtlich der Rauchausbreitung (siehe Abbildung 6.3 (c)) ist der Anteil der Brandfälle mit einer Ausbreitung in den Treppenraum bei Brandeinsätzen mit ausgelöster Rauch- und Wärmeabzugsanlage deutlich höher (26 % im Vergleich zu 6 % bei Einsätzen ohne Anlagentechnik). Dies lässt sich aus der baurechtlichen Anforderung der Rauchabzugsöffnung im Treppenraum sowie den natürlichen Strömungswegen im Gebäude ableiten. Über unterschiedliche Systeme der Rauch- und Wärmeabzugsanlagen werden verschiedene Wirkmechanismen (Rauchableitung, Rauchfreihaltung sowie die Erzeugung einer rauscharmen Schicht) zur Erreichung unterschiedlicher Schutzziele

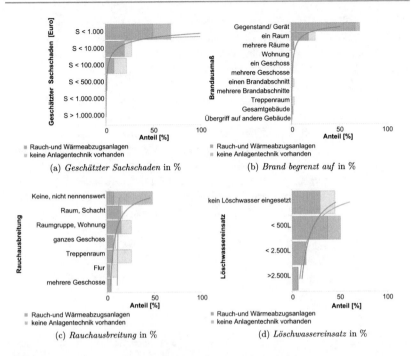

(a) *Geschätzter Sachschaden in %*

(b) *Brand begrenzt auf in %*

(c) *Rauchausbreitung in %*

(d) *Löschwassereinsatz in %*

Abbildung 6.3 Wirksamkeit von Rauch- und Wärmeabzugsanlagen

zusammengefasst. Bei der erfassten Anzahl an Gebäudebränden mit Rauch- und Wärmeabzugsanlagen ist eine Differenzierung der Wirksamkeit nach den verschiedenen Systemen noch nicht möglich. Es zeigt sich allgemein, dass bei Auslösung von Rauch- und Wärmeabzugsanlagen tendenziell weniger Löschwasser eingesetzt wird als im Vergleich zu Brandfällen, bei denen keine Anlagentechnik vorhanden ist (siehe Abbildung 6.3 (d)): So wurde in 45 % der Fälle kein Löschwasser eingesetzt (29 % bei Bränden ohne Anlagentechnik). Es zeigt sich anhand der Wirksamkeitskriterien ein schadensreduzierender Einfluss von Rauch- und Wärmeabzugsanlagen.

6.3.4   Wirksamkeit des abwehrenden Brandschutzes

Die Wirksamkeitskontrolle in Bezug auf den abwehrenden Brandschutz erfolgt in Abbildung 6.4 basierend auf Tabelle A.4 (siehe Anhang) über den Vergleich der Verteilung der Schadenskriterien über die Kohorten der Berufsfeuerwehren (dunkelgrüne Balken und Kurven), freiwilligen Feuerwehren (graue Balken und Kurven) und Werkfeuerwehren (hellgrüne Balken und Kurven). Die freiwilligen Feuerwehren sind hinsichtlich der Anzahl der gemeldeten Gebäudebrandeinsätze und die Werkfeuerwehren in Bezug auf die Anzahl der beteiligten Werkfeuerwehren im Datenbestand unterrepräsentiert.

Die Ergebnisse in Abbildung 6.4 (a) zeigen, dass bei Werkfeuerwehren in 91 % der Fälle der geschätzte Sachschaden kleiner 1.000 Euro ist, bei freiwilligen Feuerwehren sind dies 60 % und bei Berufsfeuerwehren 56 %. Dagegen sind bei Berufsfeuerwehren in 10 % der Fälle die Sachschäden größer 10.000 und kleiner 100.000 Euro, während dieser Anteil bei freiwilligen Feuerwehren 8 % und bei Werkfeuerwehren 2 % beträgt. Bei fast allen erfassten Bränden (96 %), bei denen eine Werkfeuerwehr alarmiert wurde, begrenzte sich der Brand auf einen Gegenstand (siehe Abbildung 6.4 (b)). Dieser Anteil war bei den Brandfällen der freiwilligen Feuerwehr (71 %) und der Berufsfeuerwehr (67 %) deutlich gerin-

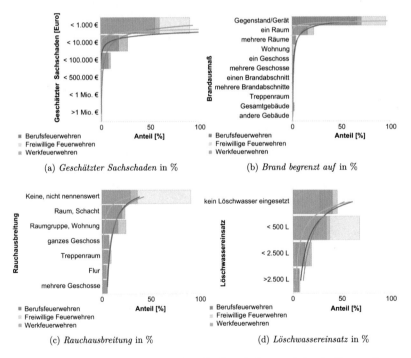

(a) *Geschätzter Sachschaden in %*   (b) *Brand begrenzt auf in %*

(c) *Rauchausbreitung in %*   (d) *Löschwassereinsatz in %*

Abbildung 6.4 Wirksamkeit vom abwehrenden Brandschutz nach Art der Feuerwehr

ger. Bei Berufs- und freiwilligen Feuerwehren zeigen sich somit ähnliche Tendenzen hinsichtlich der Brandausbreitung. Bei der Rauchausbreitung zeigt sich (siehe Abbildung 6.4 (c)), dass keine nennenswerte Ausbreitung in 91 % der Brände, bei denen eine Werkfeuerwehr alarmiert wurde, zu verzeichnen ist. Bei freiwilligen Feuerwehren ist dies in 36 % der Fälle und bei Berufsfeuerwehren in 29 % gegeben. Die Rauchausbreitung über ein oder mehrere Geschosse zeigt bei Berufs- und freiwilligen Feuerwehren ähnliche Werte mit 7 bzw. 5 %, während hier bei Werkfeuerwehren mit nur einem Fall (ein Geschoss) bzw. 1 % (mehrere Geschosse) die Rauchausbreitung stark begrenzt ist. Es zeigt sich somit, dass vergleichbar mit der Brandausbreitung die Ausbreitung von Rauch bei Einsätzen der Berufsfeuerwehr und freiwilligen Feuerwehr ähnlich und anteilsmäßig größer ist als bei Bränden, die von Werkfeuerwehren erfasst werden.

Hinsichtlich des Einsatzes von Löschwasser wird bei Berufs- und freiwilligen Feuerwehren in den meisten Brandeinsätzen (45 und 40 %) kein Löschwasser genutzt (siehe Abbildung 6.4 (d)). Dagegen wird bei Werkfeuerwehren nur in 28 % der Fälle kein Löschwasser, aber in 68 % der Fälle weniger als 500 Liter Löschwasser verbraucht. Aus den geringen Fallzahlen der Werkfeuerwehren, bei denen mehr als 500 Liter Löschwasser (5 %) genutzt wird, leitet sich im Vergleich zu den jeweils größeren Fallzahlen der Berufs- und freiwilligen Feuerwehren ab, dass Werkfeuerwehren schnelle und effektive Löschmaßnahmen ergreifen und Großbrände mit einer großen Löschwassermenge selten eintreffen.

Insgesamt zeigt die Wirksamkeitskontrolle für den abwehrenden Brandschutz nach Art der Feuerwehr, dass sich die Schadenverteilungen bei den Werkfeuerwehren von denen der Berufs- und freiwilligen Feuerwehren unterscheiden, während die Verteilungen zwischen den Berufs- und freiwilligen Feuerwehren hohe Ähnlichkeiten aufweisen. Unterschiede ergeben sich durch die unterschiedlichen strukturellen Einsatzspektren der Berufs- und freiwilligen Feuerwehren (z. B. Aufkommen von Hochhäusern und Mehrfamilienhäusern). Da die Gemeinden gemäß den länderspezifischen Vorgaben sowie dem Brandschutzbedarfsplan eine den örtlichen Verhältnissen entsprechend leistungsfähige öffentliche Feuerwehr vorhalten müssen, sind erwartungsgemäß keine wesentlichen Unterschiede zwischen Berufs- und freiwilliger Feuerwehr zu erkennen. Darüber hinaus werden Werkfeuerwehren dort vorgehalten, wo mehrheitlich baurechtlich Gebäude besonderer Art oder Nutzung den Bestand bilden. Hier ist das Aufkommen von anlagentechnischen Brandschutzmaßnahmen hoch, womit von einer frühzeitigen Alarmierung durch die Brandfrüherkennung sowie einem frühzeitigen Einleiten der Brandbekämpfung durch automatische Feuerlöschanlagen auszugehen ist. Zusammen mit dem geforderten schnelleren Eingreifen einer besonders objektkundigen und direkt am Objekt stationierten Werkfeuerwehr im Vergleich zu den öffentlichen Feuerwehren können die Unterschiede bei der Abhängigkeit von der Art der Feuerwehr und die damit hohe Wirksamkeit der Werkfeuerwehren erklärt werden. Die Ergebnisse der Signifikanztests sind Tabelle A.5 im Anhang für die W-Werte und Tabelle A.6 für die z-Werte zu entnehmen.

6.4   Fazit

Die Wirksamkeitskontrollen zeigen, dass Brände unter dem Einfluss von Brandmeldeanlagen, Feuerlöschanlagen sowie Rauch- und Wärmeabzugsanlagen im Vergleich zu Bränden ohne anlagentechnische Maßnahmen signifikant geringere Brandschäden aufweisen (Leistungsklasse 3) – obwohl bei Feuerlöschanlagen sowie Rauch- und Wärmeabzugsanlagen bei der Interpretation aufgrund der geringen Fallzahlen Vorsicht geboten ist. Die Bewertung der Signifikanz anhand der Schadenskriterien „Rauchschichtung" und „Fluchtweg nutzbar" wird aufgrund der qualitativen Verläufe für die anlagentechnischen Maßnahmen nicht näher untersucht. Bei der Analyse der geschätzten Sachschäden in Abhängigkeit von der Art der Feuerwehr sind die Ergebnisse der Signifikanztests nicht eindeutig. In Bezug auf die „geschätzten Sachschäden" sind die Verteilungen der ermittelten Angaben über die Wirksamkeitskriterien zwischen den Feuerwehren ähnlich, während sie sich für die Brand- und Rauchausbreitung unterscheiden. Zwischen Berufs- und freiwilligen Feuerwehren liefern die Ergebnisse einen Hinweis auf eine ähnliche Wirksamkeit. Bei dieser Bewertung ist zu beachten, dass zwischen den freiwilligen und Berufsfeuerwehren keine Abweichung in der Ausprägung der Wirksamkeitskriterien angestrebt wird, während Werkfeuerwehren eine anforderungs- und einsatzbedingt hohe Wirksamkeit aufweisen. Die Ergebnisse stimmen in ihrer Aussagekraft mit bisherigen Erkenntnissen überein (z. B. Van Coile et al., 2019; Festag, 2018c; Festag, 2017d und Festag, 2015c), die auf bestimmten Schutzmaßnahmen und meist kleineren Stichproben beruhen. Die Ergebnisse können in qualitative und quantitative Modelle zur Beschreibung von Brandszenarien verwendet werden und in weiteren Schritten unter Verwendung spezifischer Brandmodelle weiterentwickelt werden (siehe hierzu z. B. Van Weyenberge et al., 2019). Die Ergebnisse der Wirksamkeitskontrolle lassen sich präventiv über probabilistische Methoden für quantitative Risikoanalysen im Rahmen der schutzzielorientierten Planung von objektspezifischen Schutzstrategien aufgreifen. In der konkreten Anwendung muss im Einzelfall überprüft werden, ob die Wirksamkeitswerte für das Objekt sinnvoll anwendbar sind.

Wirksamkeit von Maßnahmen zur Bewältigung einer Betriebsschließung (Fallanalyse III)

Die Wirksamkeitskontrolle, die in diesem Kapitel dargestellt wird, basiert auf der Untersuchung von Festag (2012) und wurde mit Festag & Hartwig (2016) in ihrer risikologischen Relevanz für die Praxis vertiefend eingeordnet und weiterentwickelt.

7.1 Einleitung

Die hier dargestellte Wirksamkeitskontrolle entspricht einer Fallanalyse aus der Praxis, in der die Wirksamkeit von Maßnahmen zur Beherrschung der endgültigen Schließung eines Produktionsbetriebes der verwandten chemischen Industrie untersucht wird. Der hier zur Diskussion stehende Betrieb wird für mehr als ein Jahr begleitet und die Schließungsphase unter risikologischen Kriterien beurteilt. Zur Einordnung: Der Betrieb hat seinen Sitz in Deutschland, neben mehreren Schwesterbetrieben, und ist nach einer Reihe von unternehmerischen Übernahmen und Zusammenschlüssen zum Beobachtungsbeginn bereits ein Teil eines Konzerns mit zahlreichen weltweit verteilten Standorten. Der hier untersuchte Betrieb gehört zu den kleineren Produktionsbetrieben des Konzerns und verfügt bis zu seiner Schließung in wesentlichen Abläufen über zwei parallel betriebene Produktionsanlagen. Ein Teil der Infrastruktur wird von beiden Anlagen gemeinsam genutzt. Aufgrund geringer Maschinenmaße eignet sich eine der beiden Produktionsanlagen besonders gut für Versuchszwecke und zur Erprobung und Einstellung bestimmter Produkteigenschaften. Bis zur Betriebsschließung arbeiten über 300 Mitarbeiter in einem kontinuierlichen Schichtbetrieb in dem Unternehmen und sind von der Schließung unmittelbar betroffen. Die von der Schließung indirekt betroffenen Zulieferunternehmen oder weiterverarbeitenden Unternehmen mit ihren Mitarbeitern und

S. Festag, *Risikologische Wirksamkeitsanalyse*,
https://doi.org/10.1007/978-3-658-46728-9_7

familiären Verflechtungen werden hier nicht tiefergehend in die Betrachtungen einbezogen.

7.2   Methodische Vorgehensweise

Über einen Zeitraum von 13 Monaten wird der hier untersuchte Betrieb begleitet und zur Einordnung der Vorgänge vor und während der Schließungsphase qualitativ und quantitativ anhand von risikologischen Kriterien beurteilt. Zur Analyse der betrieblichen Situation werden Unfallzahlen, Betriebskennwerte, Betriebsbesichtigungen und einzelne offen geführte Interviews mit Betroffenen sowie ungefähr monatlich erscheinende Bekanntmachungen des Betriebes – zum Zwecke der Kommunikation zwischen der Betriebsführung und den Mitarbeitern – ausgewertet und der Chronologie der Betriebsschließung zugeordnet. Zur quantitativen Bewertung der Situation wird die Häufigkeit von Unfällen und Ausfalltagen während der Betriebsschließung mit dem Vorjahreszeitraum (vor der offiziellen Verkündung des Schließungsbeschlusses) als Referenz verglichen. Angaben und Entwicklung von Krankenständen sind nur qualitativ in die Bewertung eingeflossen, weil hier keine systematische Dokumentation zur Auswertung zur Verfügung stand. Es gehen unter anderem 92 Unfälle mit 653 Ausfalltagen zur Bewertung der Situation vor (Referenz) und 88 Unfälle mit 418 Ausfalltagen zur Bewertung während der Schließungsphase in die Untersuchung ein.

Die Entwicklung der Situation wird anhand der Chronologie, der qualitativen Informationen und der einzelnen herangezogenen Risiko- und Wirksamkeitsindikatoren quantitativ dargestellt.

Zur Aufrechterhaltung der Produktion während der Schließungsphase werden von der Betriebsführung im Wesentlichen die folgenden Maßnahmen eingeleitet: (a) Kommunikationsmaßnahmen (Bekanntmachung etc.), (b) Ausarbeitung eines Sozialplanes, (c) Einbeziehung von Mitarbeitern aus Schwesterwerken zur Kompensation von Mitarbeiterfluktuationen und (d) Gründung einer Auffanggesellschaft. Eine Kontrolle der Wirksamkeit der eingeleiteten Schutzmaßnahmen erfolgt aufgrund mangelnder Kenntnisse über die Kausalverläufe und in Ermangelung an spezifischen Daten nicht für die einzelnen Maßnahmen, sondern in der Summe ihrer Wirkungen. Weiterführende Details finden sich in Festag (2012, S. 25 ff.).

7.3 Ergebnisse der Wirksamkeitskontrolle

Zunächst werden die Einzelergebnisse chronologisch und anschließend die daraus resultierenden übergeordneten Ergebnisse im Sinne der Wirksamkeitskontrolle dargestellt.

7.3.1 Einzelergebnisse

Seit dem Jahr 2005 steht der hier analysierte Betrieb unter einer betriebswirtschaftlichen „besonderen Beobachtung" aufgrund einer allgemein gesättigten Marktsituation und vor allem weil das Betriebsergebnis über mehrere Jahre nicht den Erwartungen des Konzerns entspricht. Zur Überwindung der betriebswirtschaftlichen Schieflage entwickelt der Betrieb ein neues Produkt mit bis zu diesem Zeitpunkt einzigartigen Eigenschaften. Dieses neue Produkt wird an der kleinen Produktionsanlage des untersuchten Betriebes nach einer ausführlichen Erprobung und anschließenden Einstellung mit gleichbleibender Qualität stabil hergestellt und lässt sich gut in den Markt einführen. Dadurch setzt sich in der Betriebsführung und durch entsprechende Mitarbeiterinformationen auch in der Belegschaft die Hoffnung auf ein langfristiges Überleben des Betriebes und eine Kehrtwende in der angespannten wirtschaftlichen Situation durch. Betriebsjubiläumsfeiern mit öffentlichen Aufnahmen von entsprechenden Aussagen durch Führungskräfte kennzeichnen diese Markierungspunkte. Parallel zu diesen Ereignissen werden Mitarbeiter des hier angesprochenen Betriebes aufgefordert, an der Überführung der Eigenschaften des neu entwickelten Produktes auf ein in dieser Zeit neu gegründetes Schwesterwerk im Ausland behilflich zu sein. Für die neu errichtete Produktionsanlage hat sich im Vorfeld auch der hier untersuchte Betrieb beworben, allerdings ohne Erfolg. Stattdessen wurde außerhalb von Deutschland ein neuer Produktionsstandort gegründet mit größeren Produktionsmaschinen bei gleichzeitig weniger erforderlichen Personalstellen und einer indirekt ausgesprochen hohen Erwartung an die Wirtschaftlichkeit. Während der Überführungsphase der Produkteigenschaften auf die neue Produktionsanlage wird im Oktober 2006 von der Konzernleitung der Beschluss der endgültigen Schließung des hier untersuchten Betriebes gefasst und die zuständige Betriebsführung mit der Abwicklung des Vorgangs beauftragt. Der Beschluss wurde von der Betriebsführung an die Mitarbeiter kommuniziert, wobei zu diesem Zeitpunkt das Aufhalten des Beschlusses noch in Aussicht gestellt wurde. Auch die Öffentlichkeit wurde über Pressemitteilungen über den Beschluss unterrichtet. Als Gründe für den Beschluss werden langfristig unprofitable Ergebnisse des Betriebes, die Steigerung der Unternehmensrentabilität und wirtschaftliche Ertragskraft des Konzerns angeführt. Die endgültige Schließung des Betriebes wurde auf das Ende des Jahres 2007 festgelegt. Gegenüber Kunden wurden bereits diverse Lieferversprechen eingegangen, weshalb der Betrieb nicht sofort stillgelegt werden konnte, sondern mit einem Versatz von etwa einem Jahr. Für die Schließungsphase wurde damit eine Zeit von 14 Monaten angesetzt. Während der Schließungsphase wurden die Mitarbeiter regelmäßig über Bekanntmachungen über die aktuellen Geschehnisse auf dem Laufenden gehalten.

Zum Beginn betonte die Betriebsführung gegenüber den Mitarbeitern, dass der Produktionsablauf bis zur endgültigen Betriebsschließung „reibungsfrei" verlaufen muss, damit die Gehälter der Mitarbeiter ausgezahlt werden können. Gleichzeitig wurde die Aufstellung eines Sozialplans erwähnt. Die Chronologie der betrieblichen Ereignisse ist in Abbildung 7.1 dargestellt.

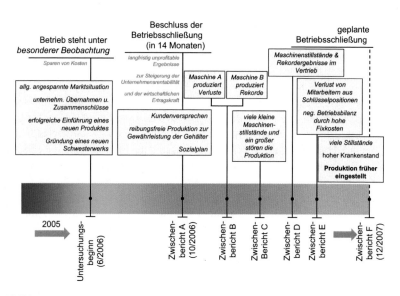

Abbildung 7.1 Chronologie der Ereignisse während der Schließungsphase

Während der Schließungsphase kommt es im Vergleich zur Vergangenheit zu einer überdurchschnittlich hohen Mitarbeiterfluktuation. Vor allem die gut qualifizierten Mitarbeiter in den mittleren Führungspositionen verlassen früh den Betrieb, um neuen Beschäftigungen nachzugehen. Zur Kompensation dieser Fluktuation und von nun zunehmend einsetzenden Krankheitsausfällen werden Mitarbeiter aus Schwesterwerken in die betrieblichen Abläufe integriert. Diese Mitarbeiter werden aus der Reihe der Mitarbeiter des betroffenen Betriebes zumindest teilweise kritisch gesehen, wodurch sich soziale Spannungen aufbauen. Für die Mitarbeiter, die zum Ende der Schließungsphase keine neue Beschäftigung fanden, wurde von dem Betrieb eine Auffanggesellschaft gegründet. Die Auffanggesellschaft hat den Zweck, dass diejenigen Mitarbeiter dorthin überführt und weiterqualifiziert werden, die noch keine neue Anstellung gefunden haben, um sie für den Arbeitsmarkt attraktiv zu halten.

Zwischen Ende des Jahres 2006 und Ende des Jahres 2007 unterliegt die Situation in dem Betrieb erheblichen Schwankungen. Einerseits ergeben sich Rekorde in Bezug auf das Produktions- und Vertriebsergebnis und andererseits sind zeitweise erhebliche Verluste zu verzeichnen. Es kommt zu häufigen kleineren Störungen und Anlagenstillständen in der Produktion, wobei sich auch gravierende Unterbrechungen an schwer zugänglichen Produktionsstellen ereignen.

Mit dem zeitlichen Verlauf spitzt sich die Situation weiter zu. Von der Aufhebung des Beschlusses ist keine Rede mehr. Zu dieser Zeit kommt es vermehrt und überdurchschnittlich häufig zu Unfällen, Produktionsstörungen und Maschinenstillständen. Darüber hinaus ereigneten sich Sachbeschädigungen, Beleidigungen und persönliche Übergriffe zwischen Mitarbeitern und Führungskräften mit Personenschäden. Der Krankenstand steigt stark an und zum Ende der Schließungsphase gehen nicht mehr genügend Mitarbeiter ihrer Arbeit nach, sodass die Produktion frühzeitig eingestellt werden muss.

Als quantitative Indikatoren für die Wirksamkeitskontrolle der eingeleiteten Maßnahmen gehen unter anderem 92 Unfälle differenziert nach meldepflichtigen, nichtmeldepflichtigen, Fremdfirmen- und Wegeunfällen mit insgesamt 653 Ausfalltagen zur Bewertung vor und 88 Unfälle mit 418 Ausfalltagen zur Bewertung während der Schließungsphase in die Wirksamkeitskontrolle ein. Die Unfallzahlen ergeben sich aus 30 meldepflichtigen, 124 nichtmeldepflichtigen, elf Wege- und 15 Fremdfirmenunfälle. Insgesamt liegen in dem gesamten Betrachtungszeitraum 1.071 Kalenderausfalltage zur Bewertung der Situation vor. Abbildung 7.2 liefert für die Entwicklung der Unfall- und Kalenderausfallzahlen über die Schließungsphase (in Grün) im Vergleich zum Vorjahreszeitraum (in Grau) die folgende Übersicht.

Es zeigt sich, dass die Anzahl der meldepflichtigen und nichtmeldepflichtigen Arbeitsunfälle sowie die Kalenderausfalltage während der Schließungsphase zunehmen. Bei den meldepflichtigen Arbeitsunfällen und den Kalenderausfalltagen sinken diese zunächst, um dann deutlich anzusteigen. Die Wege- und Fremdfirmenunfälle nehmen im Vergleich zum Vorjahreszeitraum ab, was mit einer geringeren Aktivität in diesen Bereichen zu erklären ist. Insgesamt decken sich die quantitativen Ergebnisse mit den qualitativen Entwicklungen.

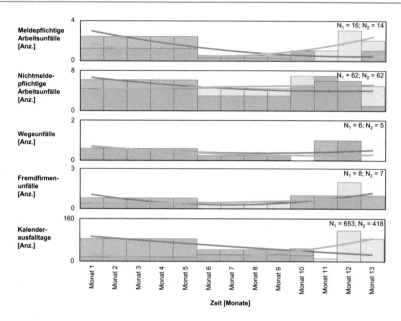

Abbildung 7.2 Entwicklung von ausgewählten Unfallkennwerten während der Schließungsphase des Betriebes im Vergleich zum Vorjahr

7.3.2 Gesamtergebnis

Die Chronologie der Schließungsphase und der Ereignisse zeigt anhand der qualitativen Analyse der Situation und der quantitativen Auswertung der Unfälle und Ausfallzeiten, dass nach der Bekanntmachung der Betriebsschließung die Unfallzahlen im Vergleich zum Vorjahreszeitraum zunächst sinken, um dann im Laufe der Zeit über ihr gewöhnliches Maß hinaus deutlich zu steigen (siehe Abbildung 7.2). Das Sinken der Kennwerte zum Beginn der Schließungsphase kann als „Hoffnung zur Kehrtwende" bei den Mitarbeitern gedeutet werden, da nach der Verkündung der Betriebsschließung das Aufhalten des Beschlusses offengelassen wurde. Das Ansteigen der Kennwerte im Laufe der Zeit ist dagegen als Resignation und Frustration in der Belegschaft zu deuten, da die Endgültigkeit der Betriebsschließung zunehmend erkennbar wurde. Der ersichtliche Effekt ist tatsächlich noch größer, da zum Ende des Beobachtungszeitraumes weniger Mitarbeiter im Betrieb beschäftigt sind. Andere Arbeiten zeigen ähnliche Ergebnisse (Burkhardt, 1970, S. 410): In wirtschaftlich schlechten Zeiten wird ein Rückgang und in wirtschaftlich besseren Zeiten ein Anstieg der Unfallhäufigkeit festgestellt (Abbildung 7.3).

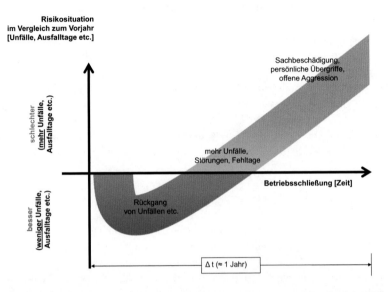

Abbildung 7.3 Zeitliche Entwicklung der Risikoindikatoren während der Betriebsschließungsphase im Vergleich zum Vorjahr

Die Befunde während der Betriebsschließung im Überblick: Zunächst wird durch die Wirksamkeitskontrolle offensichtlich, dass der Führungsbeschluss Kollateralschäden hervorruft. Es handelt sich um eine „common-mode"- bzw. „common-cause"-Fehlersituation, bei der ein Ereignis (Beschluss) mehrere unterschiedliche Folgeereignisse auslöst. Es entstehen diverse Schäden während der Schließungsphase, wie z. B. Maschinenstillstände und -unterbrechungen, Produktionsstörungen, Arbeitsunfälle, Krankheiten, Abwesenheiten, Sachbeschädigungen und Angriffe auf Personen. Die damit verbundenen Aufwände gehen häufig nicht in die Kosten-/Nutzenabwägung von Führungsbeschlüssen ein.

Außerdem treten während der Schließungsphase unterschiedliche Schäden auf. Bei einigen Ereignissen liefert das Schadensbild Indizien für absichtliche Eingriffe (z. B. überdurchschnittlich viele kleinere und gravierende Störungen an schwer zugänglichen Stellen). Die Ursachen und Intentionen lassen sich vielfach nur schwer exakt ermitteln und können retrospektiv allein aufgrund der Datenbasis nicht bis zu den tatsächlichen Primärereignissen (Auslösern) zurückverfolgt werden. Trotzdem sind stellenweise eindeutig absichtlich ausgelöste Ereignisse vorzufinden (z. B. Übergriffe auf Personen, Sachbeschädigungen). Das führt zu dem Schluss, dass der Führungsbeschluss sowohl sicherheits- als auch sicherungsrelevante Ereignisse ausgelöst hat.

Unabhängig von den exakten Entstehungsmechanismen der einzelnen Unfälle, Krankheitsausfälle und Produktionsstörungen ist davon auszugehen, dass die Art der Wechselwirkung zwischen der Konzern- und Betriebsführung, der Betriebsführung bzw. den Führungskräften und den Mitarbeitern sowie das Führungskräfteverhalten allgemein einen Einfluss auf die Schwere der Versagenszustände hat. Die Kommunikation und das Gebaren der Führungskräfte nimmt eine wichtige Bedeutung in der Eskalation und Kontrolle der Situation ein. Den individuellen Befindlichkeiten und Reaktionsweisen der Mitarbeiter muss dabei Rechnung getragen werden.

7.4   Fazit

Die Betriebsschließung und alle damit verbundenen Maßnahmen resultieren aus einer betriebswirtschaftlichen Entscheidung. Die Auslegung als Schutzmaßnahmen ergibt sich daraus, dass sich der Konzern mit dem Beschluss vor langfristigen finanziellen Risiken schützen will und mit dem Beschluss eine Reihe von Maßnahmen verbunden sind, die den Schließungsvorgang vor Gefährdungen absichern sollen. Diese Schutzmaßnahmen zur Kontrolle des Vorganges wurden in der Summe ihrer Wirkungen betrachtet, da sich die Effekte von Einzelmaßnahmen hier nicht differenziert analysieren ließen. Der Fall veranschaulicht das Vorgehen der Wirksamkeitskontrolle der Leistungsklasse 1 auf Basis qualitativer Beobachtungen bis zur Leistungsklasse 2 mit quantitativen Auswertungen von Unterschiedshypothesen. Aus der Wirksamkeitskontrolle lässt sich schlussfolgern, dass sich der Effekt der Maßnahmen über die Zeit verändert. Für den Betrieb verbessert sich zunächst die Situation, um im Laufe der Zeit in ein negatives Ergebnis umzuschlagen. Zum Ende der Analyse eskaliert die Situation und der Betrieb muss frühzeitig eingestellt werden, womit sich für den Betrieb insgesamt eine negative Wirksamkeit der eingeleiteten Maßnahmen manifestiert. Das Ergebnis lässt sich nicht verallgemeinern. Trotzdem ergeben sich auch generelle Ergebnisse: Die Wirksamkeitskontrolle ist ein wichtiges Instrument zur Steuerung der Schutzmaßnahmen und der Risikosituation. Das Führungskräfteverhalten spielt eine wichtige Rolle bei der Durchsetzung von Führungsbeschlüssen. Die Führungskräfte sind für den Umgang mit den Mitarbeitern in solchen Situationen zu qualifizieren, was auch die Art der Kommunikation betrifft. Für gewöhnlich sind Führungskräfte für die Bewältigung solcher Betriebsphasen

(z. B. Schließung eines Betriebs oder eines Unternehmensbereichs, Stilllegung von Anlagen oder Maschinen) nicht qualifiziert, was die Beurteilung und Kontrolle unter Risikogesichtspunkte einschließt. Außerhalb der gewöhnlichen Prozesse („Normalbetrieb") ergeben sich hohe Anforderungen an die Sicherheitsarbeit. Dies sollte in die Ressourcenplanung einfließen. Häufig werden in betriebswirtschaftlich angespannten Zeiten die Ressourcen reduziert. Das Gegenteil ist aber erforderlich. In Fällen wie hier spielen auch sicherungsrelevante Ereignisse (z. B. Sabotage) in der Entwicklung der Gesamtsituation eine Rolle und erfordern spezifische Schutzmaßnahmen. Ausführliche und gut dokumentierte Analysen von solchen Vorgängen und Veränderungsprozessen sowie der Wirksamkeit von eingeleiteten Maßnahmen zur Beherrschung von Schäden und Langzeitfolgen sind notwendig. Jedes Jahr erfolgen einige Tausend Unternehmensinsolvenzen allein in Deutschland (DESTATIS, 2023), die zwar nicht alle in der beschriebenen Intensität stattfinden, aber dennoch ähnliche Herausforderungen hervorrufen können. Auch weniger gravierende Vorgänge, wie Anlagenstilllegungen, Veränderungsprogramme, Führungskräfte- und Mitarbeiterwechsel dürften auf die betrieblichen Vorgänge einen Einfluss haben und Maßnahmen erforderlich machen sowie den Normalbetrieb verlassen – sofern es unter dieser Perspektive überhaupt Normalprozesse geben kann.

Wirksamkeit der Besetzung von Territorien zur Bewältigung von terroristischen Konflikten (Fallanalyse IV)

8

In diesem Kapitel wird die Wirksamkeit der militärischen Besetzung von Territorien durch Einsatzkräfte zur Bewältigung von (terroristischen) Konflikten[1] anhand des Nordirland-, Afghanistan- und Irakkonfliktes basierend auf Festag (2012) beschrieben. Die militärische Besetzung von Territorien ist in einigen schwerwiegenden Konflikten eine Maßnahme, die zunehmend durch Systeme wie (waffenfähige) Drohnen (siehe Kapitel 10) unterstützt wird (vgl. Strutynski, 2013).

8.1 Einleitung

In einigen (terroristischen) Konflikten der Vergangenheit kommen verschiedene Strategien und Schutzmaßnahmen zum Einsatz (vgl. Weisinger, 2013; Lichbach, 1987), aus deren Wirksamkeit sich Lehren ziehen lassen. Die militärische Besetzung von Territorien durch Einsatzkräfte ist eine häufig anzutreffende Maßnahme, um die Eskalation in schwerwiegenden Konflikten unter Kontrolle zu bringen. Im Nordirland-, Afghanistan- und Irakkonflikt wird diese Schutzmaßnahme – neben anderen (z. B. Internierung) – ergriffen. Zu diesen Maßnahmen liegen offizielle Informationen vor, die sich im Rahmen einer Wirksamkeitskontrolle aufgreifen lassen. Der Ansatz für die Wirksamkeitskontrolle der militärischen Besetzung von Territorien durch Einsatzkräfte stützt sich auf die Analyse von Beggan (2016). Diese

---

[1] Terroristische Konflikte werden auch als asymmetrische Kriegsführungen bezeichnet, weil vielfach eine Konfliktpartei der anderen (z. B. Staaten) zahlenmäßig unterlegen ist. Nach Bockstette (2006) provoziert die unterlegene Partei ihren Gegner zu übermäßigen Gegenschlägen, wodurch ihre Ideologie im Sinne einer (Kommunikations-)Strategie verstärkt wird.

S. Festag, *Risikologische Wirksamkeitsanalyse*,
https://doi.org/10.1007/978-3-658-46728-9_8

Analyse liefert Erkenntnisse über die Eskalationsstufen der Gewalt in solchen Konflikten sowie Indikatoren und Wirkmechanismen unter anderem von der hier zur Diskussion stehenden Schutzmaßnahme (vgl. Tuck, 2007; White, 1993; Peroff & Hewitt, 1980). Ein Teil der Erkenntnisse aus dieser Analyse wird in Festag (2012) im Hinblick auf die hier betrachtete Maßnahme aufgegriffen und erweitert. Auf dieser Grundlage erfolgt die Wirksamkeitskontrolle für die Maßnahme in Nordirland und anschließend anhand der gleichen Indikatoren im Afghanistan- und Irakkonflikt (Festag, 2012). Der Afghanistan- und der Irakkonflikt resultieren aus den Anschlägen vom 11. September 2001 unter anderem auf das Welthandelszentrum und das amerikanische Pentagon. Nach den Anschlägen rief die US-amerikanische Regierung die „Achse des Bösen" und den „weltweiten Kampf gegen den Terrorismus" (Global War on Terrorism, GWOT) aus – wobei der GWOT bereits im Vorfeld zu den Anschlägen eingeleitet wurde (vgl. Clarke, 2004, S. 264 ff.). In diesem Zuge sind die USA (mit Verbündeten) in Afghanistan und Irak einmarschiert und haben die Regime gestürzt. In beiden Ländern wurden Angehörige und „Drahtzieher" der mit den Anschlägen im Zusammenhang stehenden Terrororganisation vermutet, die wiederum von den Regimen unterstützt wurden (vgl. Sheehan, 2009). Der Nordirland-, Afghanistan- und Irakkonflikt sind unterschiedlich, aber in allen drei Konflikten wurde die militärische Besetzung von Territorien als eine zentrale Maßnahme ergriffen, die hier hinsichtlich ihrer Wirksamkeit überprüft wird.

8.2   Die Ausgangslage der Konflikte

Der Nordirlandkonflikt ist ein (terroristischer) Konflikt zwischen Katholiken und Protestanten, der im Wesentlichen als „ethisch-nationalistischer" Konflikt klassifiziert wird (Hartwig, 2010). Der heute noch schwelende Konflikt weist eine Entstehungsgeschichte von ungefähr 2.000 Jahren auf (vgl. Neumann, 1999) und zeitigt seinen bisherigen Höhepunkt in Bezug auf die Eskalation der Gewalt in den Jahren 1960 bis 1970. Verkürzt dargestellt, verstehen sich nach Neumann (1999, S. 9 f.) extremistische Iren von der britischen Regierung ihrer Identität beraubt. Sie streben eine Vereinigung Nordirlands mit der Republik Irland an, während sich protestantische Milizen dem Vereinigten Königreich zugehörig fühlen. Um den Konflikt zu lösen, wurde von der britischen Regierung zeitweise Nordirland besetzt und Personen wurden ohne Anklage gefangen genommen.

Der Afghanistankonflikt reicht über vier Dekaden zurück und entwickelte sich über eine Reihe von Konflikten (vgl. Maley, 2009). In der aktuellen Phase eskalierte der Konflikt erneut nach den Terroranschlägen vom 11. September 2001. Der UN-Sicherheitsrat verurteilte die Angriffe (UN-Resolution 1368, 2001) und legitimierte die „Operation Dauerhafter Frieden" (Operation Enduring Freedom; OEF) zur Wiederherstellung der Sicherheit und Stabilisierung Afghanistans sowie zur Bekämpfung des Terrorismus (vgl. UN-Resolution 1623, 2005). Der NATO-Rat stellte währenddessen den Bündnisfall über den Artikel 5 des Nordatlantikvertrages fest. In diesem Zuge marschierten die Alliierten-Truppen am 7. Oktober 2001 in Afghanistan ein und setzten eine Interimsregierung in Kraft (UN-Resolution 1378, 2001). Gleichzeitig wurde die „International Security Assistance Force" (ISAF) eingerichtet, um die Interimsverwaltung bei der Aufrechterhaltung der Sicherheit zu unterstützen (UN-Resolution 1386, 2001). Die ISAF umfasst im November 2001 rund 130.930 Soldaten, wovon 90.000 Kräfte (69 %) US-Soldaten sind (ISAF, 2010), womit die US-Truppenstärke die Maßnahme wesentlich widerspiegelt. Weiterführende Details hierzu finden sich z. B. in Johnson (1979).

Der Irakkonflikt hat eine knapp 400-jährige Historie (vgl. Landeszentrale für politische Bildung, 2011; Zumach & Sponeck, 2003, S. 19; Fuertig, 1992; UN-Resolution 687, 1991; UN-Resolution 661, 1990 und UN-Resolution 660, 1990). Im Zusammenhang mit dem Kuwait-Konflikt verhängte der UN-Sicherheitsrat gegenüber dem Irak nachsorgende Sanktionen gemäß UN-Resolution 687 (1991). Der Beschluss umfasst u. a., dass die irakische Regierung unter internationaler Aufsicht die Vernichtung, Beseitigung oder Unschädlichmachung aller chemischen und biologischen Waffen und aller Kampfstoffbestände sowie aller damit zusammenhängenden Subsysteme und Komponenten samt Einrichtungen zur Forschung, Entwicklung, Unterstützung und Produktion bedingungslos zu akzeptieren hat. Ebenso sei mit allen ballistischen Flugkörpern mit einer Reichweite von mehr als 150 Kilometern und den dazugehörigen größeren Bauteilen sowie den Reparatur- und Produktionseinrichtungen zu verfahren. Weiterhin wurde beschlossen, dass der „Irak dem Generalsekretär [...] nach Verabschiedung dieser Resolution eine Deklaration der Standorte, Mengen und Arten sämtlicher aufgeführter Gegenstände vorzulegen und einer umgehenden Inspektion an Ort und Stelle, [...], zuzustimmen" hat (UN-Resolution 687, 1991). Des Weiteren wurden wirtschaftliche Sanktionen eingeleitet (vgl. UN-Resolution 687, 1991). Nach den Anschlägen vom 11. September 2001 erfolgte dann am 20. März 2003 der Einmarsch von US-amerikanischen Soldaten in den Irak unter der Einsatzbezeichnung „Operation irakische Freiheit" (Operation Iraqi Freedom; OIF), um das Saddam-Hussein-Regime zu stürzen und einen Führungswechsel zu vollziehen. Als Gründe werden neben den Anschlägen auch Verstöße gegen UN-Auflagen angeführt (vgl. UN-Resolution 1441, 2002). Die US-Amerikaner marschierten (vor allem mit Unterstützung des Vereinigten Königreichs) – ohne ein internationales Mandat – während des noch andauernden UN-Inspektionsprozesses (Kuntz, 2007, S. 28) in den Irak ein und bildeten eine Übergangsregierung. Seither konnten keine Verstöße, z. B. gegen Auflagen des Besitzes von Massenvernichtungswaffen, durch Nachuntersuchungen bestätigt werden (vgl. Kuntz, 2007, S. 28) und der Konflikt entwickelt sich weiter. Bis heute ist die Lage im Irak instabil (z. B. Sassoon, 2016; Rohde, 2015; Sheehan, 2009; Siebeneck et al., 2009; Tripp, 2007; Hafez, 2006 und Sofsky, 2003, S. 25 ff.).

8.3   Methodische Vorgehensweise

Beggan (2016) zeigt anhand von statistischen Analysen in Bezug auf den Nordirlandkonflikt, dass Zusammenhänge zwischen der eingesetzten Truppenstärke der Briten und der Gewalteskalation vorliegen. Einerseits werden die Ursachen für die verschiedenen Folgen der Maßnahmen und andererseits Beweise für (nichtlineare) Zusammenhänge zwischen den Maßnahmen und der politischen Gewalt analysiert, wobei Beggan (2016) davon ausgeht, dass die Androhung von repressiven Handlungen erst eine abschreckende Wirkung auf ihre Adressaten hat, wodurch es zu einer Abnahme von Gewalt kommt. Bei einem langfristigen Einsatz führen die Maßnahmen aber zur Eskalation des Konfliktes durch eine Spirale der Gegengewalt. Aus der Arbeit von Beggan (2016) ergeben sich die folgenden Parameter als Indikatoren für die Gewalteskalation: (a) die Anzahl der konfessionsgebundenen/politisch-motivierten Schusswechsel, (b) die Anzahl der konfessionsgebundenen/politisch-motivierten Bombenanschläge[2] und (c) die Anzahl der konfessionsgebundenen/politisch-motivierten Sterbefälle. Jeder dieser Parameter entspricht einer unabhängigen Variable (C_x), die durch die abhängigen Variablen (Internierungen, Arbeitslosigkeit, Truppenstärke – und im speziellen Fall dem „Bloody Sunday"-Ereignis) sowie einen unbekannten Anteil (u) anhand des Lagrange-Multiplier-Tests

---

[2] Bombenanschläge stellen alle Ereignisse im Zusammenhang mit Sprengstoffen dar. Als Ereignisse zählen alle Explosionen und entschärften Sprengsätze (Beggan, 2016, S. 709). Zwischenfälle mit Attrappen, Benzinbomben oder durch Brandstifter werden hier nicht zugezählt (PSNI, 2010).

und des Cook-Weisberg-Tests auf Heteroskedastizität nach Gl. (8.1) beschrieben werden:

$$C_{1,2,3} = b_0 + b_1 + b_2 + b_3 + b_4 + u \qquad (8.1)$$

C_1 Schusswechsel [Anzahl]
C_2 Bombenanschläge [Anzahl]
C_3 Sterbefälle [Anzahl]
b_0 Erwartungswert [-]
b_1 Internierungen [Anzahl]
b_2 Arbeitslosigkeit [-]
b_3 Truppen (Truppenstärke) [Anzahl]
b_4 „Bloody Sunday"-Ereignis [-]
u unbekannter Anteil (Residuum) [-]

In diesem Zuge analysiert Beggan (2016) die gegenseitigen Abhängigkeiten zwischen den Variablen. Er kommt zu dem Schluss, dass die Anzahl der Schusswechsel, der terroristischen Anschläge und der Sterbefälle einerseits und andererseits unter anderem die eingesetzte Truppenstärke in einem engen Zusammenhang stehen und damit ein Ausdruck der Gewalt in dem Konflikt sind.

Für die Wirksamkeitskontrolle der militärischen Besetzung von Territorien durch Einsatzkräfte werden auf dieser Grundlage die Anzahl der (terroristischen) Anschläge als Maß für die Gewalteskalation und die Anzahl der Einsatzkräfte als Maß für die Durchsetzung der Maßnahme herangezogen. In allen drei Konflikten liegen offiziell bestätigte Angaben zu diesen Parametern vor. Die Anzahl der (terroristischen) Anschläge (PSNI, 2010) und die Anzahl der Truppenstärke im Nordirlandkonflikt sind in Tabelle A.7 (im Anhang) aufgeführt. Die Truppenstärke bezieht sich auf die Anzahl der regulären britischen Polizisten (ohne Reservisten), die in Nordirland eingesetzt wurden (vgl. Beggan, 2016; basierend auf Bew & Gillespie, 1999 und Hadfield, 1992, S. 111). Die Analyse von Beggan (2016) umfasst auf Basis von Bew & Gillespie (1999) und Hadfield (1992) den Zeitraum von 1969 bis 1999 und wird von Festag (2012) bezugnehmend auf PSNI (2010) um die Jahre von 2000 bis 2009 erweitert (siehe Tabelle A.7 im Anhang). Die Entwicklungen werden jahresweise analysiert, womit zur Beurteilung der Situation 41 Wertepaare zur Verfügung stehen. Die Anzahl der Einsatzkräfte im Afghanistan- und Irakkonflikt sind aus Belasco (2009) entnommen. Die Angaben über die Truppenstärken der US-Amerikaner im Rahmen der Operationen in Afghanistan und Irak werden dem amerikanischen Kongress als offizielle Werte vorgelegt. Die Truppenstärke gliedert sich dabei in Truppen vor Ort (Boots on the Ground; BOG) und sonstige unterstützende Truppen (Trooplevel without Boots on the Ground) – also in Personen, die offiziell am Konflikt beteiligt, aber nicht vor Ort stationiert sind. Für die

Wirksamkeitskontrolle wird hier die Angabe der Truppen vor Ort herangezogen, da sie direkt am Geschehen beteiligt sind und das Maß der Eskalation vor Ort direkt widerspiegeln. Die Anzahl der (terroristischen) Anschläge im Afghanistan- und Irakkonflikt basiert auf den Daten des „Worldwide Incident Tracking System" (WITS, 2010) und der „weltweiten Terrorismusdatenbank" (GTD, 2011; GTD-Codebook, 2010), die von dem „National Counterterrorism Center" (NCTC) unterhalten wird (NCTC, 2010). Der Betrachtungszeitraum umfasst jeweils die Daten von Januar 2004 bis September 2008 monatsweise. Zur Beurteilung der Situation liegen somit 57 Wertpaare vor. Die Daten sind Tabelle A.8 (im Anhang) zu entnehmen. Die Wirksamkeitskontrolle erfolgt hier quantitativ und die Signifikanz wird anhand von Zusammenhangshypothesen geprüft. Bei dem Vorgehen wird der pearsonsche Korrelationskoeffizient r als Bewertungsgröße herangezogen (Schwarze, 2005, S. 74 ff.). Dieser Koeffizient ist ein Maß für den Zusammenhang zwischen zwei Merkmalen, dessen Wertebereich $-1 \geq r \geq 1$ beträgt. Je stärker der Zusammenhang zwischen den beiden Merkmalen ist, desto näher liegt die Korrelation bei dem Wert von +/−1, wobei ein positiver Zusammenhang bei $r > 0$ vorliegt (d. h., große bzw. kleine Werte der einen Variablen treten mit großen bzw. kleinen Werten der anderen Variablen auf). Von einem negativen Zusammenhang wird gesprochen, wenn $r < 0$ ist, d. h., große Werte der einen Variablen gehen mit kleinen Werten der anderen Variablen einher (vgl. Bortz, 2005, S. 214 ff.). Der pearsonsche Korrelationskoeffizient wird aus der Kovarianz und den Einzelvarianzen der Variablen bzw. Merkmale nach Schwarze (2005, S. 74 ff.) mit Gleichung 8.2 berechnet:

$$r = \frac{Cov(x, y)}{\sqrt{Var(x)} \cdot \sqrt{Var(y)}} \qquad (8.2)$$

$Cov(x, y)$ Kovarianz
$Var(x)$ Varianz (Merkmal bzw. Parameter x)
$Var(y)$ Varianz (Merkmal bzw. Parameter y)

Die Quadratwurzel der Standardabweichung s entspricht der Varianz (Papula, 2001, S. 400) und die Kovarianz ermittelt sich nach Bortz (1993, S.189) aus Gleichung 8.3:

$$Cov(x, y) = \frac{\sum (x_i - \bar{x}) \cdot (y_i - \bar{y})}{N} \qquad (8.3)$$

x_i, y_i Einzelwerte
$\bar{x}, \bar{y}$ arithmetisches Mittel
N Stichprobenumfang

Der Signifikanztest für Korrelationskoeffizienten erfolgt bei $N \geq 30$ nach Leonhart (2009, S. 248) anhand von t-Werten nach Gleichung 8.4, wobei angenommen wird, dass die Variablen in der Grundgesamtheit nicht zusammenhängen:

$$t_{N-1} = \frac{r \cdot \sqrt{N-2}}{\sqrt{1-r^2}} \qquad (8.4)$$

Bei ausreichend großem Stichprobenumfang geht die t-Verteilung in eine Normalverteilung gemäß dem Grenzwerttheorem (Stenger, 1971) über. Der Test auf stochastische Unabhängigkeit steht im Zusammenhang mit der ungerichteten Hypothese:

$$H_0 : r(x, y) = 0 \quad gegen \quad H_1 : r(x, y) \neq 0. \qquad (8.5)$$

Bei einem Signifikanzniveau von $\alpha = 5\ \%$ und einer zweiseitigen Fragestellung ergibt sich ein optimaler Stichprobenumfang zur Ermittlung eines mittleren bis starken Effektes $(0,30 \leq \rho \leq 0,50)$ von 22 bis 68 Messwerten (Bortz, 1993, S. 200 ff.), um statistisch belastbare Aussagen treffen zu können. Die Wirksamkeitskontrolle der militärischen Besetzung von Territorien durch Einsatzkräfte prüft über Zusammenhangshypothesen, ob eine Zu- bzw. Abnahme der Truppenstärke zu einer Zu- bzw. Abnahme der Gewalt – gemessen an der Anzahl der (terroristischen) Anschläge – in den Konflikten führt.

8.4   Ergebnisse der Wirksamkeitskontrolle

Die Truppenstärke, die seitens der britischen Regierung zur Kontrolle des Nordirlandkonfliktes eingesetzt wird, nimmt im Laufe der Zeit zu, während die Anzahl der terroristischen Anschläge abnimmt (siehe Abbildung 8.1 (a)). Das Jahr 1972 ragt durch eine erhöhte Anzahl an terroristischen Anschlägen heraus. Das ist auf das „Bloody Sunday"-Ereignis in diesem Jahr zurückzuführen (Beggan, 2016). Seit 1992 kommt es in Nordirland zu Friedensprozessen mit diplomatischen Bewältigungsstrategien (Neumann, 1999, S. 223). Diese Bemühungen werden zeitweise durch Gewalthandlungen überlagert. Am 10. April 1998 wird das „Karfreitagsabkommen" geschlossen, bei dem die Autonomie von Nordirland schrittweise angestrebt wird (Bittner, 2002, S. 88 ff.). Die Anzahl der terroristischen Anschlägen nimmt zu dieser Zeit bis 2009 ab und der Konflikt beruhigt sich. Ein Teil des Rückgangs der Anschläge lässt sich somit mit einem Strategiewechsel der Konfliktparteien erklären (Bittner, 2002, S. 58 ff.). Der Konflikt ist bis heute nicht vollständig aufgelöst. Die Wirksamkeitskontrolle zeigt hier, dass entgegen dem Ergebnis von

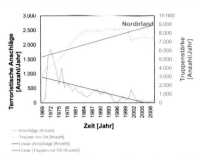

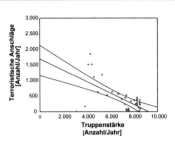

(a) Entwicklung der Truppenstärke und terroristischen Anschläge in Nordirland

(b) Korrelation der Truppenstärke und terroristischen Anschläge in Nordirland

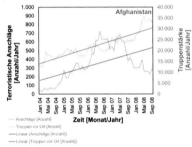

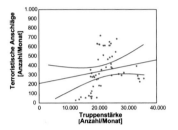

(c) Entwicklung der Truppenstärke und terroristischen Anschläge in Afghanistan

(d) Korrelation der Truppenstärke und terroristischen Anschläge in Afghanistan

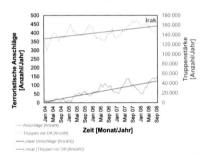

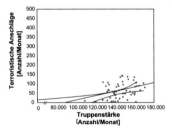

(e) Entwicklung der Truppenstärke und terroristischen Anschläge in Irak

(f) Korrelation der Truppenstärke und terroristischen Anschläge in Irak

Abbildung 8.1 Entwicklung und Korrelationen der Truppenstärke und terroristischen Anschläge im Nordirland-, Afghanistan- und Irakkonflikt (Konfidenzniveau von 95 %)

Beggan (2016) die Zunahme der Truppenstärke – gemessen an den eingesetzten regulären Polizisten – in Nordirland mit einer signifikanten Reduzierung der Gewalt auf dem Niveau 0,01 (2-seitig) mit $r = -0,611$ verbunden ist. Eine Zunahme der Einsatzkräfte geht mit einer Abnahme der Anschläge einher bzw. umgekehrt (siehe Abbildung 8.1 (b)). Das von Beggan (2016) abweichende Ergebnis entsteht vermutlich durch die Nutzung von anderen Parametern.

Die Anzahl der in Afghanistan vor Ort eingesetzten Soldaten nimmt im Beobachtungszeitraum zu. Gleichzeitig steigt die Anzahl der terroristischen Anschläge bis Mitte 2007 an, um im Anschluss zu sinken (siehe Abbildung 8.1 (c)). Zwischen der in Afghanistan vor Ort eingesetzten US-Truppenstärke und der Anzahl der terroristischen Anschläge in Afghanistan liegt ein signifikanter Zusammenhang auf dem Niveau 0,05 (2-seitig) mit $r = 0,298$ vor, wie Abbildung 8.1 (d) zeigt. Die US-Truppenstärke führt hier zunächst nicht zu einer Reduzierung der Anzahl der Anschläge. Bis zum September 2007 steigt die Anzahl der Anschläge und die Truppenstärke. Anschließend steigt die Truppenstärke vor Ort weiter an und es ist ein Rückgang der terroristischen Anschläge zu verzeichnen. Ab dann zeigt die Maßnahme eine Wirksamkeit in die gewünschte Richtung.

Abbildung 8.1 (e) gibt die Anzahl der im Irakkonflikt vor Ort eingesetzten US-Soldaten in der Zeit von Januar 2004 bis September 2008 wieder. Insgesamt ist eine Zunahme der US-Truppenstärke zu verzeichnen. Auch die Anzahl der terroristischen Anschläge unterliegt in Irak monatlichen Schwankungen und ist insgesamt in dem Betrachtungszeitraum im Steigen begriffen. Wie Abbildung 8.1 (f) zeigt, liegt zwischen der US-Truppenstärke und der Anzahl der terroristischen Anschläge im Irak ein signifikanter Zusammenhang auf dem Niveau 0,01 (2-seitig) mit $r = 0,353$ vor vor. Die Besetzung in Irak durch die US-Einsatzkräfte kann die Anzahl der terroristischen Anschläge während des Betrachtungszeitraumes nicht unmittelbar reduzieren.

8.5 Fazit

Die Wirksamkeitskontrolle für die Besetzung von Territorien zur Bewältigung von terroristischen Konflikten konnte nur über Zusammenhangskriterien erfolgen und liefert in den Konflikten unterschiedliche Ergebnisse. Im Nordirlandkonflikt zeigt die Truppenstärke der Briten, die zur Kontrolle des Konfliktes eingesetzt werden, innerhalb des Betrachtungszeitraumes einen signifikanten Zusammenhang auf (Leistungsklasse 3). Das bedeutet, dass mit der zunehmenden Anzahl der Einsatzkräfte die Anzahl der terroristischen Anschläge abnimmt (oder umgekehrt), wobei der Konflikt bis heute schwelt. Die Eindämmung des Konfliktes resultiert wahrscheinlich vorrangig aus ergänzenden Friedensverhandlungen. Im Afghanistankonflikt liegt zwischen der US-Truppenstärke und der Anzahl der terroristischen Anschläge ebenfalls ein signifikanter Zusammenhang vor. Allerdings ist eine Zunahme der Truppenstärke hier zunächst mit einer Zunahme der Anschläge vice versa verbunden. In diesem Fall handelt es sich um eine positive Korrelation, die hier ein Indikator für eine negative Wirksamkeit ist. Erst ab September 2007 ist ein Rückgang der terroristischen Anschläge mit der weiter steigenden Truppenstärke vor Ort zu verzeichnen, womit die Maßnahme dann einen negativen Zusammenhang mit einer positiven Wirksamkeit ausweist – wenigstens unterstützt die Maßnahme andere Prozesse in die gewünschte Richtung. Der Fall zeigt, dass der Betrachtungshorizont bei der Wirksamkeitskontrolle von Bedeutung ist und sich hier Veränderungen im Wirkverlauf über die Zeit ergeben können (Langzeitfolgen). Ein anderes Bild liefert der Irakkonflikt. Hier liegt im Betrachtungszeitraum ein positiver Zusammenhang zwischen der US-Truppenstärke vor Ort und der Anzahl der terroristischen Anschläge im Irak vor. Das bedeutet, dass trotz der zunehmenden militärischen Besetzung der Konflikt weiter eskaliert. Damit fällt die Wirksamkeitskontrolle – vermutlich aufgrund von Überlagerungen durch andere Ereignisse (vgl. Neskovic, 2015; Sheehan, 2009) – negativ aus. Möglicherweise haben sich aber durch die Maßnahme anderweitige Eskalationen vereiteln lassen, die hier nicht als Parameter in das Kalkül einbezogen wurden.

Weisinger (2013, S. 2) teilt Konflikte über ihre Intensität (niedrig/hoch) und Dauer (kurz/lang) ein. Die militärische Besetzung von Territorien durch Einsatzkräfte wird durch den Aggressor (angreifende Konfliktpartei) als Mittel der Konfliktführung eingesetzt. Andererseits werden Territorien durch Einsatzkräfte als Reaktion auf einen Aggressor und zur Deeskalation besetzt. Die Wirksamkeitskontrollen legen nahe, dass Konflikte fallspezifisch zu betrachten und die verschiedenen Konfliktphasen separat zu bewerten sind.

Teil III
Weiterentwicklung der Wirksamkeitsanalyse

Berücksichtigung von Seiteneffekten 9

Die erste Linie zur Weiterentwicklung der Wirksamkeitskontrolle befasst sich mit den Gefahren im Sinne von Seiteneffekten, die durch die eingeleiteten Schutzmaßnahmen selber auftreten können.

9.1 Seiteneffekte von Schutzmaßnahmen

Schutzmaßnahmen weisen potenziell eine oder mehrere erwünschte Wirkungen auf („positive Schutzwirkungen"). Zusätzlich zu der gewünschten Hauptwirkung („Primärwirkung") können auch gewünschte „Sekundärwirkungen" auftreten. Gleichzeitig können eine oder mehrere unerwünschte Wirkungen auftreten – „negative Schutzwirkung", hier auch als „Nebenwirkungen" definiert (vgl. Forth et al., 1983, S. 76). Die (erwünschten) Sekundär- und (unerwünschten) Nebenwirkungen werden hier als Seiteneffekte zusammengefasst (siehe folgender Exkurs 8).

Exkurs 8: Eine Maßnahme mit Primär-, Sekundär- und Nebenwirkungen
Feuerlöschanlagen löschen und begrenzen Brände (Primärwirkung) bis zum Eintreffen der Rettungskräfte (vgl. Festag & Döbbeling, 2020, S. 32 f.). Je nach Löschmittel wird der Brandreaktion die erforderliche Wärme entzogen oder das Oxidationsmittel wird mittels einer Inertisierung verdrängt. Das Löschmittel reduziert die Zünd- und Brennfähigkeit der Brandmaterialien. Brandgase werden gebunden oder niedergeschlagen (vgl. Gressmann, 2022). Das Löschmittel schützt darüber hinaus die unverbrannten Objekte und Konstruktionselemente des Gebäudes vor der thermischen Belastung (Sekundärwirkungen). Es können zudem z. B. Schäden durch das Löschwasser entstehen (Nebenwirkung).

Der Übergang von positiven Primär- oder Sekundärwirkungen zu negativen Nebenwirkungen kann fließend sein und sich über die Betrachter und Dauer verändern: Es gibt Wirkungen, die kontextabhängig zunächst als unerwünscht bewertet werden und im Erkenntnisfortschritt erwünscht sind (z. B. machen Antihistaminika der 1. Generation als Nebenwirkung den Patienten häufig müde, weshalb sie in der Primärwirkung als Schlafmittel (vgl. Barry et al., 2014) eingesetzt werden). Dieser Wandel kann auch umgekehrt von der Primär- zur Nebenwirkung erfolgen, wie z. B. beim Einsatz von DDT. Außerdem gibt es auch Maßnahmen, die ihre Primärwirkung nicht oder kaum aufweisen, dafür aber in einem anderen Kontext eine stärkere Primärwirkung mit sich bringen (z. B. Gresser & Gleiter, 2002). Die Einteilung zwischen den Wirkungen ist oftmals schwierig und solche Betrachtungen finden oft über eine längere Zeit dynamisch in Abhängigkeit von den Schutzmaßnahmen sowie dem System und Betrachter statt (vgl. Forth et al., 1983, S. 76). Bei der Risikoabwägung von Schutzmaßnahmen sind erwünschte Primär- und Sekundäreffekte sowie Nebenwirkungen gegeneinander abzuwiegen.

9.2   Seiteneffekte am Beispiel von Gefahrenfrühwarnsystemen

Die Gefahrenfrüherkennung hat den Zweck frühzeitig vor Gefährdungen zu warnen, wozu es natürliche[1] und technische Systeme gibt. Natürliche Mechanismen werden häufig auf die Technik[2] übertragen oder die technischen Vorgänge werden zur Beschreibung natürlicher Systeme herangezogen (vgl. Dörner, 2008; Bluma, 2005; Siebert, 1978). Die technischen Systeme zur Warnung setzen sich funktional aus der Gefahrendetektion und einer daran anschließenden Aktion (z. B. Alarmierung oder Ansteuerung weiterer Systeme) zusammen. Durch das Zusammenwirken von mehreren Bestandteilen entstehen auf bestimmte Gefährdungen abgestimmte Aktionsketten, die zum Teil automatisch ablaufen. Solche Aktionsketten integrieren

---

[1] Tiere, Pflanzen, Menschen und andere Naturprozesse beruhen auf Mechanismen, die zur Identifikation von Gefährdungen genutzt werden können (z. B. reagiert die aus Argonit bestehende Schale der Flügelschnecke empfindlich auf Versauerungen des Ozeans, weshalb sie solches Wasser meiden und Ozean- und Klimaveränderungen indizieren (Müller, 2014)).

[2] Prachtkäfer der Gattung „Melanophila" fliegen z. B. Waldbrände aus weiten Distanzen an, weil sie frisch verbranntes Holz als Nahrungsquelle für ihre Larven benötigen (Schütz et al., 2014). Sie erkennen bestimmte Brandgase in sehr geringen Konzentrationen. Dazu nutzen sie in den Fühlern ein Infrarotorgan, das Sensillen enthält, die einfallende Infrarotstrahlen in ein mechanisches Signal umwandeln. Das Prinzip kann zur Detektion von Brandgasen genutzt werden (vgl. Weißbecker et al., 2004; Schütz et al., 1999).

meist menschliche Eingriffe von manuellen bis zu autonomen Vorgängen (vgl. Hoffmann, 2022; Festag, 2018b; Eichendorf, 2017; Parasurama et al., 2000). In den teil-, hoch- und vollautomatisierten Zwischenstufen interagieren Menschen mit Maschinen, wobei die Eingriffmöglichkeiten des Menschen mit zunehmender Automatisierung sinken, während gleichzeitig die Bedeutung der verbleibenden Handlungen bzw. Entscheidungen überproportional steigt (Grote & Künzler, 1996). Technische Systeme sowie höhere Automatisierungsstufen setzen sich zunehmend bis zu sich selbst organisierenden Systemen durch (Festag, 2018b; Renn, 2018). Alle Aktionsketten und Systeme sind von Falschalarmen betroffen (Festag et al., 2022b), obwohl sie meist den markant in Erscheinung tretenden Hilfsmitteln zugeschrieben werden.

Das Phänomen der „Falschalarme" als Seiteneffekt
Gefahrenfrühwarnsysteme verfolgen das Ziel, zeitkritische Gefährdungen anhand von typischen Indikatoren automatisch und zuverlässig zu detektieren. Damit werden Schäden, möglichst bevor sich das Ereignis entwickelt, vermieden oder zumindest nach dem Eintritt durch eine schnelle Reaktion so weit wie möglich begrenzt. Die Erkennung einer Gefahr und die Alarmierung von Personen werden zusammen als Warnung bezeichnet. Bei Warnungen treten Falschalarme als Nebenwirkung auf. Falschalarme sind Gefahrenalarme, denen diese Gefährdung tatsächlich nicht zugrunde liegt (vgl. Festag et al., 2018). Bei einem Brandalarm ist das der Fall, wenn vor einem Brand gewarnt wird und am vermeintlichen Brandort keine Anzeichen für einen Brand vorgefunden werden (Döbbeling et al., 2012).

Falschalarme treten in vielen Bereichen in Erscheinung, wie z. B. bei einem Informationsaustausch, einer Meldung oder Berichterstattung wie Gesprächen oder im Journalismus („Falschmeldungen" oder „Fake News"). Sie treten in der Diagnose von Krankheiten auf, wie bei der Erkennung von Kinderkrankheiten über Frühindikatoren (z. B. Nackenfaltenmessung) oder bei der Vorsorge-Darmspiegelung zur Krebsfrüherkennung (vgl. Gigerenzer, 2013), ebenso bei der Warnung vor Gefährdungen wie Unfällen und Angriffen (z. B. Brände, Freisetzung von gefährlichen Stoffen, Einbrüche, Anschläge). Falschalarme gibt es auch bei Gefahrenfrühwarnsystemen (z. B. Personenscanner, Tsunamifrühwarnsysteme, Raketenabwehrsysteme und Gefahrenmeldeanlagen) oder bei Feuerlöschanlagen und Zutrittskontrollsystemen. Auch bei Warnungen durch Menschen z. B. mit Festnetz- und Mobilfunktelefonen treten sie auf. Über alle Systeme betrachtet, ergeben sich nach der Teststatistik vier mögliche Schlüsse (siehe Abbildung 9.1):

1. Keine Gefährdung wird gemeldet und es liegt auch keine vor (der Normalfall, denn Gefährdungen sind in ihrer Eintrittswahrscheinlichkeit seltene Ereignisse).

2. Eine Gefährdung wird gemeldet und liegt auch vor (Echtalarm). Das ist die Primärwirkung der Warnung.
3. Eine Gefährdung wird gemeldet, aber vor Ort des Geschehens liegen keine Anzeichen für die Gefährdung vor. Bei diesem Fehlschluss (falsch-positiv) handelt es sich um einen Falschalarm (wobei sich die Situation von der Meldung bis zum Eintreffen z. B. der Einsatzkräfte ändern kann).
4. Eine Gefährdung wird nicht gemeldet, obwohl sie vorliegt. Bei diesem Fehlschluss (falsch-negativ) sind die höchsten Schäden zu erwarten. Der erste und zweite Fehler hängen wahrscheinlichkeitstheoretisch zusammen: Ein niedriger 1. Fehlerfall erhöht den 2. Fehlerfall und umgekehrt (vgl. Festag, 2013b), wenn dies über den β-Fehler nicht berücksichtigt wird.

Abbildung 9.1 Hypothesenprüfung und Einordnung von Falschalarmen

Falschalarme umfassen (a) technische Defekte (die auf Defekte der technischen Systeme zurückzuführen sind), (b) Täuschungsalarme (bei denen das technische System bestimmungsgemäß funktioniert, aber diese auf Kenngrößen gefahrenähnlicher Phänomene ansprechen) sowie (c) unbeabsichtigte („im guten Glauben", Irrtum) und böswillige (um über die Alarmierung Schäden hervorzurufen) Alarmierungen (Döbbeling et al., 2012). Letztere Unterscheidung geht auf die Handlungsintention zurück, die oft nicht ohne Weiteres festgestellt werden kann, weshalb sie in einer Gruppe zusammengefasst werden (vgl. Schmitz & Festag, 2014). Das Entstehen von Falschalarmen hängt in Art und Betrag nicht nur von den verwendeten Systemen ab, sondern auch von diversen Planungs-, Anwendungs- und Umweltfaktoren. Im Folgenden wird das Falschalarmphänomen am Beispiel von automatischen Brandmeldeanlagen exemplarisch näher charakterisiert.

Falschalarme bei Brandmeldeanlagen

Brandmeldeanlagen werden eingesetzt, um Brände schnell und zuverlässig in der frühen Entstehungsphase zu erkennen. Sie bestehen im Wesentlichen aus Brandmelderzentralen, (automatischen) Brandmeldern und Alarmierungseinrichtungen (DIN EN 54-1, 2021, S. 7). Die Brandmelder detektieren Brände anhand definierter Brandkenngrößen, z. B. Rauchdichte, Rauchgaskonzentration, Temperatur, Flammenbildung, und geben unter Berücksichtigung von Algorithmen ein Alarmsignal ab, wenn ein Auslösewert erreicht wird. Anschließend werden festgelegte Aktionen ausgeführt (z. B., um die Selbst- und Fremdrettung zu initiieren oder Flucht- und Rettungswege rauchfrei zu halten). Falschalarme entstehen als Nebenwirkung (z. B. Schreiner, 2015; Friedl, 1994). Zur Quantifizierung ihrer Größenordnung wird die Anzahl der Falschalarme durch Brandmeldeanlagen (FA_{BMA}) nach Festag (2016a) auf einen definierten regionalen und zeitlichen Rahmen bezogen und über Bezugsgrößen als Falschalarmrate nach den Gleichungen 9.1 bis 9.2 angegeben (Schmitz & Festag, 2014):

$$FA_1 = \frac{FA_{BMA}}{N_B} \quad oder \quad FA_2 = \frac{FA_{BMA}}{N_{GB}} \quad oder \quad FA_3 = \frac{FA_{BMA}}{N_{AS}} \qquad (9.1)$$

FA_{BMA} Anzahl der Falschalarme durch Brandmeldeanlagen [–]
N_B Anzahl der Brandeinsätze (z. B. einer Feuerwehr) [–]
N_{GB} Anzahl der Gebäudebrandeinsätze (z. B. einer Feuerwehr) [–]
N_{AS} Anzahl der aufgeschalteten Brandmeldeanlagen [–]

Die Berechnung der Falschalarmrate (FA_3) über die Anzahl der aufgeschalteten Anlagen (N_{AS}) ist eine Möglichkeit, die dem Verbreitungsgrad (Bengs, 2013) der Systeme Rechnung trägt. Des Weiteren wird die Anzahl der Falschalarme auf die Anzahl aller Alarmierungen über die aufgeschalteten Anlagen ($N_{A,BMA}$) als Rate (FA_4) ausgedrückt, wobei die Anzahl der echten Brandalarme von Brandmeldeanlagen (EA_{BMA}) zu berücksichtigen ist, wie es aus Gleichung 9.2 hervorgeht:

$$FA_4 = \frac{FA_{BMA}}{N_{A,BMA}} \quad mit \quad N_{A,BMA} = FA_{BMA} + EA_{BMA} \qquad (9.2)$$

Auch die Anzahl der verbauten Detektoren dient als Normierungsgröße (Festag et al., 2022b) und die Anzahl der Falschalarme lässt sich in überregionalen Betrachtungen auch auf die Einwohnerzahl FA_0 beziehen. Die Aussagekraft in Bezug auf das Auftreten von Falschalarmen nimmt von FA_0 zu FA_5 zu (vgl. Festag et al., 2022b; Festag, 2016a). Eine Meta-Analyse (Festag et al., 2022b) auf der Basis von

Festag & Döbbeling (2020); Diewald & Lorenz (2017); Schmitz (2013) und Döbbeling et al. (2012) ermittelt in Deutschland mittlere Falschalarmraten von 35 % (FA_1), 64 % (FA_2), 79 % (FA_3) und 88 % (FA_4).

Die Auslöser und Anteile von Falschalarmen über die üblichen Alarmierungswege sind im Kontext von Feuerwehreinsätzen von Festag & Döbbeling (2020) untersucht worden. Abbildung 9.2 zeigt auf dieser Basis die Ergebnisse in einer Übersicht, die auf 3.722 Angaben zu Ursachen und Meldewegen von Falschalarmen beruht (bei einer Gesamtstichprobe von 5.016 Gebäudebrandalarmierungen). Festag & Döbbeling (2020) liefern auch eine Auswertung eines Zwischenstandes von 2.775 Gebäudebrandalarmierungen (inkl. 681 tatsächlichen Bränden) mit ähnlichen Ergebnissen.

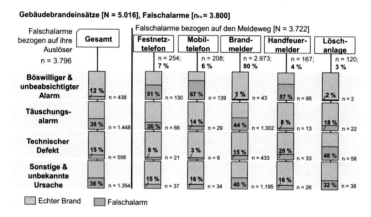

Abbildung 9.2 Falschalarme über die Meldewege und Auslöser

Bei Gebäudebrandeinsätzen liegen in 76 % (3.800 von 5.016 Fällen) Falschalarme vor. Die Anteile variieren über die Meldewege und Auslöser. Die meisten Falschalarme ergeben sich aus der Alarmierung über Brandmeldeanlagen (80 %). Täuschungsalarme sind mit 44 % die größte Gruppe der Auslöser. Der Anteil mit einem technischen Defekt als Auslöser beträgt 15 % – wobei die Anzahl der technischen Defekte meist überschätzt wird, weil die Auslöser im Zweifel oftmals als solche angegeben werden. Böswillige und unbeabsichtigte Falschalarme sind bei Brandmeldeanlagen selten, dafür machen sie den größten Anteil bei der Alarmierung über das Festnetz- und Mobiltelefon aus. Irrtum steht dabei im Vordergrund. Der hohe Anteil an Täuschungsalarmen bei Brandmeldeanlagen ist ein Indiz für eine unsachgemäße Planung und Anwendung von diesen Systemen. Das wird durch den

Befund anhand von Detailanalysen (Schmitz, 2013) bestätigt, dass rund 30 % aller Falschalarme durch Brandmeldeanlagen von rund 5 % der Objekte in einem Einsatzgebiet ausgehen.

Über zwei Ansätze lässt sich die ermittelte Größenordnung der Falschalarme einordnen: Erstens über Vergleiche zwischen ähnlichen Stichproben, wie z. B. Analysen in verschiedenen Ländern mit ähnlichen Systemen, und zweitens über Vergleiche zu anderen Anwendungen und Systemen. Untersuchungen in verschiedenen Ländern liefern bei Brandmeldeanlagen ähnliche Ergebnisse: Die Falschalarmraten in Deutschland, Großbritannien/England, Schweiz, Schweden, Österreich (Vorarlberg) und Dänemark (Festag et al., 2022b) betragen über alle untersuchten Länder 36–52 % (FA_1), 66–83 % (FA_2), 57–123 % (FA_3) und 86–95 % (FA_4). Allerdings sind direkte Vergleiche zwischen den analysierten Länder im Detail aufgrund von heterogenen Rahmenbedingungen problematisch (Festag et al., 2018). Die Falschalarme sind auch hier meist auf Planungs- und Anwendungsfehler im Kontext von Täuschungsgrößen wie Wasserdampf und Staub zurückzuführen (vgl. Festag et al., 2022b; Festag, 2019b). Ein Teil der analysierten Länder liefert die Möglichkeit, die Entwicklung über mehrere Jahre im Sinne von Längsschnittstudien zu analysieren (Festag et al., 2022b). In Abbildung 9.3 sind die Entwicklung der Anzahl an Brandmeldeanlagen (Grün) sowie die tatsächlichen Brandalarme (Schwarz) und Falschalarme (Weiß) über mehrere Jahre für Deutschland, Schweiz und Österreich/Vorarlberg aufgeführt. Die Daten in Deutschland sind von einer Großstadt, wobei Erhebungen aus anderen Gebieten in Deutschland ähnliche Ergebnisse zeigen (vgl. Weiß, 2021). Es ist ersichtlich, dass die Anzahl der Brandalarme pro aufgeschaltete Anlage stagniert. Werden die Falschalarme auf die Anzahl der aufgeschalteten Anlagen bezogen (FA_3), so zeigt sich, dass die Falschalarmraten in den analysierten Ländern (Gebieten) über die Jahre im Sinken begriffen sind.

Ein Vergleich mit anderen Anwendungen und Systemen zeigt, dass die Falschalarmrate (FA_4) bei Einbruchmeldeanlagen bis vor einigen Jahren bei 99 % mit 56 Einbrüchen bei 4.479 Einbruchalarmen liegt (Neef, 1992) – mit einer sinkenden Tendenz (vgl. Rompel, 2009). Bei der Krankheitsdiagnose variieren die Falschalarmraten. Bei der Hautkrebsdiagnostik indizieren Informationen (Festag, 2016a), dass bei 1.000 untersuchten Patienten im Schnitt ca. 340 Verdachtsfälle auftreten, von denen nur drei Fälle bestätigt werden (das entspricht einer Falschalarmrate von 99 %). Bei der Diagnose von Prostatakrebs resultieren aus 1.000 untersuchten Patienten 310 Verdachtsfälle mit 100 bestätigten Fällen (68 %). Bei Personenscannern sind Falschalarmraten Schätzungen zufolge von über 99 % üblich (vgl. W&S, 2011, S. 14 f.). In der Statistik sind Vertrauensbereiche von 80 (β-Fehler) und 95 bis 99 % (α-Fehler) üblich (Leonhart, 2009). Solche Zahlen werden im Einzelnen kontrovers diskutiert (vgl. Gigerenzer, 2013), aber sie liefern eine erste Abschätzung für diese

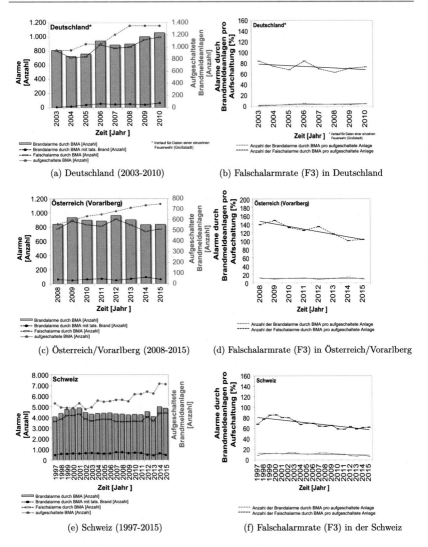

(a) Deutschland (2003-2010)

(b) Falschalarmrate (F3) in Deutschland

(c) Österreich/Vorarlberg (2008-2015)

(d) Falschalarmrate (F3) in Österreich/Vorarlberg

(e) Schweiz (1997-2015)

(f) Falschalarmrate (F3) in der Schweiz

Abbildung 9.3 Entwicklung der Anzahl an Brandmeldeanlagen sowie Brand- und Falschalarmen in Deutschland, Schweiz und Österreich/Vorarlberg

Seiteneffekte, wie sie hier diskutiert werden, und zeigen, dass die Falschalarmraten bei Brandmeldeanlagen nicht überdurchschnittlich sind. Falschalarme sind Nebenwirkungen der Gefahrenfrüherkennung (Festag, 2016a). Die Warnung könnte in einer Gefährdungssituation nicht ernst genommen werden, wenn Personen Erfahrungen mit Falschalarmen machen. Das kann zu Akzeptanzverlusten gegenüber den Warnungen und Systemen führen. Außerdem können Falschalarme die Alarmbereitschaft bei Einsatzkräften reduzieren und das Stressniveau beeinflussen. Nach Ries et al. (2011) liegt während der Einsatzfahrt ein erhöhtes Verkehrsrisiko vor. Auch finanzielle Aufwände treten durch Falschalarme auf. Die Kosten für einen Falschalarm sind einsatzspezifisch und betragen zwischen 500 Euro (Feuerwehr Krefeld, 2011), 1.200 Euro (Staimer, 2011) und 2.000 Euro (Giselbrecht, 2014), wobei die Kostenübernahme von den Gemeinden geregelt ist. Falschalarme binden Ressourcen, die andernorts fehlen können. Falschalarme haben aber auch Vorteile. Sie treten in Relation zu Bränden häufig auf und sind mit geringen Schäden verbunden („Bagatellen"), womit sie Objektkenntnisse und den Umgang mit Alarmierungsprozessen fördern (Handlungsroutinen können in realen Einsatzbedingungen trainiert werden). Das kann unerwünschten Stressreaktionen vorbeugen (Ungerer & Morgenroth, 2001) – ein gewisses Stressniveau ist für die Regulierung der Aufmerksamkeit sowie Flucht und Rettung notwendig. Auch Betreiber und andere betroffene Personen können Erfahrungen mit den erforderlichen Handlungsabläufen gewinnen. Schwachstellen in der Alarmierungskette können ohne schwere Folgen identifiziert und behoben werden. Trotzdem gilt es, Falschalarme zu vermeiden. Eine Reihe von Maßnahmen existieren hierzu, siehe Tabelle 9.1 mit Beispielen.

Tabelle 9.1 Maßnahmen zur Reduzierung von Falschalarmen (Festag et al., 2022b)

	ÜBERGEORDNETE MAßNAHMEN
1	Beachtung von Standards, Empfehlungen, Richtlinien etc.
2	Integration der Falschalarmthematik in die Konzeption von Schutzstrategien
3	Beauftragung ausgebildeter, qualifizierter und zertifizierter Dienstleister
4	Leistungsüberwachung von Systemen und Falschalarmraten
	TECHNISCHE MAßNAHMEN
1	Verwendung qualitativ hochwertiger Produkte
2	Nutzung verschiedener Messkenngrößen
3	Einsatz von Algorithmen
4	Zwei-Melder-Abhängigkeiten

(Fortsetzung)

Tabelle 9.1 (Fortsetzung)

	ORGANISATORISCHE PRÄVENTIONSMAßNAHMEN
1	Auswahl und Positionierung von Systemen je nach Einsatzort
2	Austausch und Modernisierung der Systeme
3	Vermeidung von Täuschungsmöglichkeiten (z. B. Staub, Wasserdampf und Insekten)
4	Beauftragung von Verantwortlichen; Unterweisung im Umgang mit den Systemen
5	Regelmäßige Kontrollen der Systeme einschließlich wiederkehrender Funktionsprüfungen
6	Weitergabe von Rückmeldungen, Verbesserungsvorschläge nach einem Falschalarm
7	Deaktivierung der Systeme bei Arbeiten, die Täuschungsalarme hervorrufen
	ORGANISATORISCHE REAKTIONSMAßNAHMEN
1	Identifizierung und Beseitigung von Fehlern
2	Dokumentation der Meldungen

9.3 Die „Folgen der Folgen"

Falschalarme stellen eine komplexe Thematik dar. Sie sind ein Seiteneffekt der Warnung vor Gefahren und treten bei vielen Systemen, Prozessen und Anwendungen auf. Die Abschätzung der Größenordnung von Seiteneffekten bedarf einer differenzierten Analyse. Die Bewertung ihrer Akzeptanz ist nicht leicht, denn Falsch- und Echtalarme sind jeweils mit unterschiedlichen Effekten und – objektiven und subjektiven – Qualitäten verbunden. Seiteneffekte sind bei der Wirksamkeit von Schutzmaßnahmen zu berücksichtigen. Mit diesem Bewusstsein ergibt sich die Anforderung, Seiteneffekte und Folgen von Schutzmaßnahmen in die Wirksamkeitskontrolle einzubeziehen, um die Wirksamkeit umfassend und nachhaltig zu beurteilen. Damit entstehen „Effektkaskaden": Eine Gefährdung löst die Einleitung einer Schutzmaßnahme aus, die ihrerseits wiederum Effekte auslösen kann, zu deren Beherrschung es wiederum weiterer Schutzmaßnahmen bedarf – und so weiter. Vertiefende Untersuchungen sind hierzu erforderlich.

Berücksichtigung des Gefahrenspektrums 10

Dieses Kapitel befasst sich mit dem Gefahrenspektrum, welches aus dem Einsatz von Schutzmaßnahmen im Sinne von Seiteneffekten resultieren kann, um umfassende Wirksamkeitskontrollen zu fördern. Das Gefahrenspektrum berührt Kapitel 9, basiert auf Festag (2017b); Festag (2016a) und Festag (2016b) und wird im Folgenden anhand von „unbemannten Flugsystemen" (Drohnen) exemplarisch vertieft.

10.1 Das Gefahrenspektrum von Schutzmaßnahmen

Gefährdungen werden häufig singulär über einen Gefahrentyp (z. B. Brand, Anschlag, Hochwasser) und innerhalb segmentierter Gebiete (z. B. Arbeitsschutz, Anlagensicherheit, Brandschutz, Bevölkerungsschutz) betrachtet, die faktisch aber ineinandergreifen. Auch die Anforderungen, die an Schutzmaßnahmen gestellt werden, betrachten in der Regel eine Gefahr (einen Fehlerfall) und schließen häufig „Polygefahren" (mehrere Fehlerfälle) aus Gründen der Komplexität aus (vgl. Renn, 2014). Das ist zwar praktikabel, aber wird der Realität nicht gerecht. Konkrete Gefährdungen stellen in der Regel Mischformen von Gefahrentypen dar, die sich häufig über Kaskaden in verschiedenen Konstellationen ereignen und ein Spektrum an Gefahren hervorrufen. Schutzmaßnahmen wirken auf Situationen ein und verändern das Gefahrenspektrum. Im Idealfall werden die initialen Gefährdungen vermieden und das Gefahrenspektrum reduziert. Maßnahmen können aber auch – selbst wenn sie inhärent Schutzanforderungen erfüllen – im Einsatz fallspezifische Gefahren im Sinne von Seiteneffekten auslösen.

© Der/die Autor(en), exklusiv lizenziert an Springer Fachmedien Wiesbaden GmbH, ein Teil von Springer Nature 2024
S. Festag, *Risikologische Wirksamkeitsanalyse*,
https://doi.org/10.1007/978-3-658-46728-9_10

10.2   Das Gefahrenspektrum am Beispiel des Einsatzes von Drohnen

Als Drohnen werden hier unbemannte Flugkörper bzw. -objekte und „Multikopter" (Beck, 2016) verstanden, da sich für alle diese Systeme die Bezeichnung bereits eingebürgert hat. Darunter fallen damit professionelle Luftfahrtsysteme sowie Hobby- und Freizeitgeräte. Drohnen grenzen an den Bereich der Modellfliegerei. Eine gerätebezogene Abgrenzung zwischen Flugmodellen und Drohnen ist teilweise schwierig. Ähnlich problematisch ist die Abgrenzung zu anderen unbemannten Systemen wie Lenkflugkörpern im militärischen Bereich (Petermann & Grünwald, 2011, S. 6), wobei auch dort (halb-)ballistische Flugkörper, Marschflugkörper, Artilleriegeschosse, Torpedos, Minen und Satelliten separat betrachtet werden (vgl. Petermann & Grünwald, 2011, S. 25). Drohnen existieren als technische Systeme seit Langem, dennoch deckt keine Definition die Bandbreite der Systeme ab (vgl. Brockhaus, 2018; Festag, 2016a; Ross, 2015, S. 23; Wahrig-Burfeind, 2011, S. 392; Brockhaus, 1986, S. 685), weshalb die folgende Festlegung getroffen wird:

> Eine Drohne ist ein System, das sich durch einen unbemannten (Flug-)Körper kennzeichnet, dessen (Flug-)Kurs vorprogrammiert ist oder das über einen Computer bzw. eine Fernsteuerung navigiert wird, und das spielerisch oder zur Aufklärung, Erkundung, Überwachung, zum Transport oder als Zieldarstellungsdrohne, unter Umständen waffenfähig, verwendet wird.

Drohnen werden als Starr- und Drehflügler betrieben (vgl. Janik, 2018, S. 5; Rattat, 2015; Tchouchenkov et al., 2012). Alleine in Deutschland wird im Jahr 2021 die Anzahl auf 430.700 Drohnen – Tendenz steigend – angegeben, wovon 385.500 Drohnen privat genutzt werden (VUL, 2021). Im militärischen Kontext sind über 714 verschiedene Drohnentypen zu verzeichnen (vgl. Fuhrmann & Festag, 2022; Fuhrmann, 2022). Sie werden über die Welt verteilt entwickelt, hergestellt und eingesetzt (Fuhrmann, 2022).

Als Gegenstand sind Drohnen mit einem Blick auf das Gefahrenspektrum in mehrerlei Hinsicht von Bedeutung: Sie sind (1) mit Gefahren verbunden (Technikfolgen), (2) als schützenswertes Gut vor Gefahren zu schützen (Schutzziel) und (3) ein Instrument zur (sicheren) Ausführung von Tätigkeiten (Schutzmaßnahme). Häufig sind alle drei Dimensionen gleichzeitig berührt, woraus Risikobetrachtungen höherer Ordnung resultieren. Verschiedene Fachgebiete beschäftigen sich mit Drohnen. Die Gefahren, vor allem durch den Gebrauch von Drohnen, werden allerdings in den Gebieten weitestgehend unabhängig voneinander betrachtet, womit eine umfassende Auseinandersetzung mit ihnen fehlt.

Einteilung, Anwendungsgebiete und Funktionsprinzip
Der Betrieb von Drohnen wird in drei Kategorien und fünf Klassen[1] eingeteilt und
darüber mit Auflagen (z. B. Genehmigungen und Registrierung) versehen (Durchführungsverordnung 2019/947, 2019). Zuvor wurden Drohnen nach dem Einsatz-
zweck und Leistungsvermögen eingeteilt (vgl. BMVI, 2017; Festag, 2016a; WIK,
2015; BMVI, 2014), während die NATO (North Atlantic Treaty Organization) im
militärischen Gebrauch in drei Klassen mit insgesamt sieben Unterklassen anhand
des Gewichtes, der Operationshöhe (vom Boden bis zum Flugkörper) und des Missi-
onsradius klassifiziert (vgl. Ehredt, 2010).

Der Einsatz von Drohnen erstreckt sich vom Privatbereich über die gewerb-
liche bis zur zivilen, geheimdienstlichen und militärischen Nutzung. Im Privaten
werden sie spielerisch, sportlich oder für Bild- und Videoaufnahmen verwendet.
Bei der gewerblichen Nutzung finden Drohnen einen Einsatz z. B. zur Dokumentation, in der Logistik, für Transporte oder Messdatenerhebungen (z. B. Geodaten).
Sie werden zur Vermessung benutzt sowie zur Überwachung und Inspektion (z. B.
von Gebäuden, Anlagen, Flächen), Schädlingsbekämpfung (z. B. in der Landwirt-
schaft) und für Luftaufnahmen. Im zivilen Bereich und im Bevölkerungsschutz
werden Drohnen als Transportmittel oder mit Kameras bzw. Sensoren für Bild- und
Videoaufnahmen genutzt (z. B. Lieber & Oberhagemann, 2013; Pratzler-Wanczura
& Pahlke, 2013). Sie werden auch zum Suchen und Retten von Vermissten, zur
Auffindung und Überwachung von Verdächtigen, zur Detektion und Bekämpfung
von Gefahren sowie zur Überwachung der Umwelt (z. B. Kohlenflöze, Gewässer,
Rohstofflagerstätten, Großschadenslagen oder Großveranstaltungen) eingesetzt. Sie
finden in unwegsamen Gelände oder schwer zugänglichen Bereichen einen Einsatz (z. B. bei großen Menschenansammlungen, in Tunneln oder in der Nähe von
Hochspannungsmasten). Außerdem werden sie zur Beweissicherung, Einsatzvor-
bereitung, -führung und -dokumentation verwendet. Sie dienen dem Ausforschen
von kriminellen Aktivitäten (z. B. Drogenschmuggel) und der Identifikation von

---

[1] In die Kategorie („offen") fällt der Betrieb von Drohnen, die eine Startmasse von weniger als
25 kg besitzen, in der Sichtweite von bis zu 120 m Höhe fliegen und keine gefährlichen Güter
transportieren oder Gegenstände abwerfen. Drei Unterkategorien existieren: A1 (Startmasse
von weniger als 250 g und ohne Überflug von Menschenansammlungen), A2 (Startmasse von
weniger als 4 kg und der horizontale Abstand zu Unbeteiligten beträgt mindestens 30 m) und
A3 (Startmasse von weniger als 25 kg und ein horizontaler Abstand von 150 m zu Wohn-,
Gewerbe-, Industrie- und Erholungsgebieten). Die Kategorie „Speziell" betrifft den Betrieb
von Drohnen, deren Einsatz den Rahmen der „offenen" Kategorie übersteigt. Die Kategorie
„Zulassungspflichtig" (zertifiziert) betrifft den Betrieb von Drohnen, z. B. zur Beförderung
von Personen oder gefährlichen Gütern. Über die Klassen (C0, C1, C2, C3 und C4) werden
Drohnen anhand der systembezogenen Gefahrenpotenziale (z. B. Gewicht, kinetische Energie
oder Bauform) eingestuft (Durchführungsverordnung 2019/947, 2019).

Rädelsführern in Menschenmengen. Geheimdienstlich werden Drohnen zur gezielten Informationsgewinnung und Aufklärung genutzt. Im militärischen Bereich sind
Drohnen Werkzeuge für z. B. die Aufklärung, Überwachung, Dokumentation oder
den Transport. Im Vordergrund steht die Gewinnung von Informationen (z. B. zur
Lageeinschätzung). Außerdem werden sie zur Zieldarstellung genutzt oder können über waffenfähige Bestandteile auch Ziele angreifen oder Gebiete verteidigen.
Drohnen werden für diverse Tätigkeiten – auch zu Sicherheitszwecken – eingesetzt
und es werden neue Anwendungen erschlossen.

Der Aufbau von Drohnen ähnelt autonomen (z. B. Robotern) und bestimmten
bemannten Systemen. Sie bestehen generell aus einem Sender, Empfänger und Kommunikationstechnik. Abbildung 10.1 skizziert das Funktionsprinzip von Drohnen
als System (Festag, 2016a) und gilt in dieser Abstraktion für unbemannte Systeme
in verschiedenen Bewegungsmedien (Luft, Land, auf und unter dem Wasser).

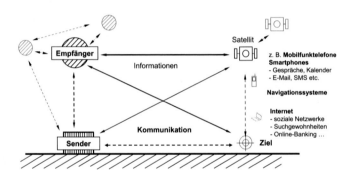

Abbildung 10.1 Funktionsprinzip von Drohnen als Gesamtsystem

Bei Drohnen ist der Empfänger der unbemannte Flugkörper. Er besteht primär
aus dem Rahmen als Grundkonstruktion, dem Antrieb – nach Petermann & Grünwald (2011, S. 8) elektrische Antriebe, Verbrennungsmotoren bzw. Turbinen und
Hybridantriebe – und der Steuerung. Zum Teil kommen weitere Bestandteile hinzu
(vgl. Rattat, 2015; Petermann & Grünwald, 2011, S. 6). Die Flugkörper können die
Größe von Insekten, Modell- oder Passagierflugzeugen aufweisen (z. B. Fuhrmann,
2022, S. 59; Klußmann & Malik, 2004, S. 59). Die Kosten betragen wenige Euro für
Hobbybausätze und reichen bis zu mehreren Zehntausend bis Millionen Euro für
professionelle Luftfahrtsysteme (Festag, 2016a). Als Empfänger können einzelne
oder mehrere Flugkörper als „Schwärme" angesteuert werden (vgl. Petermann &

Grünwald, 2011, S. 49; DFKI/RDE, 2008, S. 29; Müller, 2008) oder andersgeartete Empfänger wie U-Boote (Löwer, 2014) oder Gebäude (Bauer et al., 2020). Der Sender ist eine Person, eine (bemannte) Kontrollstation bzw. ein Computer zur Steuerung und Überwachung des Bewegungsablaufes des Empfängers. Die Steuerung kann durch eine oder mehrere Personen aus der Ferne über eine Fernbedienung oder Kontrollstation erfolgen, wobei die Flugkörper auch programmierte Flugrouten abfliegen können (Festag, 2016a).

Die Kommunikation zwischen Sender und Empfänger erfolgt über nachrichtentechnische Systeme (GAO, 2011) direkt über Funkverbindungen bzw. -netzwerke oder indirekt über Satelliten (Stirn, 2018). Sofern das „Ziel" über entsprechende Sensoren und Aktoren verfügt (z. B. Fuhrmann, 2022, S. 12; Weber, 2021; Valavanis et al., 2015; Ploeger, 2010), kann es in die Kommunikation eingebunden werden (vgl. Petermann & Grünwald, 2011, S. 9). Die Sensoren ermöglichen es, Signale und Muster automatisch zu erkennen. Der Trend geht zu kostengünstigen, kleinen und leichten Bauteilen, die einen niedrigen Energieverbrauch haben, bestimmte Objekte selbständig erkennen und eine autonome Interaktion (im Schwarm) leisten (vgl. Festag, 2018b; Petermann & Grünwald, 2011, S. 10). Die Sensorik zielt langfristig betrachtet auf die selbständige Einbettung und semantische Bewertung der erhobenen Daten in den Kontext ihrer Umgebung ab (vgl. Dörner, 2008).

Abriss über den Nutzen von Drohnen
Über alle Anwendungsgebiete hinweg ermöglichen Drohnen den Zugang zu neuen Perspektiven, auch in gefährlichen oder zuvor schwer zugänglichen Bereichen. Sie ermöglichen die Ausführung gefährlicher Tätigkeiten ohne eine direkte Eigengefahr. Sie erheben Lageinformationen und Messdaten oder transportieren Gegenstände. Häufig liefern Drohnen Bild- und Videoaufnahmen. Im gewerblichen Bereich ist der Einsatz von Drohnen auch auf wirtschaftliche Interessen zurückführen. Durch den Einsatz von Drohnen werden technische Produkte zu einer Anwendung gebracht, wodurch der Markt für Drohnen und ihre Bestandteile wächst (vgl. VUL, 2021; Künzel et al., 2008). Außerdem kann die Reduzierung von Kosten eine Rolle spielen. So können sich niedrige Investitions-, Produktions- und Betriebskosten beim Gebrauch von Drohnen im Vergleich zu den Kosten, die bei der Verrichtung der Aufgaben auf dem üblichen Wege anfallen, ergeben. Stellenweise reduzieren sich die Personalkosten (z. B., wenn die Ausbildung von Flugzeugpiloten mit hohen Anforderungen durch die Ausbildung von Drohnenpiloten ersetzt wird). Zudem muss beim Einsatz von Drohnen auf bestimmte Bedürfnisse bzw. physiologische Leistungsgrenzen der Piloten (z. B. Schleudertraumata) keine Rücksicht genommen werden. Es können kompliziertere und schnellere Flugmanöver vollzogen werden, was in einem Zeitgewinn münden kann und sich in einer höheren Einsatzeffizienz ausdrückt. Die

Kommunikation zwischen den an einem Drohneneinsatz beteiligten Personen in komplexen Einsatzlagen kann aus der Nähe bzw. direkt erfolgen, wodurch Missverständnisse abgebaut werden können. Die Distanz zwischen dem Piloten und dem tatsächlichen Handlungsort führt auch dazu, dass die Handlung in einer größeren Anonymität erfolgt, was den Piloten unter Umständen schützt. Drohnen haben kein emotionales Gedächtnis und zeigen lediglich technische Erschöpfungserscheinungen, wie z. B. in Bezug auf die Energieversorgung oder den Materialverschleiß.

Auch bei Aufklärungsdrohnen liefern die Kameras neue Blickwinkel, wodurch wenige Personen weite Gebiete und viele Menschen überwachen können, was sie zu effektiven Überwachungs- und Kontrollinstrumenten („Panoptikum") macht (Ross, 2015). Auch hier kann die Einsatzhandlung anonym stattfinden und die Herkunft der Systeme ist nicht zwingend erkennbar.

Bei der Nutzung von waffenfähigen Drohnen wird der Pilot durch die räumliche Distanz zum Zielort vor typischen Gefechtsschäden geschützt, was sich bis zu den damit einhergehenden Therapien auswirkt. Drohnen können in einer gewöhnlichen Arbeitszeit und -umgebung benutzt werden. Eine räumliche Trennung des Piloten zu seiner Familie ist teilweise nicht notwendig, womit der Pilot in seiner Freizeit seinen privaten Verpflichtungen und Interessen nachgehen kann. Der Arbeitsrhythmus ermöglicht militärische Schläge und kriegerische Auseinandersetzung im Dauerschichtbetrieb. Zahlenmäßig unterlegene Gegner erhalten mit Drohnen ein hohes taktisches Gewicht, während die Truppenstärke und Feuerkraft dominanter Konfliktparteien an Bedeutung verliert. Die Beschaffung von Drohnen ist verhältnismäßig günstig und zumindest teilweise handelt es sich um Bauteile, wie sie z. B. in der Fahrzeug- und Unterhaltungselektronik verwendet werden („Dual-Use"). Dadurch ist die Beschaffung einfach und zum Teil anonym. Außerdem ermöglichen Drohnen eine gezielte Überwachung und unter Umständen Tötung (FAZ, 2012).

Das Gefahrenspektrum anhand einer Fehlerbaumanalyse

Im Folgenden wird das Gefahrenspektrum durch den Einsatz von Drohnen in Anlehnung an Festag (2017b); Festag (2016b) und Festag (2016c) beschrieben. Die Analyse erfolgt anhand einer qualitativen, deduktiven und ereignisorientierten Fehlerbaumanalyse (DIN 25424-1, 1981; DIN 25424-2, 1990). Bei dieser Art der Analyse wird das „unerwünschte Ereignis" (hier das Gefahrenspektrum) vorgegeben und anschließend werden die zugrundeliegenden Gefahren, die zu dem Ereignis führen, identifiziert und logisch mit einander verknüpft. Dabei ist zunächst zwischen einer spezifischen und allgemeinen Analyse zu unterscheiden. Die spezifische Gefährdungsanalyse bezieht sich auf einen konkreten Fall und hängt z. B. von der zeitlichen Perspektive der Betrachtung ab sowie dem betrachteten Drohnentyp und konkreten Einsatz („Individualrisiko"). Die allgemeine Gefahrenanalyse gibt dagegen eine

systematische Übersicht über mögliche Gefahren („Kollektivrisiko") und dient der
Orientierung für spezifische Analysen (Meyna, 1982), siehe Abbildung 10.2.

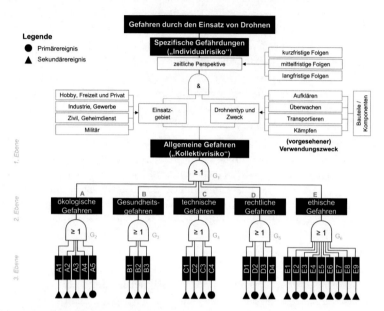

Abbildung 10.2 Fehlerbaum des Gefahrenspektrums durch den Einsatz von Drohnen

  In dem Fehlerbaum werden die Gefahren durch den Einsatz von Drohnen in
Gefahren für die „Natur/Umwelt" und den „Menschen" eingeteilt, wobei die ökologischen Gefahren (A) naturgemäß beide Bereiche berühren. Die Gefahren für
den Menschen sind hier in allgemeiner Art und nach fünf Hauptgefahren aufgeführt: ökologische Gefahren (A), Gesundheitsgefahren (B), technische Gefahren
(C), rechtliche Gefahren (D) und ethische Gefahren (E). Stellenweise gliedert sich
der Fehlerbaum in bis zu 10 Ebenen mit insgesamt über 140 Gefahren und über 40
Primärereignissen (manche Gefahren unterwerfen sich nur schwer stringent dieser
Gliederung). Im Folgenden werden die Gefahren bis zur vierten Ebene beschrieben.

Ökologische Gefahren durch den Einsatz von Drohnen (A)
Die ökologischen Gefahren (A) resultieren primär aus der Wechselwirkung zwi-
schen der Drohne und der natürlichen Umgebung (die belebte und unbelebte Natur).
Neben mechanischen Beschädigungen (A_1) kann das Eindringen der Drohne in

den Lebensraum von Tieren Veränderungen in den Lebensgewohnheiten und Verhaltensweisen (A_2) dieser Tiere nach sich ziehen (z. B. durch Zerstörungen der Lebensräume, Lärm- und Schadstoffemissionen) und unter Umständen Nahrungsketten verschieben ($A_{2,1}$). Das betrifft auch abgelegene Gebiete, die für Menschen zuvor schwer zu erreichen waren und einen Schutzraum für Tiere darstellen. In der Folge können z. B. Fledermäuse oder Vögel von Drohnen überflogene Gebiete meiden. Das kann sich auf Insekten und die Pflanzenwelt auswirken (vgl. z. B. Hötker et al., 2013). Bestimmte Raubvögel werden zur Drohnenabwehr eingesetzt, weil sie Drohnen wahrnehmen und angreifen können. Der Eingriff in den Lebensraum von Tieren kann weitreichende Konsequenzen haben (vgl. z. B. Ripple et al., 2014; Brashares et al., 2010; Sinclair et al., 2010).

Auch Beeinträchtigungen von Pflanzen (A_3) können durch Drohnen aufgrund von Schadstoff- ($A_{3,1}$) und Lärmemissionen ($A_{3,2}$) entstehen. Je nach Schadstoff und Pflanzenart kann es zu Vertrocknungen, Verfärbungen und Wachstumsanomalien bis zum Absterben der Pflanzen kommen. Schadstoffe und Lärm wirken sich auf die Produktivität von Pflanzen aus (z. B. Wachstum, Widerstandsfähigkeit, Photosynthese und Kohlendioxidausstoß) und beeinflussen wiederum die natürliche Umwelt.

Atmosphärische Interaktionen (A_4) in der Natur sind eine weitere ökologische Gefahr durch Drohnen. Emissionen von Drohnen können mit anderen Stoffen komplexe Wechselwirkungen eingehen und zu gefährlichen Stoffen führen oder über Metabolismen Schadstoffe entwickeln ($A_{4,1}$). Drohnen heben die isolierende Wirkung der Distanz auf und können (gefährliche) Mikroorganismen (z. B. Krankheitserreger) transportieren und verbreiten ($A_{4,2}$). Schadstoffemissionen können direkt oder indirekt die Ozonschicht beeinträchtigen, den Anteil von Partikeln in der Luft erhöhen und die Wetterlage beeinflussen ($A_{4,3}$). Außerdem verbrauchen Drohnen für ihren Antrieb Energie (A_5).

Gesundheitsgefahren durch den Einsatz von Drohnen (B)

Die Gesundheitsgefahren (B) durch den Einsatz von Drohnen sind für die beteiligten Personengruppen (Bediener, Zivilisten und Zielpersonen) gesondert zu betrachten und lassen sich jeweils in physische (B_1) und psychische (B_2) Gefahren einteilen, wobei Wechselwirkungen zu psychosomatischen Gefahren (B_3) stattfinden können.

Drohnenpiloten sind den üblichen Einsatzgefahren oft nicht mehr ausgesetzt. Stattdessen können Haltungsschäden ($B_{1,1}$) und Herz-Kreislauf-Erkrankungen ($B_{1,2}$) auftreten. Der Schwerpunkt verschiebt sich zu den psychosozialen Gesundheitsgefahren, wenn die Tätigkeiten an den Bildschirm ($B_{2,1}$) verlagert werden. Die Interaktion mit technischen Systemen verdrängt soziale Wechselwirkungen ($B_{2,2}$). Das kann die Hirnfunktion ($B_{2,2,1}$) und das Wohlbefinden ($B_{2,2,2}$)

beeinflussen und den Abbau an sozialen Kompetenzen ($B_{2,2,3}$) bedeuten (Spitzer, 2009). Das begünstigt langfristig soziale Konflikte ($B_{2,3}$). Im militärischen Einsatz ist zu erkennen, dass Drohnenpiloten posttraumatische Stresssyndrome und weitere psychische Belastungen ($B_{2,4}$) erleiden können (Ross, 2015, S. 30). Die Distanz zum Einsatzgeschehen und der Wegfall der direkten Eigengefahr dürfte den Bezug zum Einsatz reduzieren und Hemmschwellen abbauen ($B_{2,5}$). Hinzu kommt der Einsatz während einer gewöhnlichen Arbeitszeit (in einer verhältnismäßig sterilen Arbeitsumgebung), was dazu führen kann, dass die Tätigkeit in den Alltag mitgenommen wird und das Gleichgewicht zwischen Berufs- und Privatleben stört ($B_{2,6}$). Vor allem bei längeren Observationen mit Drohnen wird davon berichtet, dass Drohnenpiloten emotionale Bindungen zu Zielpersonen aufbauen können und Schuldgefühle ($B_{2,7}$) entwickeln (vgl. Biermann & Wiegold, 2015).

Bei Zivilisten können physische Gefahren durch die Kollision der Drohne mit anderen Objekten folgen[2]. Bei den psychosozialen Gefahren ist im Privatbereich zu nennen, dass sich Personen durch Drohnen gestört fühlen können (Presseportal, 2016; Rheinische Post, 2013, S. 6) oder Eingriffe in die Privatsphäre stattfinden ($C_{4,2}$). Eine psychosoziale Gefahr besteht in der Veränderung des Verhaltens aufgrund des Einsatzes von Überwachungsdrohnen und einer damit möglichen Selbstzensur (Galison, 2015; Freud, 1975a).

Für Zivilisten ergeben sich im militärisch genutzten Kontext erhebliche Gefahren durch die Präzision der Einsätze, wobei kriegerische Auseinandersetzung schwer mit den „allgemeinen Lebensrisiken" technischer Systeme zu vergleichen sind. Die Präzision der Einsätze bzw. Technik ($C_{3,3}$) wird als relativ hoch angegeben. Als Anhaltspunkt hierfür ist nach Krishnan (2012, S. 49) anzuführen, dass Schläge im Zweiten Weltkrieg als präzise galten, wenn die Hälfte der abgeworfenen Sprengkörper in einem Radius von 300 m um das Ziel fiel. Im Vietnamkrieg ließen lasergelenkte Sprengkörper bereits die gezielte Zerstörung von Zielen der Größe einer Brücke zu und um 1990 galten GPS-gestützte Sprengkörper mit einem Radius von 10 m um das Ziel als präzise. Die Entwicklung von Kampfdrohnen zielt auf eine Treffgenauigkeit von einzelnen Personen ab – obwohl hier zahlreiche Schäden bei Zivilisten zu verzeichnen sind (vgl. Krishnan, 2012), wie Exkurs 9 zeigt. Einsätze mit Kampfdrohnen sind in aktuellen Konflikten mittlerweile üblich. Vor dem Hintergrund, dass die Identitätsbildung im Sinne der „Selbstkonstruktion des Ichs" (vgl. Hartwig, 2014) mitunter über die eigene Person hinausgeht und in einigen Kulturkreisen auch größere Gruppen- und Familienverbünde betrifft (vgl. Freud, 1975b,

---

[2] Zum Beispiel verfehlte eine abgestürzte Drohne in Madonna di Campiglio (Italien) 2015 knapp einen Skirennfahrer während eines Rennens (Kleffmann, 2015) oder eine Aufklärungsdrohne kollidierte 2014 beinahe mit einem Passagierflugzeug über Kabul (Afghanistan) (Beste et al., 2013, S. 20).

S. 287 ff.), sind Schäden bei Zivilisten zusätzlich kritisch zu betrachten, da auf diese Weise Ideologien unterstützt werden können. Diese Art von Schäden sind mit technischen (C), rechtlichen (D) und ethischen Gefahren (E) eng verflochten.

Exkurs 9: Erfahrungswerte mit Gefechtsschäden durch Kampfdrohnen
Nach Bashir & Crews (2012) werden im Grenzgebiet zwischen Pakistan und Afghanistan nur selten Führungspersonen von Drohnen getroffen, meist handelt es sich um einfache Kämpfer und Zivilisten. In Jemen, Pakistan und Somalia existieren – zum Teil offiziell bestätigte – Angaben für die Anzahl von Kampfdrohnenangriffe durch die USA und die damit verbundenen Sterbefälle (Bureau of Investigative Journalism, 2015; vgl. Strutynski, 2013). Bei einem Drohnenangriff sind danach je nach Einsatz und herangezogenen Daten im Schnitt zwischen 3 und 10 Sterbefälle zu verzeichnen, wovon bis zu 24 % Zivilisten darstellen.

Bei den Zielpersonen eines Drohneneinsatzes sind die physiologischen und psychologischen Gefahren durch die zuvor genannten Ausführungen weitestgehend abgedeckt.

Technische Gefahren durch den Einsatz von Drohnen (C)
Die technischen Gefahren (C) durch den Einsatz von Drohnen gliedern sich nach Festag (2017b) in: Unfallgefahr (C_1), Manipulation (C_2), technische Grenzen (C_3) und IT-Sicherheit (C_4) – mit Verflechtungen zu rechtlichen (D) und ethischen Gefahren (E). Abbildung 10.3 gib einen Überblick über die technischen Gefahren (C).

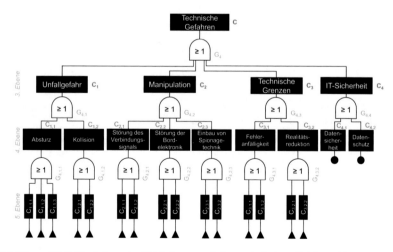

Abbildung 10.3 Vertiefung des Fehlerbaums mit den technischen Gefahren (C)

Die Unfallgefahr (C_1) ergibt sich aus der Gefahr des Absturzes ($C_{1,1}$), unter anderem durch die Kollision der Drohne mit einem anderen Objekt ($C_{1,2}$), wie z. B. Flugzeugen, Drohnen, Gebäuden oder Bäumen. Einen ersten Anhaltspunkt für die Absturzhäufigkeit gibt der Drohnenbestand der Bundeswehr (siehe Tabelle 10.1). Der Bestand zeigt, dass es bei einer Gesamtheit von 701 Drohnen zu 117 Verlusten (17 %) kam. Diese unterteilen sich in 87 zerstörte Drohnen (74 %), die aufgrund von Beschädigungen ausgesondert wurden, und 30 vermisste Drohnen (26 %), wenn „ein Luftfahrzeug nicht wieder aufgefunden werden konnte". Von den 87 zerstörten Drohnen sind 42 (48 %) abgestürzt, d. h., „das Flugobjekt wurde durch einen unkontrollierbaren Flugzustand am Boden zerstört". In Bezug auf den Bestand der Bundeswehr sind im Mittel 6 % der Drohnen abgestürzt.

Tabelle 10.1 Drohnenbestand der Bundeswehr (BMVg, 2014)

DROHNENTYP	NUTZ-BESTAND [ANZAHL]	ZERSTÖRT [ANZAHL]	DAVON ABSTURZ [ANZAHL]	VERMISST [ANZAHL]	VER-LUSTE [%]
Aufklärungsdrohne (Aladin)	290	23	6	10	10,22
Kleinfluggerät für Zielortung	43	12	9	6	29,51
Luna	84	47	24	11	40,85
Mikado	163	2	2	3	2,98
Heron 1	3	3	1	0	50,00
Euro Hawk	1	0	0	0	0,00
Summe [Anzahl]	584	87	42	30	
Anteil [%]	83,31	74,36	48,28	25,64	

Auslöser für die Absturzgefahr sind: Fremdeinwirkung ($C_{1,1,1}$), riskante Flugmanöver ($C_{1,1,2}$) und technische Störungen ($C_{1,1,3}$) – die sich aus zufälligen und systematischen Hard- ($C_{3,1,1}$) und Softwarefehlern ($C_{3,1,2}$) sowie Anwendungsfehlern ergeben (die sich nach Lewitzki (2015) in Unachtsamkeit, unsachgemäßen Umgang, Vorsatz/Sabotage, Überreaktion, Kontrollfehler, falsche/fehlerhafte Anweisung gliedern). Die Auslöser für die Kollisionsgefahr sind neben dem Absturz der Drohne ($C_{1,1}$) das Eindringen weiterer Objekte in den Flugraum ($C_{1,2,1}$) der Drohne (oder umgekehrt) und Fehler bei der Flugüberwachung ($C_{1,2,2}$), die wiederum durch Anwendungsfehler oder Komplikationen bei der Flugüberwachung selbst ausgelöst werden können (die Flugüberwachung wird dadurch erschwert, dass nicht nur genehmigte Drohnen im Flugraum verkehren).

Die Manipulation (C_2) von Drohnen kann über die Störung des Verbindungssignales ($C_{2,1}$) erfolgen. Auch die Bordelektronik ($C_{2,2}$) kann über Störsender beeinflusst werden, wobei auch die Störung der Elektronik einer Bodenstation oder von Endgeräten möglich ist. Außerdem können sich Störungen durch Spionagetechnik ($C_{2,3}$) zum Ausspähen von Informationen ($C_{2,3,1}$) oder Fernzugriff ($C_{2,3,2}$) mit weiteren Gefahren ergeben.

Die technischen Grenzen (C_3) von Drohnen sind mit weiteren Gefahren verbunden, da technische Systeme nicht fehlerfrei sind (z. B. Hauptmanns, 2013; Meyna & Pauli, 2003; Green & Bourne, 1977). Die Fehleranfälligkeit von Drohnen ($C_{3,1}$) lässt sich grob in Hard- ($C_{3,1,1}$) und Softwarefehler ($C_{3,1,2}$) einteilen. Zur Orientierung: Betriebssysteme von Rechnern, wie sie auch bei Drohnen zum Einsatz kommen können, weisen 1 bis 3 Fehler bei 1.000 programmierten Zeilen auf (Schulze, 2006) und eine Software gilt bei Sicherheitsanwendungen als stabil, wenn sie weniger als 0,5 Programmfehler bei 1.000 Zeilen beinhaltet (Biermann & Wiegold, 2015). Betriebssysteme besitzen mehrere Millionen Programmzeilen und an einem Drohnensystem können mehrere Rechner beteiligt sein. Systemspezifische Bauteil- und Elektronikfehler kommen hinzu. Außerdem kommen organisatorische und personenbezogene Möglichkeiten für Fehler innerhalb der Gesamtsysteme hinzu, aus denen unter Umständen rechtliche (D) und ethische Gefahren (E) resultieren und die zu diffusen Schuldzuweisungen und Haftungsfragen führen können.

Bei fast allen Drohnen kommen Videokameras, Wärmebildkameras und ähnliche Sensorgeräte zum Einsatz. Mit solchen Geräten ist eine Realitätsreduktion ($C_{3,2}$) verbunden (vgl. Dörner, 2008). Das ist zwar wichtig, kann aber Fehleinschätzungen begünstigen.

Eine technische Gefahr geht von der Präzision der Technik ($C_{3,3}$) aus. Darüber hinaus birgt der gezielte, individualisierte Einsatz rechtliche (D) und ethische Gefahren (E).

Technische Gefahren beziehen sich auch auf die „IT-Sicherheit" (C_4) von Drohnen. Zum einen sind die nachrichtentechnischen Systeme von Drohnen vor Ausfällen und Fremdzugriffen zu schützen (Datensicherheit) ($C_{4,1}$). Zum anderen ist beim Gebrauch von Drohnen der Datenschutz[3] ($C_{4,2}$) zu beachten, was wiederum mit rechtlichen Gefahren (D) einhergeht. Darüber hinaus basieren Drohnen auf einem Informationsaustausch zwischen dem Sender und Empfänger sowie unter

---

[3] Zum Beispiel ermittelte die Polizei im Jahr 2014 in einem strafrechtlichen Verfahren wegen der Verletzung des höchstpersönlichen Lebensbereiches, bei dem ein Mann mit einer Drohne Aufnahmen von zwei Personen in ihrem Garten gemacht hatte (vgl. Biermann & Wiegold, 2015, S. 11).

Umständen zwischengeschalteten Systemen und Endgeräten. Viele dieser Bestandteile können personenbezogene Daten erheben und schutzbedürftige Belange von Personen angreifen. Auch die gezielte Verknüpfung bestimmter Daten kann personenbezogene Informationen erzeugen wie Bewegungsprofile, Routine- und Persönlichkeitsmuster. Das gefährdet die Freiheitsrechte von Menschen. Besitzen die Geräte Schnittstellen, um Daten auszutauschen, ergibt sich die Gefahr des Datenmissbrauchs. Zudem ist der Datenschutz mit psychologischen (B_2), rechtlichen (D) und ethischen Gefahren (E) verwoben.

Rechtliche Gefahren durch den Einsatz von Drohnen (D)
Aus dem Einsatz von Drohnen resultieren eine Reihe von rechtlichen Gefahren (D), siehe Abbildung 10.4. Eine vertiefende rechtliche Auseinandersetzung mit Drohnen ist (z. B. Dieckert et al., 2023) zu entnehmen.

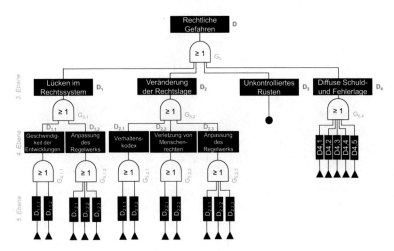

Abbildung 10.4 Vertiefung des Fehlerbaums mit den rechtlichen Gefahren (D)

Eine rechtliche Gefahr besteht darin, dass Lücken im Rechtssystem (D_1) entstehen können, wenn die Geschwindigkeit der technischen Entwicklung ($D_{1,1}$) mit den Regelwerken auseinanderläuft. Das wird dadurch begünstigt, dass derjenige Innovationen treibt, der schnell ist und wenig Hemmungen hat, neue Technik einzusetzen (FAZ, 2012). Zudem können sich Bauteile mit geringeren Qualitätsanforderungen einschleichen, wenn Entwicklungen durch die Geschwindigkeit dominiert werden. Weiterhin ist die Anpassung des Regelwerks ($D_{1,2}$) zum Teil zeit- und kostenintensiv. Unter Umständen fehlen infolge eines zeitlichen Versatzes gesellschaftliche Normen. Aufgrund solcher Veränderungen sowie der Anzahl der Vorschriften und der komplexen Einsatzlagen wird die Rechtslage rasch intransparent und die Rekonstruktion der Hergänge in Schadens- und Fehlerfällen (D_4) oftmals schwierig. Häufig sind mehrere Personen, zahlreiche Komponenten und verschiedene Länder an einem Drohneneinsatz beteiligt. In weltweit verflochtenen (zum Teil einseitigen) Handelsketten werden technische Systeme z. B. in den USA entwickelt und in China produziert, um dann irgendwo auf der Welt eingesetzt zu werden.

Eine weitere Gefahr resultiert aus Veränderungen der Rechtslage (D_2). Vor allem beim militärischen Einsatz von (waffenfähigen) Drohnen sind Abweichungen von bisher geltenden Konventionen des Völkerrechts zu beobachten ($D_{2,1}$). Nach Bashir & Crews (2012) werden z. B. langandauernde Drohneneinsätze und Angriffe mit Drohnen in zwei Wellen geflogen. Personen, die Verwundeten der erste Angriffswelle zu Hilfe kommen, können in der zweiten Welle selbst zu Schaden kommen. Dieses Vorgehen verletzt das „Genfer Abkommen" (1949), wonach Zivilisten oder Helfern ein besonderer Schutz gilt. Ähnliche Regeln gelten bei der Evakuierung in der Seefahrt, wie z. B. „Frauen und Kinder zuerst" (wobei deren Überlebenswahrscheinlichkeit nach Elinder & Erixson (2012) trotzdem geringer ist). Einsatzgebote werden auch verändert, weil sich die Einsatzmittel mit Drohnen verändern und neue Situationen schaffen (vgl. Stoll, 2014). Drohneneinsätze lassen sich mit einer hohen Distanz anonym ausführen und unter Umständen lassen sich Einsätze nur schwer zurückverfolgen.

Der Gebrauch von Drohnen betrifft nicht nur Fragen des Völkerrechts, sondern es ergeben sich auch haftungs- und strafrechtliche Gefahren ($D_{2,2}$). Einerseits sind Eingriffe in die Privatsphäre zu nennen, wenn Drohnen in Privatbereiche (z. B. Überflug von Grundstücken) eindringen oder Bewegungsprofile von Personen erstellen und Gewohnheiten ausspionieren ($C_{4,2}$). Drohnen eignen sich auch, um kriminellen Aktivitäten nachzugehen, indem Personen, Objekte oder Gebiete aus der Ferne ausgespäht werden. Solche Informationen lassen sich auch für größer angelegte Überwachungsaktivitäten nutzen – zum Teil unter Einbezug von weiteren technischen Systemen, wie „sozialen Medien" (vgl. z. B. Kosinski, 2021; Hofstetter, 2014). Das Ausspähen von Personen kann den Datenschutz und das Strafrecht berühren. Im militärischen Einsatz kommt hinzu, dass mit waffenfähigen Drohnen (gezielte) Tötungen vorgenommen werden, was wiederum diverse Rechtsfragen aufwirft, da hier Personen – zum Teil ohne ein gerichtliches Verfahren – angegriffen werden (siehe ethische Gefahren (E)).

Die Weiterentwicklung der technischen Systeme kann zu einem unkontrollierten Aufrüsten (D_3) führen. Hierbei kommt wieder zum Tragen, dass derjenige strategische Vorteile hat, der wenig Hemmungen hat. Einige Bestandteile von Drohnen

– oder ganze Systeme – lassen sich ohne aufwendige Registrierungen erwerben und ein Teil der Systeme ist anonym auf dem Massenmarkt erhältlich, was die Rüstungskontrolle erschwert.

Eine rechtliche Gefahr ergibt sich aus der Entstehung von diffusen Schuld- und Fehlerlagen (D_4) beim Einsatz von Drohnen. Häufig liegen komplexe Situationen ($D_{4,1}$) vor, die schwer eindeutig ihren Umständen zuzuordnen sind. In der Entwicklung, Produktion und dem Einsatz von Drohnen sowie ihren Bestandteilen sind verschiedene Personen und Systeme involviert und unter Umständen verschiedene Länder. Das erschwert die Zuordnung der Schuld und Haftung (auch im Fehlerfall), zumal Drohnen auch anonym ($D_{4,2}$) verwendet werden können. Selbst die Identifikation eines Fehlerfalls ist unter solchen Umständen zum Teil schwierig. Vor diesem Hintergrund ist die Möglichkeit des Diebstahls ($D_{4,3}$) einer Drohne zusätzlich kritisch zu sehen.

Bei Drohnen kommen partiell automatisierte Systeme zum Einsatz. Das bedeutet, dass manuelle Eingriffe reduziert werden, womit die Hoheit über Entscheidungen (in Teilen) zur Technik übergeht ($C_{4,5}$). Der massenhafte Einsatz von Drohnen verstärkt die Situation. Die Datenströme belasten, je nach System, die Übertragungskapazitäten von Satelliten, und sind durch Menschen nicht mehr (vollständig) auswertbar. Deshalb werden Algorithmen eingesetzt, die nach Mustern in den Daten suchen und daraus Handlungsempfehlungen oder Ähnliches extrahieren. Auf diese Weise können Personen unter Umständen zu Verdächtigen, Opfern oder Gegnern werden, weil ihre Muster bestimmten Kriterien entsprechen (Ross, 2015, S. 35; Schewe, 2006). Durch die automatische Verarbeitung der Daten können den Analysten langfristig das Verständnis von den Datenströmen sowie die Grundkonstruktion von Entscheidungen abhanden kommen. Die Handlungsautonomie geht verloren. Die Algorithmen werden im Vorfeld des Einsatzes geschrieben. Das geschieht mitunter lange vor dem eigentlichen Einsatz. So fließen festgelegte Kriterien mit Realitätsreduktionen ($C_{4,4}$) über die Automation und Programmierung in Entscheidungen ein ($C_{3,2}$). Bisher liegt die Kontrollhoheit von technischen Systemen bei Menschen (Hauff, 2019, S. 98), doch das kann sich durch den Masseneinsatz solcher Systeme, die zunehmende Automation und den Einsatz von Algorithmen auf die beschriebene Weise sukzessiv verändern.

Ethische Gefahren durch den Einsatz von Drohnen (E)
Durch den Einsatz von Drohnen entstehen ethische Gefahren (E), die sich auf die Veränderung von oder den Verstoß gegenüber gesellschaftlichen Normen beziehen. Einige davon wurden bereits angesprochen und stehen vor allem mit dem

militärischen Einsatz in Berührung, insbesondere von Kampfdrohnen[4] – wo spezifische Normen gegenüber dem Umgang mit Alltagsrisiken gelten. Es ist zu erwarten, dass durch den zunehmenden Einsatz von Drohnen Veränderungen in Bezug auf die Akzeptanz von Handlungen (E_1) entstehen. Das drückt sich vor allem in der Außerkraftsetzung bisheriger Verhaltenskonventionen ($E_{1,1}$) aus (vgl. D_2) und ergibt sich im Allgemeinen mit einem Bezug zu technischen Entwicklungen ($C_{3,2}$, $C_{4,4}$ und $C_{4,5}$). Im militärischen Einsatz ergibt sich dies aus einer Veränderung der Ethik ($E_{1,2}$) und kann durch Angriffe auf Helfer und Zivilisten ($E_{1,2,1}$), individualisierte Einsatzführungen ($E_{1,2,2}$), gezielte Tötung von Personen ($E_{1,2,3}$) und Dauereinsätze ($E_{1,2,3}$) in Erscheinung treten.

Weiterhin bereits angesprochen: Eine ethische Gefahr besteht in der Beteiligung von Zivilisten (E_2), wenn diese auf unterschiedliche Weise von Drohneneinsätzen betroffen sind ($C_{3,3}$) – z. B. das Leben mit der Angst vor Angriffen, wenn Drohnen über Krisengebieten fliegen (Saif, 2015). Die Entscheidungshoheit (E_3) kann bei Einsätzen von Drohnen ($C_{3,2}$, $C_{4,4}$ und $C_{4,5}$) zumindest partiell schwinden, was die Frage nach der Bewertung der Verschiebung von Verantwortlichkeiten aufwirft. Mit zunehmender Rationalisierung (E_4) gehen die Chancenpotenziale von Menschen verloren. Hinzu kommt, dass Fehler und Störungen aufgrund diverser Umstände (z. B. hohe Einsatzanonymität) nur schwer von absichtlichen Handlungen zu unterscheiden sind (E_5). Der Einsatz von Drohnen kann die Privatsphäre angreifen und Normbrüche erzeugen (E_6). Das ist ethisch fragwürdig und betrifft unter anderem den Datenschutz (E_7). Drohnen können zu Gefahren führen, wenn sie entwendet, manipuliert oder durch einen Fernzugriff durch Dritte an kritischen Stellen eingesetzt werden, um Schäden oder Intrigen hervorzurufen (E_8). Der Missbrauch von Drohnen impliziert rechtliche Gefahren (D) und kann Konflikte verstärken bzw. auslösen (Spiegel, 2014). Selbst beim Transport eines ungefährlichen Gegenstands können Drohnen leicht zu einem politischen Instrument[5] missbraucht werden. Drohnen werden auch zum Schmuggeln von Drogen, Mobilfunktelefonen oder anderen Gegenständen an Staats- (z. B. Mexiko) und Geländegrenzen (z. B. Haftanstalten)

---

[4] Kampfdrohnen werden seit einigen Jahren und mit zunehmender Tendenz eingesetzt. Nach Schörnig (2013, S. 16) haben die USA erstmals Drohnen im Vietnamkrieg (1955 bis 1975) zur Aufklärung und Kampfdrohnen seit den Anschlägen auf das Welthandelszentrum am 11.09.2001 als strategisches Instrument der gezielten Kriegsführung eingesetzt (vgl. Ross, 2015, S. 35; Scahill, 2013, S. 436; Krishnan, 2012, S. 12). Nach Wan & Finn (2011) verfügen zahlreiche Staaten über Aufklärungsdrohnen (Fuhrmann, 2022) und einige Staaten auch über waffenfähige Drohnen (Krishnan, 2012, S. 222).

[5] Im Jahr 2015 transportiert in Tokio (Japan) ein Aktivist mit einer Drohne radioaktives Cäsium in einem Behälter auf das Dach des Amtssitzes des japanischen Ministerpräsidenten, um auf sich aufmerksam zu machen und gegen die japanische Kernkraftpolitik zu protestieren (WIK, 2015, S. 24).

eingesetzt (vgl. WIK, 2015, S. 24). Werden Drohnen an sensiblen Stellen böswillig eingesetzt, können Krisen unter Umständen eskalieren oder Personen unter Druck gesetzt werden. Vor diesem Hintergrund ist es kritisch, dass alleine von der Bundeswehr (BMVg, 2014) im Schnitt 4 % (und je nach Drohnentyp bis zu 10 %) der Drohnen vermisst werden. Hinzu kommt jede Menge Unfug, der mit solchen Geräten angestellt werden kann, wie zahlreiche Fälle zeigen (vgl. Bernstein, 2016; WIK, 2015, S. 24). Mit Drohnen können Informationen gesammelt werden, die zur Vorbereitung von Anschlägen und politisch motivierten Taten (z. B. Demonstrationen) genutzt werden können. Sie sind aufgrund der Möglichkeit zum anonymen wenig aufwendigen Gebrauch besonders in sensiblen Bereichen ein hohes Bedrohungspotenzial.

Ressourcenmäßig unterlegene Konfliktparteien erhalten mit Drohnen eine hohe taktische Schlagkraft (E_9).

Für den sicheren Drohnenbetrieb und zu ihrer Abwehr gibt es Schutzmaßnahmen, die fallgebunden festzulegen sind, siehe exemplarisch Tabelle 10.2 (vgl. WIK, 2015, S. 26 ff.).

Tabelle 10.2 Schutzmaßnahmen für den sicheren Betrieb und zur Abwehr von Drohnen

ALLGEMEINE SCHUTZMASSNAHMEN
Verzicht auf Drohnen; Ächtung; Verwendungsverbote; Einrichtung von Flugverbotszonen
Einsatz qualifizierter Personen; Aufbau und Pflege von Kompetenzen
Produkt- und Prüfanforderungen sowie Anwendungsregeln für Drohnen
Verwendung hochwertiger, betriebsbewährter und qualifizierter Komponenten
Verwendung sprengwirkungshemmender und nichtbrennbarer Bauteile und Materialien
Festlegung von Gefahrenplänen im Umgang mit Drohnen
Hinweisende Maßnahmen (Warnhinweise) und Aufklärung, Erziehung
Genehmigungs- und Registrierungsverfahren für Drohnen, Vergabe von Fluglizenzen
Kennzeichnung von Drohnen
Verwendung von Tarnungen bzw. Tarnkappenstrategien
Verwendung von Drohnen- und Kollisionswarnsystemen
Sammlung von Ereignisdaten zur Analyse von Schwerpunkten und Trends

(Fortsetzung)

Tabelle 10.2 (Fortsetzung)

SCHUTZMAßNAHMEN FÜR DEN SICHEREN BETRIEB VON DROHNEN	SCHUTZMAßNAHMEN ZUR ABWEHR VON DROHNEN
Redundante Auslegung sicherheits- und funktionsrelevanter Bauteile und Prozesse	Störung der Informationsübertragung (Drohne, Bordelektronik und Motoren)
Auslegung von Bauteilen und Prozessen zur Vermeidung von Common-Mode-Fehlern	Einsatz von Scheinwerfern o. Ä. zur Kamerablendung
Gebrauch geprüfter Komponenten/Systeme	Einsatz von Netzkanonen, Fallschirmen, Luftdruck-Farbmarkierern
Entmaschung sicherheitsrelevanter Funktionen	Einsatz von Löschwasserstrahlen oder kurzzeitdynamischen Systemen, Strahlenwaffen
Verwendung von sabotagesicheren Komponenten/Systemen	Einsatz von Raubvögeln oder Drohnen zur Drohnenabwehr
Sichere Ausführung von Komponenten und Gesamtsystemen	Physische Barrieren und bauliche Maßnahmen (z. B. Sichtschutz, Kapselung)
Schadentolerante Ausführung von Komponenten/Systemen	Bauliche Anordnung sensibler Bereiche
Maßnahmen zur Fehlerselbsterkennung in Drohnen	Einrichtung einer manuellen oder automatischen Drohnenerkennung
Maßnahmen zur Qualitätssicherung	Verwendung von automatischen Warnanlagen und Reduktion von Falschalarmen

10.3   Polygefahren und Effektkaskaden

Zum großen Teil sind die Gefahren durch den Einsatz von Drohnen unerforscht. Es bedarf einer differenzierten und umfassenden Auseinandersetzung mit den Gefahren von Drohnen und den umliegenden Prozessen. Der Einsatz von Drohnen ist mit einem großen Gefahrenspektrum verbunden, das hier allgemein und über alle Drohnentypen zusammengefasst betrachtet wurde. Bei der Verwendung von Drohnen zu privaten, gewerblichen, industriellen und behördlichen Nutzungen ragen die ökologischen, technischen und rechtlichen Gefahren hervor. Im militärischen Einsatz sind vor allem die ethischen Gefahren mit zahlreichen Folgen verbunden. Schon jetzt verändern Drohnen das gesellschaftliche Zusammenleben. Insgesamt ist ersichtlich, dass Drohnen – häufig als Schutzmaßnahme eingesetzt – ein ganzes Spektrum an möglichen Gefahren (Seiteneffekten) im Sinne von Polygefahren (vgl. Renn, 2014) hervorrufen können. Aus diesem Grund ist es wichtig, dass die Wirksamkeitskontrolle solche Konsequenzen stärker in den Blick nimmt. Bei dieser Betrachtung müssen auch die Langzeitfolgen eine Beachtung finden.

Berücksichtigung der Gefahrendynamik 11

In diesem Kapitel 11 wird erläutert, dass Gefahren dynamischen Prozessen unterliegen, die bei der Wirksamkeitskontrolle von Schutzmaßnahmen eine Rolle spielen.

11.1 Die Gefahrendynamik

Gefahren haben ein zeitveränderliches Verhalten und werden als „stochastische Prozesse" anhand von Zufallsvariablen vereinfacht beschrieben (vgl. Hauptmanns, 2013). Sie spitzen sich zu einem schadensbewirkenden Moment zu, ob Arbeitsunfall, Brand, Terroranschlag oder Verkehrsunfall (vgl. Reason, 1990). Die Genese von Gefahren bis zu den aus einer konkreten Gefährdung resultierenden Schäden entsprechen dynamischen Vorgängen. Dies wird im Folgenden am Beispiel der Entstehung und Ausbreitung von Bränden skizziert.

11.2 Das Beispiel der Frühstbrandentwicklung

Jeder Brand ist im Detail betrachtet ein Einzelfall. Über mehrere Brandereignisse hinweg betrachtet, ergeben sich allgemeine Eigenschaften von Bränden. Ein Brand ist ein chemisch-physikalischer Vorgang, der sich typischerweise über den

Ergänzende Information Die elektronische Version dieses Kapitels enthält Zusatzmaterial, auf das über folgenden Link zugegriffen werden kann https://doi.org/10.1007/978-3-658-46728-9_11.

Brandeintritt[1] in die Brandentstehungs- und die eigentliche Brandphase einteilen lässt. Die Brandentstehungsphase findet vor dem Brandeintritt unter Flammen bzw. Glut (Verbrennungsphase) statt und wird als „frühe Brandphase" (auch Vorbrandphase) und der erste Abschnitt darin als „Frühstbrandphase" bezeichnet (vgl. DIN SPEC 91429, 2020). Die Brandphase entwickelt sich mit dem Einsetzen des Flash-Overs zu einem vollentwickelten Brand und klingt danach ab. Die Bedeutung der dynamischen Vorgänge lässt sich erkennen. Bei anderen Gefahren(arten) ist das Prinzip ähnlich. Auch sie haben eine Entstehungsphase, den eigentlichen Gefahreneintritt sowie die markant in Erscheinung tretende (vollentwickelte bis abklingende) Ereignisphase. Im Verbrennungsprozess werden Stoffe wie z. B. Rauchpartikel freigesetzt, die sich als Kenngrößen zur Beschreibung der Brandentwicklung und -kontrolle nutzen lassen. So wird z. B. die volumenbezogene Zersetzungsrate ($\dot{m}$") eines Stoffes durch das „Arrhenius-Gesetz" beschrieben (Riese, 2017, S. 683), welches dynamischen Vorgängen über den Parameter A in Gleichung 11.1 Rechnung trägt (vgl. McGrattan et al., 2016, S. 91 f.):

$$\dot{m}“ = \rho_S \cdot A \cdot Y_O^m \cdot Y_S^n \cdot e^{-E/(R \cdot T)} [kg/(sm^3] \tag{11.1}$$

ρ_S	Dichte des Stoffes [kg/m^3]
A	vor-exponentieller Faktor [s^{-1}] (Hurley et al., 2016, S. 199 ff.)
$Y_{O,S}$	Massenanteile des an der Zersetzung beteiligten Sauerstoffs bzw. Brennstoffs [-]
m, n	Konstanten (bei Stoffen ohne Abhängigkeit der Zersetzung von der Sauerstoffkonzentration ist m = 0)
E	Aktivierungsenergie [J/mol]
R	universelle Gaskonstante [J/(mol K)], = 8,314 J/(mol K)
T	Temperatur (der Oberfläche) des Stoffes [K]

Die dynamischen Vorgänge hängen von zahlreichen Faktoren ab (z. B. Brandmaterialien, Zersetzungstemperatur, Sauerstoffverhältnisse). In der Folge entstehen Zersetzungsprodukte, wobei thermisch betrachtet mehrfach und parallel durchlaufende Zersetzungen stattfinden können (vgl. Riese, 2017, S. 672; Khan et al., 2017). Der Verbrennungsprozess setzt eine vorangeschrittene Brandentwicklung voraus, die eine Flammenbildung und eine Temperatur von mehr als 600 °C aufweist. Der Zeitverlauf wird üblicherweise als „Einheits-Temperatur-Zeitkurve" (z. B. Babrauskas

---

[1] Der Brandeintritt ist dadurch gekennzeichnet, dass ein brennbares System aus einem brennbaren Stoff und Oxidationsmittel in einem bestimmten Mengenverhältnis mit einer Zündquelle ausreichender Temperatur und Energie zusammenwirken und in dessen unmittelbarer Folge ein Brand in Erscheinung tritt (Barth et al., 2023, S. 4).

& Williamson, 1978) skizziert oder anhand von Naturbrandmodellen als Basis zur Beurteilung von Schutzmaßnahmen dargestellt (vgl. Zehfuß, 2021; Riese & Zehfuß, 2015).

In der frühen Brandphase sind weder eine flammende Verbrennung noch Temperaturen von mehr als 600 °C zu erwarten (vgl. Trott & Gnutzmann, 2016). In dieser frühen Phase werden Brandgase freigesetzt, weil bei der vorherrschenden Temperatur die ersten chemischen Zersetzungen stattfinden (Meinert & Festag, 2019a). Die Phase der Brandentstehung kann sehr schnell ablaufen oder sich über einen längeren Zeitraum erstrecken (Holborn et al., 2004). Es existieren umfangreiche Untersuchungen über die Entwicklung von Bränden (vgl. Riese, 2017; Babrauskas, 2003; Quintiere, 2002; Zukoski, 1978). Zur systematischen Beschreibung der Frühstbrandphase liegen mehrere aufeinander aufbauende (zum Teil groß angelegte) experimentelle Untersuchungen vor (vgl. Meinert & Festag, 2019a). Die Untersuchungen werden nachstehend beschrieben. Sie veranschaulichen die zeitimmanenten Vorgänge und zeigen, welche Stoffe typischerweise in der frühesten Phase freigesetzt werden, in welchen Konzentrationen sie zu erwarten sind und wie sie sich im Raum über die Zeit ausbreiten.

Erste Laboruntersuchungen zu Frühindikatoren

Neß (2015) führte erste Laboruntersuchungen durch, um typische Brandindikatoren in der frühesten Brandphase zu ermitteln. Dazu wurden Proben von elektrischen Kabeln und Leitungen sowie Pressspan analysiert, da sie in Gebäuden häufig anzutreffen und damit von Gebäudebränden betroffen sind. Zur Analyse wurde die frühe Brandphase folgendermaßen unterteilt: die Aktivierungsphase (bis 150 °C), die Phase der thermischen Zersetzung (150 °C bis 350 °C) und die Schwelbrandphase (350 °C bis 600 °C). Die Isolierungen wurden von der Ader getrennt und die Proben der Kabel, Leitungen und des Pressspans mit einer Probeneinwaage von jeweils 20 mg grob zerkleinert. Die Proben wurden anschließend mit einem Versuchsofen (SETARAM LABSYS evo) und linearen Temperaturanstieg von 5 K/min thermisch beaufschlagt. Die Emissionen wurden mittels „simultan-thermischer Analyse" – einer Kombination aus dynamischer Differenzkalorimetrie (zur Bestimmung der thermischen Eigenschaften eines Materials sowie der Temperatur bei Phasenübergängen) und Thermogravimetrie (zur Bestimmung der Masseänderung der Probe in Abhängigkeit von der Temperatur und Zeit) – sowie mit einem Massenspektrometer (OMNISTAR GSD320) und Fourier-Transformations-Infrarotspektrometer (Thermo Scientific iS10) analysiert (für Details siehe Neß, 2015). Die Laborergebnisse zeigen, dass zu einem frühen Zeitpunkt bzw. bei geringen Temperaturen typische Reaktionen stattfinden. Vor allem Kohlenmonoxid (CO) und Kohlendioxid (CO_2) werden in der frühen Brandphase freigesetzt. Bei PVC-Isolationen wird Chlorwasserstoff (HCl) in nennenswerten Konzentrationen identifiziert (Neß, 2015). Die Emissionen ergeben sich in spezifischen Temperaturbereichen je nach untersuchtem Material. HCl wird vornehmlich zwischen 280 °C und 420 °C freigesetzt, während CO und CO_2 zwischen 240 °C bis 600 °C messbar sind. Außerdem handelt sich es in allen Fällen um ein- bis zweistufige Reaktionen.

Vertiefende Laboruntersuchungen zu Frühindikatoren
In einem Folgeschritt wurden die Untersuchungen auf weitere Bauprodukte, Industriegüter und Gebrauchsgegenstände, wie sie häufig in Gebäuden vorkommen, ausgeweitet. Neben elektrischen Kabeln und Leitungen wurden auch unterschiedliche Haushalts- und EDV-Geräte wie Drucker, Computer, Monitore, Staubsauger, Wasserkocher, Kaffeemaschinen sowie Kaffeevollautomaten untersucht. Die Proben bestehen meist aus Kunststoffen – vor allem Acrylnitril-Butadien-Styrol (ABS), Polycarbonat (PC), Polypropylen (PP) und Polyvinylchlorid (PVC). Im Bereich der organischen Dämmstoffe wurden Polyurethanschaum (PU) sowie Polystyrol (PS) als die am häufigsten vorkommenden Materialien identifiziert und in der Phase der thermischen Zersetzung, der Schwel-und Glimmbrand- sowie der Verbrennungs- bzw. Flammenbrandphase untersucht (Trott & Gnutzmann, 2016). Die experimentelle Untersuchung der Materialien während der thermischen Zersetzung erfolgte analog zu den Laboruntersuchungen nach Neß (2015). Parallel dazu wurden die Emissionen während der Schwelbrand- und Verbrennungsphase untersucht. Hier kamen ein modifiziertes „Massenverlustkalorimeter" und FTIR-Spektrometer zum Einsatz. Die Proben (75x75x25 mm) wurden dabei einer Strahlungswärmequelle mit zwei verschiedenen Strahlungsstärken (15 kW/m^2 und 25 kW/m^2) ausgesetzt. In einem Teil der Versuche wurden die freigesetzten Gase durch eine über der Probe angebrachten elektrischen Funkenstrecke gezündet, um die Verbrennungsphase auch ohne Selbstzündung zu initiieren (für Details siehe Trott & Gnutzmann, 2016). In Abbildung 11.1 sind die Konzentrationen der Gasemissionen eines Wasserkochers (PP) über die Versuchszeit bei einer Bestrahlungsstärke von 25 kW/m^2, ohne Einsatz eines Zündfunkens, exemplarisch dargestellt. In der Abbildung (rechts) ist die Freisetzung der Brandgase in dem für die frühe Brandphase relevanten Zeitausschnitt dargestellt.

Das Flammenbrandszenario erfolgte anhand des „Single Burning Item"-Tests mit Probekörpern einer Masse von 1 kg oder des ganzen Objektes. Die Gasanalyse erfolgte ebenfalls anhand eines FTIR-Spektrometers. Die Ergebnisse der Untersuchungen zeigen, dass es deutliche Unterschiede im Brandverhalten der Proben gibt: Kabel und Leitungen weisen in der Regel zweistufige Zersetzungsreaktionen auf, die bei Temperaturen von etwa 200 °C sowie zwischen 310 °C und 350 °C eintreten. Bei Dämmstoffen und Elektrogeräten ist in den meisten Fällen mit einer

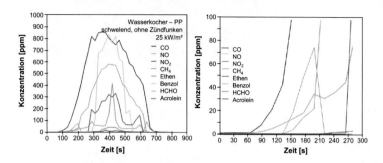

Abbildung 11.1 Emissionen des Gehäuseteils eines Wasserkochers (Trott & Gnutzmann, 2016)

einstufigen Reaktion zu rechnen. Diese liegt bei Dämmstoffen zwischen 240 °C und 300 °C, bei Elektrogeräten (je nach Materialzusammensetzung) zwischen 200 °C und 300 °C oder ab 300 °C. Bei den meisten Proben liegt bei den Bestrahlungsstärken von $15\,kW/m^2$ und $25\,kW/m^2$ keine Selbstzündung der freigesetzten Gase vor (für die meisten Gase liegt die Selbstentzündungstemperatur oberhalb von 600 °C). Bei der Betätigung des externen Funkens entzünden sich alle Proben. CO tritt bei allen Zersetzungsreaktionen auf. Es wird teilweise quantitativ von anderen Gasen übertroffen. Bei bestimmten Materialien werden HCL, Methan (CH_4) und Cyanwasserstoff (HCN) in höheren Konzentrationen freigesetzt (siehe Tabelle A.9 im Anhang).

Großexperimente zur Ausbreitung von Frühindikatoren

Die bisher dargestellten Laboruntersuchungen charakterisieren die frühe Brandphase und geben Aufschluss darüber, welche Stoffe in dieser Phase typischerweise freigesetzt werden. Im folgenden Schritt wird auf dieser Basis die Dynamik dieser Stoffe über ihre räumlich-zeitliche Ausbreitung anhand von großskaligen Experimenten im Realmaßstab von Räumen gezielt untersucht (vgl. TEBRAS[2]), um daraus Ausbreitungsprofile zu erstellen (vgl. DIN SPEC 91429, 2020; Meinert & Festag, 2019a). Dazu wurden vier Versuchskampagnen mit insgesamt 72 Brandversuchen in drei verschiedenen Brandlaboren[3] mit verschiedenen Deckenhöhen (2,5, 4, 8 und

---

[2] TEBRAS steht für „Techniken zur Branderkennung, Bekämpfung und Selbstrettung in der frühesten Brandphase" (Förderkennzeichen 13N14206 bis 13N14211) und stellt das hier zugrunde liegende Forschungsprojekt dar.

[3] Die Brandlabore sind: das „Brandhaus" der Firma Minimax Viking Research & Development GmbH mit Raummaßen von 21 x 15 m und einer höhenverstellbaren Decke von 2 bis

15 m) durchgeführt. In einer Versuchskampagne (ELBA I, 07/2018) wurden die Emissionen von einzelnen Kunststoffen einer Mischbrandkrippe[4] analysiert. In der Versuchskampagne (Minimax I, 04/2018) wurden 18 Versuche mit einer reduzierten Buchenholzkrippe (in Anlehnung an EN-54-Testfeuer), der Mischbrandkrippe sowie Kabeln und Kissen in einer Raumhöhe von 4, 8 und 15 m durchgeführt und erste Ausbreitungsprofile für typische Brandkenngrößen (Rauch, Temperatur, Gase) entworfen. Darauf aufbauend wurden während der dritten Versuchskampagne (Minimax II, 09/2018) weitere 26 Versuche mit einer reduzierten Buchenholzkrippe und der Mischbrandkrippe mit Kabeln und der Ausströmung von Gas aus einer Gasflasche (zur Beschreibung der Ausbreitung bestimmter Gase ohne Thermik) vorgenommen. Ergänzt wurden die Versuchskampagnen durch zwei weitere Versuchsreihen im ELBA, welche 11 (ELBA IIa, 11/2018) und 17 (ELBA IIb, 09/2019) Versuche beinhalten. Hier liegen Versuche mit reduzierten Buchenholzkrippen und der Mischbrandkrippe mit einer maximalen Raumhöhe von 4 m vor, um Ergebnisse über Wiederholungsversuche und in den verschiedenen Brandlaboren im Sinne eines „Ringversuchs" zu reproduzieren. Die folgende Beschreibung der Ergebnisse konzentriert sich bezugnehmend auf die Branddynamik auf die Buchenholz- und Mischbrandversuche.

(I) Brandgasfreisetzung von einzelnen Kunststoffen
In der Versuchskampagne (ELBA I) wurden Proben von Polyamid (PA), Polyethylen (PE), Polypropylen (PP), Polystyrol (PS), Polyurethan (PU) sowie Polyvinylchlorid (PVC) in Anlehnung an die Mischbrandkrippe (Rappsilber & Krüger, 2018) einzeln untersucht. Dazu wurden die Proben mit einer Heizplatte im Labor auf maximal 400 °C in drei Wiederholungsversuchen erwärmt und die Gasausbreitung mit verschiedenen Raumhöhen unter standardisierten Bedingungen analysiert. Ergänzend wurden Versuche mit einem Holzschwelbrand (ähnlich dem Testfeuer 2 der DIN EN 54) durchgeführt. Je nach Versuchsaufbau kamen 55 Brandmelder (Typ CMD 533X Fa. Hekatron) mit Rauch-, CO- und Temperatursensoren an Messstangen mit einem Abstand von 0,5 m zueinander im Raum verteilt zum Einsatz, um die Messwerte der Brandkenngrößen zeitlich und räumlich aufzuzeichnen. Die

---

15 m; das „Erprobungslabor für Brandmelder-Applikation" (ELBA) der Firma Hekatron mit Raummaßen von 7 x 10 x 4 m, wobei die Wände und Decken separat einstellbar sind; das „FireLab" (Brandraum) der Firma Siemens).

[4] Es handelt sich um eine standardisierte Brandlast aus einer Kunststoff-Holz-Mischung, die einen Brand konventioneller und moderner Einrichtungsgegenstände repräsentiert (Rappsilber & Krüger, 2018). Die Mischbrandkrippe besteht aus jeweils einem Kunststoffblock Polyamid (PA), Polyethylen (PE), PP, PS, PU, PVC sowie zwei Holzblöcken (Hahn & Gnutzmann, 2019; Meinert et al., 2019).

Brandgase wurden zusätzlich durch ein FTIR-Spektrometer erfasst, das etwa 30 verschiedene Gase und deren Konzentrationen misst, siehe Tabelle 11.1 (Meinert & Festag, 2019a).

Tabelle 11.1 Maximale Gaskonzentrationen von Kunststoffproben (ELBA I)

Konzentration [ppm]	PE			PP	PU		PROBE PA			PS		PVC
Kohlendioxid	416,7	410,1	412,7	403,5	887,7	814,7	418,5	381,7	411,9	429,7	420,1	516,4
Kohlenmonoxid	81,1	78,9	37,3	11,8	22,4	25,1	0,5	0,9	1,2	1,4	1,2	11,6
Methan	11,3	20,4	82,6	8,1	5,7	63,3	12,4	8,2	57,6	61,9	56,4	4,7
Lachgas	0,7	0,7	0,7	0,8	1,1	1,1	0,8	1,0	0,7	0,8	0,8	0,7
Schwefeldioxid	1,7	1,2	2,1	1,3	9,9	8,4	7,7	0,9	2,7	2,1	1,6	0,9
Ammoniak	0,4	0,3	0,7	0,3	0,7	1,1	1,3	1,6	1,6	0,4	5,8	0,4
Chlorwasserstoff	2,1	2,0	6,5	1,4	7,1	4,3	2,4	0,7	2,0	1,2	1,2	5,0
Fluorwasserstoff	0,8	0,7	0,6	0,8	0,6	0,8	0,8	0,5	0,7	0,9	0,8	0,9
Ethan	0,8	0,7	1,2	2,1	6,6	34,1	0,0	2,2	0,0	0,0	0,0	0,6
Ethen	9,0	9,5	2,1	1,4	45,5	48,2	2,8	0,5	1,1	1,5	0,7	1,4
Acetylen	0,7	0,7	0,7	0,7	0,9	0,6	0,4	0,5	0,7	0,8	0,7	0,5
Cetan	1,6	1,8	4,8	1,4	0,5	2,0	3,5	3,6	5,2	1,8	1,1	1,0
Benzol	1,5	21,1	34,2	5,3	65,5	64,9	11,2	2,6	76,3	85,1	80,4	1,2
Toluol	3,2	7,3	1,2	3,8	11,5	11,2	5,7	2,1	26,2	30,9	27,0	1,2
Methanol	8,7	8,3	0,9	1,5	11,2	15,0	4,3	1,3	13,9	15,4	15,0	1,6
Formaldehyd	16,5	16,3	10,1	1,2	11,2	9,6	0,5	0,4	0,5	0,5	0,5	1,2
Essigsäure	1,7	1,4	1,5	3,1	5,7	6,1	2,8	1,9	1,5	0,6	1,1	3,4
Aceton	1,5	0,8	8,5	1,5	0,1	0,1	5,1	3,5	1,9	0,8	0,5	0,4
Ethanol	3,2	3,7	11,5	4,7	49,9	46,3	25,8	1,7	12,8	6,6	5,3	1,8
Acrolein	5,3	5,8	4,1	1,9	80,7	66,2	1,6	0,9	8,6	10,2	11,3	2,3
Butan	4,8	5,9	0,9	0,6	174,3	154,5	0,0	0,5	15,0	16,9	9,0	1,0
Pentan	7,1	10,1	69,3	13,2	19,4	16,4	5,3	4,5	6,1	3,1	2,3	2,1
Butanon	1,9	3,8	30,1	2,9	78,7	69,2	2,6	2,8	5,0	2,3	2,4	2,3
THF	0,9	1,6	2,5	0,2	29,7	25,7	0,0	0,0	8,0	8,7	7,5	0,0
Acetaldehyd	15,8	15,9	15,5	4,5	94,6	86,4	3,6	1,5	3,2	1,9	0,2	4,1
Ameisensäure	1,9	2,0	1,5	2,0	3,5	1,6	1,4	1,1	1,5	1,9	1,7	3,5
Phenol	0,8	1,0	2,6	1,0	25,6	26,3	2,3	1,5	5,9	6,4	6,3	0,6
Stickoxid	0,7	0,7	0,7	0,8	1,1	1,1	0,8	0,8	0,7	0,8	0,8	0,7

Aus den Ergebnissen lässt sich folgern, dass CO bei allen Kunststoffen in unterschiedlichen Konzentrationen freigesetzt wird (bei PA und PS sind die Konzentrationen im Raum ähnlich). Bei der Erwärmung von PU liegen die Konzentrationen teilweise deutlich über den Konzentrationen der anderen Kunststoffe. Bei PU zeigt CO_2 die größte „Gasausbeute", während es bei PA und PS kaum gemessen wird. Insgesamt entstehen hohe Gaskonzentrationen bei der Erwärmung von PU, teilweise gefolgt von PS.

(II) Rauch- und Gasausbreitungen in verschiedenen Raumhöhen
Im Brandhaus (Minimax I, 04/2018) wurden verschiedene Versuche durchgeführt. Mit abgehängten Folien wurde ein Raum der Grundfläche von 6 x 10 m innerhalb des Brandhauses hergestellt, um Einflüsse von Querströmungen durch Gebäudeöffnungen zu vermeiden. Durch die maschinell verfahrbare Decke konnten Versuche mit verschiedenen Raumhöhen von 2,5 und 4, 8 sowie 15 m durchgeführt werden. Das Ziel der Versuche war, das räumliche Ausbreitungsverhalten insbesondere von Rauch, CO und der Temperatur über die Zeit in Abhängigkeit von der Raumhöhe sowie dem Brandmaterial zu ermitteln. Es wurden auch hier 155 Brandmelder (Typ CMD 533X Fa. Hekatron) mit Rauch-, CO- und Temperatursensoren im Abstand von 0,5 m mit jeweils fünf Messstangen im Brandraum eingesetzt (in einem Radius von 3 m um die in der Raummitte positionierte Brandquelle, an der Wand und unter der Decke). Neben den Brandmeldern wurden kalibrierte FTIR-Spektrometer zur Gasanalyse eingesetzt, um eine größere Bandbreite der entstehenden Brandgase zu identifizieren bzw. beschreiben. Insgesamt wurden drei weitgehend baugleiche FTIR-Spektrometer zeitgleich eingesetzt, um die Gasanalyse direkt über der Brandquelle (h = 1,5 m und 2,5 m), mittig unter der Decke je nach Raumhöhe sowie in 1,5 m Höhe im Raum und an der Wand messen zu können. Abbildung 11.2 (links) zeigt den Versuchsaufbau (Minimax) bei einem Holzschwelbrand (TF2) bei 4 m, 8 m und 15 m Raumhöhe exemplarisch für die Ausbreitung von Rauch und CO (Meinert et al., 2019).

In der Versuchskampagne (Minimax II, 09/2018) wurde analog zur Kampagne (Minimax I) verfahren, allerdings wurde der Schwerpunkt hier auf die Auswertung der radialen Ausbreitung der Brandkenngrößen ausgehend von der Brandquelle gelegt. Eine Messstange ist 5,0 m, eine 3, eine 2,5 und eine weitere Messstange ist 0,5 m von der Raummitte entfernt. Für die Versuchsdurchführung wurde die Mischbrandkrippe einer linear steigenden Temperaturkurve mit einer maximalen Zersetzungstemperatur von 350 °C ausgesetzt, die Holzkrippen hingegen wurde unter vier unterschiedlichen maximalen Zersetzungstemperaturen untersucht: 370 °C, 410 °C, 475 °C und 610 °C. Dadurch werden schwelende, nicht brennende Zustände der frühen Brandphase hergestellt, die durch einen energiearmen Auftrieb

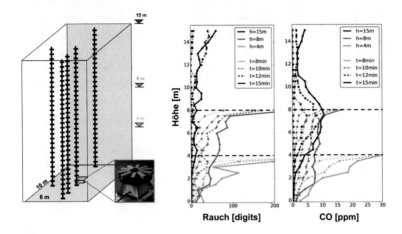

Abbildung 11.2 Exemplarische Rauch- und CO-Ausbreitung bei einem Holzschwelbrand (TF2) bei 4, 8 und 15 m Raumhöhe (Meinert et al., 2019)

charakterisiert sind (Festag & Herbster, 2021). Aufgrund der meist sehr gering ausfallenden Konzentrationen der meisten Brandgase wird CO als relevantes Brandgas in der frühen Brandphase identifiziert. Die Temperaturveränderungen sind so gering, dass sich die Temperatur als charakteristische Kenngröße in dieser frühen Brandphase nicht eignet. Die Ergebnisse führen zu der Erkenntnis, dass sich vor allem Rauch und Kohlenmonoxid als Indikatoren der frühen Brandphase eignen. In Abbildung 11.2 sind die Rauch- und CO-Konzentrationen für einen Holzschwelbrand in den Raumhöhen von 4, 8 sowie 15 m nach 8, 10, 12 und 15 Minuten Versuchsdauer exemplarisch dargestellt. Bei Raumhöhen von 4 und 8 m ist der Konzentrationszeitverlauf über die Höhe für Rauch und die CO-Konzentration ähnlich. Für Rauch und CO ist bei diesen Raumhöhen mit 8 Minuten zu einem frühen Zeitpunkt ein Konzentrationsanstieg unterhalb der Decke zu beobachten. Bei einer Raumhöhe von 15 m hingegen ist die Ausbreitung verzögert (ab 12 Min.). Das Ausbreitungsprofil von Rauch steigt über die Höhe linear an und bildet ein trichterförmiges Profil, vergleichbar mit einem „Rauchplume"[5]. Die Beschreibung des Plumes erfolgt anhand

---

[5] Grundsätzlich bildet sich ein Plume durch die aufsteigenden heißen Gase und die mitgeführten festen und flüssigen Bestandteile, die sich bei dem Zersetzungsprozess bilden. Durch die turbulente Strömung und die Durchmischung mit der Umgebungsluft mit den Brandgasen wird der Massenstrom vergrößert. Diese Heißgase steigen bei genügend Auftrieb in vertikaler Richtung auf, bis sie auf die Raumdecke treffen. Bei einer ausreichenden und zunehmenden Brandleistung bildet sich in der Regel eine Plume-Strömung bis zur Decke. Sind die

von Gleichungen unter bestimmten Bedingungen (Brein, 2001). Entsprechend den Bedingungen der hier durchgeführten Versuche, lässt sich die Plume-Gleichung nach Zukoski (1995) für eine kleine Brandfläche heranziehen (der Brand darf von der Axialsymmetrie abweichen, aber keinem Wandeinfluss unterliegen; die Länge der Brandquelle muss kleiner 3-mal der Breite bezogen auf die Raumgrundfläche sein; vgl. Brein, 2001). Bei einer kreisförmigen (oder quadratischen) Brandquelle ergibt sich nach Zukoski (1995) die Gleichung 11.2:

$$m_{pl} = 0,071 \cdot \dot{Q}^{1/3} \cdot z^{5/3} \qquad (11.2)$$

m_{pl}	Massenstrom des Plumes in der Höhe z [kg/s]
$\dot{Q}$	Wärmefreisetzungsrate [kW]
z	Höhe [m]

Die experimentellen Ergebnisse legen nahe, dass sich eine Rauchgassäule (Plume) bereits in der frühen Brandphase gemäß den Plumemodellen für Brände mit Flammen bildet. Die Verteilung der CO-Konzentration über die Raumhöhe weicht unter bestimmten Bedingungen von diesem Verlauf ab (siehe Abbildung 11.2 (rechts)). Bereits nach 10 Minuten zeigt sich, dass die Gaskonzentration bis etwa 8 m ansteigt. Darüber (12 m Raumhöhe) ist die CO-Konzentration geringer (Meinert et al., 2019). Dieses Ergebnis ergibt sich vermutlich dadurch, dass dem CO durch die geringe Zersetzungstemperatur der nötige thermische Auftrieb fehlt und es sich somit nicht über einer Höhe von 8 m hinaus unter der Decke ansammeln kann. Folglich ergibt sich in Gleichung 11.2 für CO die folgende Einschränkung:

$$m_{pl} = 0,071 \cdot \dot{Q}^{1/3} \cdot z^{5/3} \quad f\ddot{u}r\, z \in [0; 8\,m] \qquad (11.3)$$

In der Versuchskampagne (ELBA II) wurden weitere Versuche mit 55 Brandmeldern in einem Abstand von 0,25 bis 0,5 m an fünf im Raum verteilten Messstangen mit den Kenngrößen Rauch, Temperatur und CO durchgeführt, um die Verteilung der Brandprodukte im dreidimensionalen Raum über die Zeit aufzuzeichnen und die bisher erzielten Erkenntnisse zu überprüfen. Aus diesem Grund sind die Brandlasten sowie die Vorgehensweisen analog zu den Versuchen bei Minimax. Der Versuchsaufbau ist in Abbildung 11.3 dargestellt. Die grüne und die magentafarbene

---

Rauchgase an der Decke angekommen, so breiten sie sich horizontal (turbulent) aus („Ceiling Jet"). Bei einem ausreichenden Dichteunterschied und ungestörter Ausbreitung bildet sich eine Rauchgasschicht unterhalb der Decke, solange der Brand nicht erlischt oder eine Abfuhr des Rauches erfolgt (Zehfuß, 2020).

Messstange sind jeweils 2,5 m von der Raummitte entfernt, die gelbe 3,5 m, die rote 0,5 m und die blaue Messstange ca. 4 m. Zusätzlich werden an vier Positionen FTIR-Spektrometer eingesetzt (Raum, Wand und zwei unter der Decke; siehe Kreuze in der Abbildung).

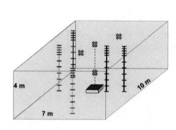 

Abbildung 11.3 Versuchsaufbau (ELBA, Fa. Hekatron)

Der Schwerpunkt der Kampagne (ELBA I; 11/2018) lag auf der Analyse der Mischbrandkrippe bei einer Raumhöhe von 4 m, während die zweite Kampagne (ELBA II) vor allem Buchenholzschwelbrände im Vergleich zur Mischbrandkrippe untersuchte. Nur bei wenigen der durch das FTIR gemessenen Brandgase entstehen messtechnisch nutzbare Konzentrationen in der frühen Brandphase. Die Versuchsergebnisse liefern vor allem Erkenntnisse zur Beschreibung der Ausbreitung von Rauch und CO als charakteristische Brandkenngrößen. Die Verteilung von Rauch ist (erkennbar anhand der Messdaten der Brandmelder und FTIR-Messgeräte bei vergleichbaren Positionen) ähnlich. Die Verteilung hängt im Detail von der Raumhöhe ab. Der größte Konzentrationsanstieg ist unter der Decke zu beobachten. Während die Rauchdichte unter der Decke nahezu kontinuierlich ansteigt, sind auf dem Boden nach einigen Minuten starke Fluktuationen der Rauchdichte zu beobachten, die auf eine turbulente Strömung hindeuten. Im Gegensatz dazu zeigt CO einen gleichmäßigen Konzentrationsanstieg (vgl. Herbster et al., 2021; Meinert et al., 2019; Meinert & Festag, 2019b).

Bewertung der Wirksamkeit anhand der „technischen Gleichwertigkeit"
Die Ausbreitungsprofile von Rauch und CO in der frühen Brandphase verdeutlichen die Gefahrendynamik und lassen sich für Schutzmaßnahmen, z. B. für eine automatische Branddetektion, verwerten. Um die Wirksamkeit der Erkennung von

Bränden in dieser Phase zu beurteilen, wird das Ausbreitungsverhalten von CO und Rauch – als die wesentliche etablierte Bewertungsgröße – verglichen („technische Gleichwertigkeit"). Dazu werden typische Auslösewerte von Brandmeldern von 30 % für Rauch zu 10 ppm für CO als Beurteilungskriterium herangezogen. Diese Vergleiche dienen der Beschreibung des Ausbreitungsverhaltens und der Ansprechgeschwindigkeit auf die Kenngrößen untereinander und der Bewertung der technischen Gleichwertigkeit (vgl. Kuhlmann, 1997b, S. 33-46). Die Auslöseschwellen für Rauch und CO (ELBA II) werden zuerst an der Decke erreicht, unabhängig von der Art der Brandlast. Das bestätigt sich auch in höheren Räumen (vgl. Meinert & Festag, 2019a; Meinert et al., 2019). Die Auslöseschwelle von CO wird an der Decke zwischen 7 Minuten (Buche mit 610 °C Zersetzungstemperatur) und ca. 50 Minuten (Buche, 370 °C) erreicht (wobei sich die absoluten Zeiten aus den Versuchsbedingungen ergeben und nicht den Auslösezeiten von Brandmeldern in der Brandphase im praktischen Einsatz entsprechen). Die Auslöseschwelle bei Rauch wird erstmals nach ca. 6 Minuten (Buche, 475 °C) erreicht. Bei der niedrigsten untersuchten Zersetzungstemperatur von 370 °C wird die Auslöseschwelle nach ca. 72 Minuten erreicht. Die Detektion sowohl von Rauch wie auch CO erfolgt am Boden in allen Fällen früher als im unteren Drittel des Raumes. Außerdem sind die Zeiten zum Erreichen der Auslöseschwellen bei der Mischbrandkrippe an der Decke und am Boden nahezu gleich (Herbster et al., 2021). In allen Fällen würde eine Detektion dieser Kenngrößen in der frühen Phase des Brandes auf einer Höhe von 1,0 bzw. 1,5 m über dem Boden unabhängig von der Brandlast zum spätestens Zeitpunkt erfolgen. Abbildung 11.4 zeigt die relativen Auslösezeiten von CO zu Rauch bei unterschiedlichen Brandlasten. Bei der Mischbrandkrippe ist zu erkennen, dass die Erreichung der Auslöseschwelle von Rauch bei jedem Messpunkt früher ist als bei CO. Bei den Holzschwelbränden ist dies ausschließlich unterhalb der Decke der Fall, in allen anderen Fällen erreicht CO schneller als Rauch die Auslöseschwelle (DIN SPEC 91429, 2020).

Zusammenfassend ist ersichtlich, dass Rauch in der frühesten Phase eines Brandes in den meisten Fällen früh freigesetzt wird. In dieser Phase wird Rauch auch von Brandgasen begleitet, wobei nur wenige Gase in dieser Phase in verwertbaren Konzentrationen auftreten. Die ausführlichen Ergebnisse sind DIN SPEC 91429 (2020) zu entnehmen. Den Ergebnissen zufolge ist zu erwarten, dass die Wirksamkeit einer Branddetektion in der frühen Brandphase alleine über CO technisch nicht gleichwertig zur Rauchdetektion ist. CO kann ergänzend zur Rauchdetektion in der frühen Brandphase sinnvoll eingebunden werden.

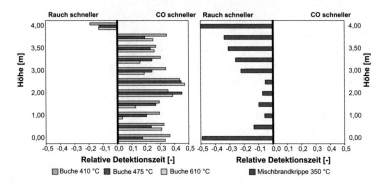

Abbildung 11.4 Detektionszeit von CO und Rauch im Vergleich bei Versuchen mit Holz- und Mischbrandkrippen (Herbster et al., 2021)

Feldexperimente zu Frühbrandindikatoren

In dem Forschungsprojekt (BRAWA) werden die dargestellten Ergebnisse mit computergestützten Brandsimulationen aufgegriffen, um die Ausbreitungsprofile aus den Laboren in reale Gebäude und verschiedene Gebäudegeometrien zu übertragen. Das Ziel ist, wirksame Schutzmaßnahmen dynamisch über computergestützte Methoden präventiv abzuleiten (Festag & Herbster, 2021). Damit lässt sich die Wirksamkeit von geplanten und bereits eingeleiteten Schutzmaßnahmen, insbesondere unter Berücksichtigung von dynamischen Prozessen, überprüfen. Untersuchungen im Feld zeigen bereits, wie Computersimulationen in dynamischen Wirksamkeitsbetrachtungen eingebunden werden können. Das ORPHEUS-Projekt[6] befasst sich mit der Optimierung der Rauchableitung und Personenführung in U-Bahnhöfen[7] anhand von Experimenten und numerischen Simulationen (vgl. ORPHEUS, 2022; Arnold & Festag, 2018; Dietrich et al., 2017). Die Untersuchungen betrachten als Szenario die Brandentwicklung in der U-Bahn-Station „Osloer Straße" (Berlin) und legen einen Brand am Gleis mit einer Brandlast eines Papierkorb- bzw.

---

[6] ORPHEUS steht für das Forschungsprojekt „Optimierung der Rauchableitung und Personenführung in U-Bahnhöfen: Experimente und Simulationen" (Förderkennzeichen 13N13266 bis 13N13270 und 13N13281).

[7] Unterirdische Bahnstationen und ähnliche Infrastrukturen sind häufig verwinkelt, weisen niedrige Deckenhöhen auf und erstrecken sich über mehrere Ebenen, womit sie (im Brandfall) ein komplexes strömungsdynamisches Verhalten zeigen. Gleichzeitig halten sich in solchen Infrastrukturen häufig viele Menschen auf und Brände können sich rasch ausbreiten. Das ist aufgrund eingeschränkter Sicht- und Orientierungsbedingungen sowie der toxischen Wirkung der Brandgase, die Begehbarkeiten von Flucht- und Rettungswegen behindern, insbesondere während der sogenannten Selbstrettungsphase im Brandfall kritisch.

Kofferbrandes zugrunde (als das nach Dietrich et al. (2017) auf der Basis der Auswertung von 97 Brandereignissen mit Schienenfahrzeugen in den Jahren 2000 bis 2010 in Deutschland (STUVA, 2010) am wahrscheinlichsten stattfindende Ereignis). Vor der Durchführung der Feldversuche in der U-Bahn-Station wurde eine Laborversuchsreihe[8] unternommen. Die Labor- und darauffolgenden Feldversuche mit Propan-Brennern dienen der Grundlage für Brandsimulationen (ANSYS CFX und FDS), um die im Rechenmodell der U-Bahn-Station integrierten Grundströmungen und Brandausbreitungen zu modellieren und validieren (vgl. Schröder et al., 2014). Das Klima der U-Bahn-Station wird als Sommer- und Winterszenario (vgl. Brüne et al., 2017; (Dietrich et al., 2017)) und die Hintergrundströmung mit Daten von Langzeitmessungen auf der Basis des Klimas in mehreren unterirdischen Stationen in Berlin (vgl. Brüne et al., 2017; Brüne et al., 2016; Pflitsch et al., 2014) modelliert. Dazu wurden die Lufttemperatur, Strömungsgeschwindigkeiten und Konzentration von CO, CO_2 und $SF6$ aufgezeichnet (vgl. Brüne et al., 2017; Dietrich et al., 2017). Die Randbedingungen für die Modelle sind Dietrich et al. (2017) zu entnehmen. Die validierte Modellierung der Hintergrundströmung wurde um Brandszenarien mit Propan-Brennern, die am unteren Gleis der U-Bahn-Station (der Linie U8) positioniert wurden, für Brandverläufe zwischen 50 und 200 kW erweitert (Knaust et al., 2017). In der U-Bahn-Station wurden mehrere Versuche mit Propan-Brennern durchgeführt. Die Versuchsdauer betrug jeweils etwa 30 min. Über alle drei Ebenen der kreuzförmigen U-Bahn-Station „Osloer Straße" (1. UG = Verkaufsfläche; 2. UG = Linie U9; 3. UG = Linie U8) wurden 96 im Raum verteilte Brandmelder (Typ CMD 533X) eingesetzt, um die Rauchdichte, CO-Konzentration und Temperatur im dreidimensionalen Raum punktuell zu erfassen. Darüber hinaus wurden auch hier Temperaturmessketten eingesetzt, Anemometer und SF6-Sensoren. Die Brandsimulationen wurden mit den Versuchen anhand der erhobenen Messdaten validiert und zeigen eine weitestgehende Übereinstimmung. Aus Abbildung 11.5 geht die Branddynamik gemessen an der durch die Wärmefreisetzung resultierenden Temperatur zu verschiedenen Zeitpunkten der Brandsimulation (FDS, Forschungszentrums Jülich, JURECA) exemplarisch hervor (vgl. Arnold & Festag, 2018), mit Bezug zu den Szenarien von Dietrich et al. (2017) und hier einen qualitativen Eindruck vermittelnd.

---

[8] In der Reihe werden 14 Versuche in einem Prüfraum (Institut für Industrieaerodynamik; I.F.I.) durchgeführt. Mit SF6-Sensoren (als Tracergas), Anemometern und 40 Temperaturketten wird die Ausbreitung von Massenströmen analysiert und mit 64 Brandmeldern (Typ CMD 533X Fa. Hekatron) mit Temperatur-, Rauch- und CO-Sensoren die Ausbreitung von Brandkenngrößen über einen 3-dimensionalen Raum bei Brandversuchen mit Propan-Brennern analysiert (vgl. Arnold & Festag, 2018).

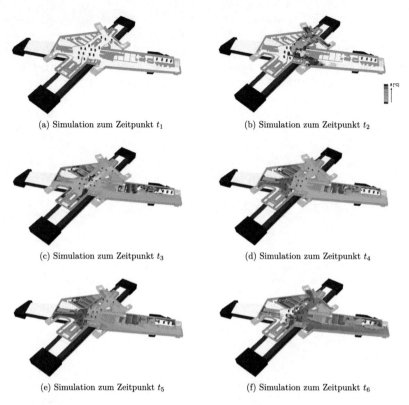

(a) Simulation zum Zeitpunkt t_1 (b) Simulation zum Zeitpunkt t_2

(c) Simulation zum Zeitpunkt t_3 (d) Simulation zum Zeitpunkt t_4

(e) Simulation zum Zeitpunkt t_5 (f) Simulation zum Zeitpunkt t_6

Abbildung 11.5 Brandsimulation (FDS) des Forschungszentrums Jülich (JURECA): Ausschnitte aus der Brandentwicklung des Forschungsprojektes „ORPHEUS" (Arnold & Festag, 2018)

11.3 Gefahren verhalten sich dynamisch

Dynamische Prozesse ergeben sich fallspezifisch für eine konkrete Gefährdung, aber auch generell als Eigenschaft von Gefahren, weshalb sie bei der Kontrolle von sicherheitskritischen Vorgängen zu beachten sind. Die Dynamik umfasst die Entstehung und Ausbreitung von Gefahren. Dabei geht es darum, Gefahren früh, bis zu ihren Auslösern zu verstehen. Das wurde hier am Beispiel der frühen Brandphase erläutert. Bei anderen Gefahrenarten wie Arbeits- oder Verkehrsunfällen ist das ähnlich. Zunehmend wird sich auch hier den Auslösern angenähert und die Unfallentstehung bis zu den kognitiven und intuitiven Mechanismen der menschlichen Wahrnehmung zurückverfolgt. In diesem Sinne ist z. B. eine Geschwindigkeitsüberschreitung das Resultat der situativen Gefahrenkognition (Musahl, 1997) oder das Stolpern beim Gehen das Resultat eines sensomotorischen Vorgangs, der ebenfalls durch die situative Wahrnehmung gesteuert wird (vgl. Ungerer & Morgenroth, 2001). Neben diesem Verständnis über die frühe Phase der Gefahrenentstehung hat die zeitliche Entwicklung für die Ableitung von Schutzmaßnahmen und die Kontrolle ihrer Wirksamkeit eine große Bedeutung. Es bedarf der Einbindung dynamischer Vorgänge in die Ableitung und Kontrolle von Schutzmaßnahmen. Computergestützte Methoden liefern einen Ansatz, um die Wirksamkeit von Schutzmaßnahmen (präventiv) zu untersuchen und dabei gezielt dynamische Vorgänge einzubinden.

Berücksichtigung der Dynamik von Schutzmaßnahmen

12

In dem vorherigen Kapitel wurde die Bedeutung der Dynamik von Gefahren für die Wirksamkeitskontrolle dargestellt. Die darauf aufbauende nächste Entwicklungslinie der Wirksamkeitskontrolle befasst sich mit der Dynamik von Schutzmaßnahmen selbst. Gemeint ist das Erfordernis, dass Schutzmaßnahmen situationsangepasst beurteilt werden müssen, damit sie dynamisch auf die Entwicklung von Gefährdungen reagieren können.

12.1 Die Dynamik von Schutzmaßnahmen

Schutzmaßnahmen besitzen, wie Gefahren, generell ein zeitveränderliches Verhalten, weil ihre Funktionsweisen durch intrinsische und extrinsische Faktoren beeinflusst werden, wie z. B. durch Alterungsprozesse von Bauteilen oder Umwelteinflüsse (vgl. Prakash et al., 2016; Murakami et al., 2010). Diese stochastischen Veränderungen berühren die Zuverlässigkeit von Schutzmaßnahmen (vgl. Meyna & Pauli, 2003; im spezifischen Kontext dieses Kapitels z. B. Festag & Lipsch, 2020; Lipsch, 2019). Auf die Zuverlässigkeit von Schutzmaßnahmen und ihre Dynamik wird hier nicht weiter eingegangen, weil die Zuverlässigkeit als Eigenschaft von Maßnahmen indirekt in ihre Wirksamkeit einfließt. Über die Systemzuverlässigkeit hinaus unterliegen Gefährdungen immanenten und situativ geprägten zeitlichen Entwicklungen. Es ist deshalb naheliegend, dass Schutzmaßnahmen diesen Entwicklungen mit dynamischen Funktionsweisen Rechnung tragen müssen. Nach dieser Logik ist die Dynamik von Schutzmaßnahmen bei der Kontrolle der Wirksamkeit von Bedeutung. Festag et al. (2016) befassen sich mit Schutzmaßnahmen, die sich dynamisch auf die zeitliche Veränderung von Gefährdungen einstellen. Diese Entwicklung steht im

Kontext mit dem technischen Fortschritt und der *Vernetzung*[1] (vgl. BMWi, 2019). Es geht dabei um die Interaktion zwischen verschiedenen technischen Systemen, die zu einem größeren Gesamtsystem verbunden werden und mit Menschen interagieren. Die Vernetzung adressiert die Kommunikation zwischen (a) Menschen (indirekt), (b) Menschen und Maschinen sowie (c) Maschinen untereinander (Festag, 2017c). Im Schwerpunkt produzieren und verarbeiten die technischen Systeme Daten und liefern damit die Grundlage für übergeordnete Informationen, Muster und spezifische Abläufe. Auf diese Weise soll die Vernetzung den Bedürfnissen von Personen oder Kollektiven Rechnung tragen. Maßgeschneiderte, skalierbare Lösungen sollen in diesem Zuge entstehen und Ressourcen schonen – nicht zuletzt, indem Barrieren durch Raum und Zeit aufgehoben werden (Festag, 2015b). Die Vernetzung ist eng mit der Automatisierung verbunden, die diverse Aktionsprogramme über Raum- und Zeitkoordinaten beinhaltet. In dieser Schnittmenge öffnet sich der Rahmen für Systeme, die auf Algorithmen gestützt ein „intelligentes Verhalten" zeigen („künstliche Intelligenz"[2]), indem sie ihre Umgebung analysieren und – mit einem gewissen Maß an Autonomie – Maßnahmen ergreifen, um bestimmte Ziele zu erreichen (vgl. Wahlster & Winterhalter, 2020; Dörner, 2008). Dies berührt die Arbeitswelt und das Privatleben, woraus Anforderungen an die Systemsicherheit resultieren. Über diese Anforderungen hinausgehend lässt sich die Vernetzung aufgreifen, um dynamische Vorgänge von Gefährdungen bei der Gestaltung von Schutzmaßnahmen und ihrer Wirksamkeit zu berücksichtigen. Dies wird im Folgenden anhand des Beispiels der „dynamischen Fluchtweglenkung" erläutert, bei der verschiedene Systeme zu einem übergeordneten System zu Sicherheitszwecken vernetzt werden.

---

[1] Die Vernetzung ist ein Teil des technischen Fortschritts und damit wiederum des gesamtgesellschaftlichen Wandels – vergleichbar mit der Sprache, Mode, Kunst, Musik, Architektur, dem Empfinden von Schönheitsidealen, dem Verhalten von Führungskräften (Festag, 2015b). Die Vernetzung bezieht sich auf die „vierte industrielle Revolution" (auch Industrie 4.0) (Mock, 2015, S. 115), in der es um die Verknüpfung der realen mit der künstlichen (digitalen, virtuellen) Welt geht. Diese künstliche Welt basiert auf die Informations- und Kommunikationstechnik und den Einsatz von Sensoren, Prozessoren und Aktoren, die in kleineren Maßstäben bei über die Jahre steigenden Rechnerleistungen in nahezu jedes technische Produkt eingebaut werden können und eine Interaktion ermöglichen (Festag, 2017c). In diesem Kontext entstehen hohe Mengen an Daten, deren Austausch zwischen soziotechnischen Systemen die vierte industrielle Revolution im eigentlichen Sinne markiert, wobei vor allem die selbstorganisierte Interaktion zwischen den technischen Systemen wesensgebend ist.

[2] Es ist die Rede von „Systemen, die in der Lage sind, in Form eines Modells festgehaltenes Wissen zu erwerben, zu verarbeiten, zu erzeugen und anzuwenden, um eine oder mehrere vorgegebene Aufgaben auszuführen" (vgl. Wahlster & Winterhalter, 2020).

12.2 Das Beispiel der Fluchtweglenkung

Die Fluchtweglenkung (auch Fluchtwegsteuerung) befasst sich als Gesamtsystem bzw. Konzept mit der situationsangepassten Unterstützung der Selbstrettung von Personen durch die Vernetzung von verschiedenen sicherheitstechnischen Systemen bzw. Maßnahmen (Festag et al., 2016). Hierbei wird die Wechselwirkung zwischen Mensch und Technik dazu genutzt, die von der Gefährdung betroffenen Personen entlang der Flucht- und Rettungswege vor allem in Gebäuden bei Eintritt vordefinierter Gefährdungssituationen in einen sicheren Bereich zu leiten (vgl. DIN 14036, 2023, S. 8).

Die Selbstrettung spielt bei der Erfüllung von Schutzzielen eine Rolle. Dies trifft vor allem in Gebäuden zu, in denen zahlreiche Personen anzutreffen sind und eine Fremdrettung nicht immer gewährleistet werden kann (Farmers & Messerer, 2008). Für die Selbstrettung ist die Standsicherheit des Gebäudes, aber auch die Kennzeichnung und Auslegung von Flucht- und Rettungswegen von zentraler Bedeutung. Einerseits geht es nach Forell (2012) um kurze Fluchtzeiten[3], die „das Risiko des Auftretens von personengefährdenden [Ereignissen …] innerhalb des [Rettungsvorganges]" reduzieren. Die Selbstrettung gilt dabei als abgeschlossen, wenn alle vom Ereignis betroffenen Personen einen sicheren Bereich erreicht haben (Kirchberger, 2006). Oftmals wird das Freie als sicherer Bereich angesehen. In bestimmten Gebäuden können aber auch Bereiche als sicher definiert werden, „wenn diese im [Ereignisfall] ausreichend lange standsicher sind und die Benutzer durch [Ereignisse] nicht gefährdet werden" (vgl. Zehfuß, 2020; DIN 13943, 2018; ARGEBAU, 2019). Der kürzeste Fluchtweg ist nicht unbedingt der sicherste, weshalb auch längere Fluchtwege in Kauf genommen werden, wenn die Personen dafür einen zumindest temporär sicheren Bereich nutzen (vgl. Rütimann & Festag, 2021; Nagel, 2017; Festag et al., 2016). Das Konzept der Fluchtweglenkung resultiert aus diesen Überlegungen und reagiert als dynamische Schutzmaßnahme auf die dynamischen Vorgänge von Gefährdungen. Der Bedarf für diese Entwicklung ergibt sich durch eine Reihe von gebäude-, technik-, personen- und umweltbezogenen Faktoren:

Die Art, wie Gebäude gebaut werden, verändert sich. Dies berührt die Schutzanforderungen an die Gebäude, aber auch an die Personen, die diese Gebäude bauen, betreiben und benutzen. Zu den gebäudebezogenen Faktoren zählen Veränderungen,

---

[3] Die Fluchtzeiten ergeben sich aus der Begehbarkeit der Flucht- und Rettungswege, der Geschwindigkeit der betroffenen Personen sowie der maximal zulässigen Entfernung von jeder Stelle des Raumes zum nächstgelegenen Ausgang. Die Fluchtweglänge beträgt zwischen 10 und 35 m sowie bis zu 60 m für Versammlungsstätten je nach Höhe (vgl. Löbbert et al., 2004, S. 80).

die sich unter anderem aus dem politischen Ziel (BMUV, 2020) der Begrenzung von der Flächenneuinanspruchnahme ableiten lassen (Festag & Herbster, 2012). Das hat eine Begrenzung der Nutzflächen zur Folge und zieht Nutzungsänderungen von bestehenden Gebäuden, Räumen oder Anbauten nach sich (Festag & Mitreiter, 2015). Gebäude werden im Resultat in die Höhe gebaut und erweitert, um die zur Verfügung stehende Fläche auszuschöpfen. Mischnutzungen von Gebäuden setzen sich in diesem Zuge durch und die Urbanisierung verstärkt diese Effekte mit einer Konzentration von Nutzungsflächen in Ballungsgebieten. Es entstehen lokal komplexe Gebäudestrukturen mit zusätzlichen architektonischen Anforderungen (vgl. Festag & Nagel, 2019).

Die personenbezogenen Faktoren betreffen die vor Gefährdungen zu schützenden Personen. Gesellschaftlich betrachtet ist zu beobachten, dass derzeit die Zahl der älteren Menschen zunimmt und allgemein die durchschnittliche Lebenserwartung tendenziell steigt (DESTATIS, 2019). Diese Personen sind, wie Schwangere, Kinder, Personen mit Behinderung oder Personen, die unter Drogeneinfluss stehen, oft in ihrer Selbstrettungsfähigkeit eingeschränkt und benötigen eine Unterstützung bei der Selbstrettung (Künzer & Hofinger, 2018). Hinzu kommen zwei weitere gegenläufige Trends, die bei den personenbezogenen Faktoren im Kontext dynamischer Vorgänge zu beachten sind: Über die letzten Dekaden ist zu erkennen, dass bestimmte Menschen mittlerweile schneller laufen können, was in einer ganzen Reihe von Entwicklungen (z. B. verbesserte Materialien, angepasste Ernährung, verbessertes Training) begründet sein kann und einen positiven Einfluss auf die Selbstrettung hätte[4]. Dem steht allerdings der Trend gegenüber, dass dies für den Großteil der Bevölkerung in unserem Kulturkreis aufgrund der Demografie und der Zunahme an übergewichtigen Personen durch eine Fehlernährung sowie mangelnde Bewegung nicht konstatiert werden kann (vgl. Finger et al., 2018). Bezüglich des Abschneidens von Kindern und Jugendlichen beim „Cooper-Test" im Schulsportunterricht ist über die letzten Jahre ein deutlicher Rückgang der Leistungsfähigkeit zu erkennen (vgl. (Drystad et al., 2011)). Das erfordert eine Reaktion und stellt zumindest langfristig die festgelegten Flucht- und Rettungsweglängen infrage.

Technische Möglichkeiten, die eine Abdeckung zuvor nicht oder nur schwer beherrschbarer Risiken zu vertretbaren Kosten erlauben, sind zur Erreichung von Schutzzielen zu berücksichtigen (Festag et al., 2016). Das beinhaltet Schutzwirkungen durch neue technische Systeme und aus der Vernetzung von bestehenden Systemen.

---

[4] Zum Beispiel haben sich die Laufzeiten zur Erreichung der Weltrekordmarken im 100-m-Lauf der Herren bei den Olympischen Spielen auf der Basis der Daten der IAAF von dem Jahre 1932 bis zum Jahre 2009 um rund 9 % verkürzt (vgl. Festag, 2018a).

Abschließend ist anzuführen, dass die Schutzmaßnahmen und betroffenen Personen in einer Umwelt eingebettet sind, die über die Veränderung des Klimas mit einer Zunahme an Naturereignissen und Wetterextremen gekennzeichnet ist (Deutscher Bundestag, 2016). Dieser Sachverhalt trifft gleichzeitig auf die Urbanisierung und eine wachsende Werteverdichtung zu (GDV, 2019).

Die Umwelt, die Gesellschaft und der technische Fortschritt verändern die Risikosituation kontinuierlich. Trotz dieser Randbedingungen gilt es, die Schutzziele zu erfüllen. Ein Ansatz, um diesen Randbedingungen und Entwicklungen entgegenzutreten, ist die Konzeptionierung von situationsangepassten – zeitveränderlichen – Schutzmaßnahmen. Hierbei adressieren die Schutzmaßnahmen die Ereignisdynamik, indem verschiedene technische Maßnahmen – über kontinuierliche Regelkreise ("Feedbackschleifen") – miteinander verbunden werden. Solche Ansätze gilt es in die Wirksamkeitskontrolle einzubeziehen.

Dynamische/Adaptive Systeme als Schutzmaßnahmen
Es existieren verschiedene sicherheitstechnische Systeme, die zur Selbstrettung verwendet werden (ZVEI, 2012) und die im Rahmen einer Fluchtweglenkung – über ihre bisherigen Funktionsweisen hinausgehend – konzeptionell und technisch interagieren können. Außer durch die Detektion von Gefährdungen sowie die Alarmierung von betroffenen Personen und von Rettungskräften kann die Selbstrettung durch eine situationsangepasste Signalisierung der Flucht- und Rettungswege unterstützt werden. Für die Gefahrenerkennung gibt es unter anderem (automatische) Detektionssysteme. Sie haben die Aufgabe, die Erkennungs- und Alarmierungszeit sowie das (automatische) Informieren von Rettungskräften zu verkürzen. Mit Alarmierungseinrichtungen werden die betroffenen Personen über die Gefährdung informiert und zum Teil mit Handlungsaufforderungen angeleitet (ZVEI, 2012; Hofinger et al., 2013). Die Selbstrettung wird zudem durch Maßnahmen wie beispielsweise die Rauchfreihaltung sowie durch akustische (z. B. Sprachalarmanlagen) und optische Sicherheitsleitsysteme (z. B. hinterleuchtete Sicherheitszeichen) gefördert. Diese Systeme dienen der Orientierung – insbesondere in Objekten, in denen sich viele (und oft ortsunkundige) Personen aufhalten – und dazu, den sicheren Rettungsweg anzugeben und damit auch panikartiges Verhalten (Ungerer & Morgenroth, 2001) zu vermeiden. Bisher erfolgt die Kennzeichnung von Flucht- und Rettungswegen mit Piktogrammen. Sie weisen die Flucht- und Rettungswege unabhängig vom Eintritt einer Gefährdung (statisch) aus (siehe Abbildung 12.1 (a)).

Werden diese Piktogramme elektrisch betrieben und erst beim Eintritt einer Gefährdung – im Anforderungsfall – eingeschaltet, dann handelt es sich um "aktive" Systeme (siehe Abbildung 12.1 (b)). Dies ist eine Voraussetzung für die dynamische Fluchtweglenkung, die der Ereignisdynamik Rechnung trägt, indem sie die im

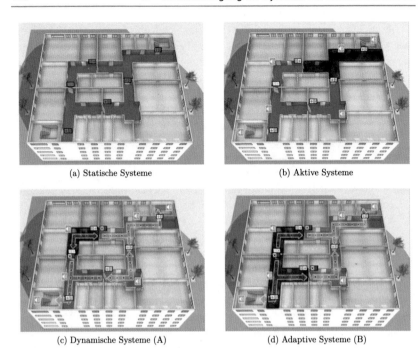

(a) Statische Systeme   (b) Aktive Systeme

(c) Dynamische Systeme (A)   (d) Adaptive Systeme (B)

Abbildung 12.1 Schematische Gebäudeskizze mit statischer, aktiver sowie dynamischer und adaptiver Fluchtweglenkung (Festag et al., 2016, Fa. INOTEC)

Konzept z. B. optischen und akustischen Systeme nach der Detektion der Gefährdung aktiv und richtungsvariabel einbindet. Bei der dynamischen Fluchtweglenkung erfolgt die Signalisierung der Flucht- und Rettungswege nach DIN 14036 (2023, S. 9), ausgehend von der Aktivierung vordefinierter Gefährdungssituationen, dauerhaft einmalig variabel (z. B. rechts/links, ein/aus, Weg frei/gesperrt) bis zum Abschluss der Evakuierung bzw. zur Rückstellung der Systeme (siehe Abbildung 12.1 (c)). In diesem Zuge lässt sich das „2-Sinne-Prinzip" in die Schutzmaßnahmen integrieren, indem das Konzept mindestens zwei Wahrnehmungssinne gleichzeitig anspricht. Die adaptive Fluchtweglenkung umfasst das Gesamtsystem bzw. Konzept, das mittels technischer Maßnahmen die Selbstrettung bei Eintritt vordefinierter Gefährdungssituationen unterstützt und das nach Aktivierung kontinuierlich variabel die Flucht- und Rettungswege angibt (DIN 14036, 2023, S. 9). Der Ansatz der adaptiven Fluchtweglenkung betrachtet demnach die Entwicklung der Gefährdung während der Dauer der Evakuierung und schließt dabei die tatsächliche Nutzbarkeit der Flucht- und Rettungswege in die Signalisierung ein (das wird anhand des Übergangs von Abbildung 12.1 (c) zu Abbildung 12.1 (d) dargestellt) und berücksichtigt als Schutzmaßnahme die zeitlichen Entwicklung der Gefährdung kontinuierlich. Zur Umsetzung einer adaptiven Fluchtweglenkung bedarf es zusätzlich zu den detektierenden und agierenden Systemkomponenten einer (permanenten) Überwachung der Flucht- und Rettungswege (siehe Abbildung 12.2) hinsichtlich ihrer Nutzbarkeit (z. B. Sauerstoffkonzentration, Konzentration toxischer und reizender Stoffe, Personenanzahl und -dichte) im Wegbereich, der für die Begehbarkeit ausschlaggebend ist (bis 2,20 m Höhe) einschließlich entsprechender Regelkreise (Nagel, 2017).

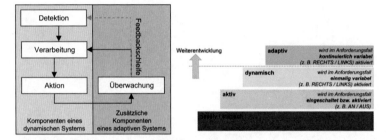

Abbildung 12.2 Funktionen der adaptiven Fluchtweglenkung mit Rückkopplungsschleife als Erweiterung der dynamischen Fluchtweglenkung (Nagel, 2017)

Die dynamische und adaptive Fluchtweglenkung verknüpfen bereits vorhandene (sicherheitstechnische) Systeme (in einem Gebäude), wobei die erforderlichen Systemfunktionen und Schnittstellen zu einem übergeordneten Gesamtsystem zusammengeführt werden. Es können weitere Systeme bzw. gebäudetechnische Einrichtungen, wie z. B. Aufzüge, Rollbänder, Zutrittskontrolle, aber auch Sensoren zur Erfassung der Umgebungsbedingungen (z. B. Klima- und Strömungsdaten) in solche Konzepte eingebunden werden (vgl. Dietrich et al., 2017; Festag et al., 2016).

Erste Voruntersuchung zur Wirksamkeit
Erste Überlegungen geben einen Eindruck davon, wie sich die Wirksamkeit solcher dynamischen und adaptiven Systeme bzw. Konzepte herleiten lässt. Während einer Ausstellung wurden 23 Personen aufgefordert, anhand eines Bildschirms in einem virtuellen Gebäude bei einem animierten Brand mit einer Verrauchung der Flucht- und Rettungswege den Ausgang zu finden. Dies geschah einerseits anhand der gewöhnlichen Flucht- und Rettungswegkennzeichen (Piktogramme) und

andererseits mit einer dynamischen Signalisierung der Flucht- und Rettungswege
mit hinterleuchteten Sicherheitszeichen (siehe Abbildung 12.3).

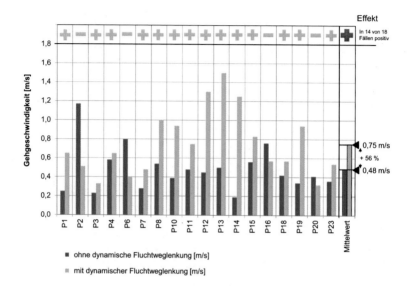

Abbildung 12.3 Ergebnisse der Vorstudie zum Vergleich der Fluchtgeschwindigkeiten mit
und ohne dynamische Fluchtweglenkung

Fünf Personen haben den Versuch abgebrochen. Für die übrig gebliebenen 18
Personen wurden die Zeiten gemessen, die benötigt wurden, um den Ausgang zu
finden. Die Flucht- und Rettungswege wurden so gestaltet, dass sie nicht ohne
Weiteres beim zweiten Durchgang nachgelaufen werden konnten.

Wie diese erste Vorstudie zum Vergleich der Fluchtgeschwindigkeiten mit und
ohne dynamische Fluchtweglenkung andeutet, lässt sich in 14 von 18 Fällen die
Fluchtgeschwindigkeit durch eine entsprechende Signalisierung der Flucht- und
Rettungswege erhöhen. Im Schnitt ergibt sich eine Erhöhung der Fluchtgeschwindigkeit von 0,48 m/s auf 0,75 m/s um 56 %. Diese Vorerkenntnisse über die Wirksamkeit solcher dynamischen Maßnahmen lassen sich durch experimentelle Versuchsanordnungen und repräsentative Stichprobenziehungen gezielt untermauern,
was in zukünftigen Arbeiten zu untersuchen ist.

12.3   Dynamische Schutzmaßnahmen für dynamische Gefährdungen

Zeitgemäße Konzepte aus den Bereichen Städtebau und Architektur müssen die individuelle und flexible Nutzung von Gebäuden und baulichen Anlagen unter ästhetischen und wirtschaftlichen Rahmenbedingungen ermöglichen. Diese werden von gesellschaftlichen Herausforderungen begleitet, z. B. Knappheit von Nutzflächen, Flächenverdichtung, Urbanisierung, demografischer Wandel und Anpassung von Verkehrsinfrastrukturen. All diese Entwicklungen stellen Anforderungen an die Sicherheit. Um die Selbstrettung aus Gebäuden mit komplizierten Strukturen zu erleichtern, werden dynamische und adaptive Systeme konzeptionell als Schutzmaßnahmen entwickelt und derzeit in einem technischen Standard festgeschrieben (DIN 14036, 2023). Der Einsatz dynamischer Schutzmaßnahmen soll zu einer erhöhten Flexibilität und Wirtschaftlichkeit beim Betrieb von Gebäuden führen, ohne dass dabei eine Reduzierung der Schutzziele erfolgt. Verallgemeinernd lässt sich der Schluss ziehen, dass dynamische Entwicklungen bei der Gestaltung von Schutzmaßnahmen zu berücksichtigen sind. Demzufolge muss sich die Kontrolle der Wirksamkeit von Schutzmaßnahmen dafür öffnen. Gleichzeitig verläuft die Diskussion und Entwicklung um die Vernetzung überwiegend zugunsten des Nutzens. Die Gefahren und Folgen dieser Technik werden oft nicht berücksichtigt. Nichtsdestotrotz ergeben sich dadurch umfangreiche Herausforderungen und neue Aufgaben, die einerseits eine Lösung und andererseits eine Integration in den bisherigen Kanon der Sicherheitswissenschaft verlangen.

Berücksichtigung des Aufwandes von Schutzmaßnahmen 13

Dieses Kapitel setzt sich mit der Berücksichtigung des Aufwandes bei der Ableitung von Schutzmaßnahmen auseinander und liefert damit einen wesentlichen Anhaltspunkt zur Weiterentwicklung der Wirksamkeitskontrolle.

13.1 Wirtschaftlichkeit von Schutzmaßnahmen

In der Sicherheitspraxis spielt der Nutzen von Schutzmaßnahmen eine wichtige Rolle, ebenso wie der dafür erforderliche Aufwand (basierend auf Festag, 2019a; Mechler, 2016; Bräunig & Kohstall, 2015; Bräunig & Kohstall, 2013; De Greef et al., 2011; Verbeek et al., 2009; Ramsberg & Sjöberg, 2006; Simmons & Sutter, 2006; Quddus & Horton, 2002; Kolko, 2001; Starr, 1969; Compes, 1963). Die Bemessung des Nutzens orientiert sich an den vermeidbaren Schäden (vgl. Radandt, 2019; Bräunig & Kohstall, 2013) und dem Aufwand anhand der Kosten (z. B. Investition, Instandhaltung, Austausch oder Modernisierung). Mit dieser Betrachtung erweitert sich der Gegenstand der Wirksamkeitsanalyse auf die Wirtschaftlichkeit. Schutzmaßnahmen und Wirtschaftlichkeitsziele stehen oft in einem engen Zusammenhang zueinander (Festag, 2019a):

Ergänzende Information Die elektronische Version dieses Kapitels enthält Zusatzmaterial, auf das über folgenden Link zugegriffen werden kann https://doi.org/10.1007/978-3-658-46728-9_13.

- Schutzmaßnahmen können Primärprozesse und die Wertschöpfung unterstützen.
- Schutzmaßnahmen können die Primärprozesse verbessern.
- Wirtschaftlichkeitsfaktoren haben einen Einfluss auf die Sicherheitssituation.
- Wirtschaftliche Maßnahmen schonen Ressourcen bei einem risikoadäquaten Einsatz.

Entweder lässt sich die Wirksamkeitsbetrachtung einer Schutzmaßnahme um die Wirtschaftlichkeit direkt erweitern oder die Wirtschaftlichkeitsbetrachtung erfolgt bei der Auswahl geeigneter Schutzmaßnahmen über einen „Wirtschaftlichkeitsvergleich" zwischen verschiedenen Maßnahmen untereinander (vgl. z. B. Wittmann, 2019 oder Bräunig & Kohstall, 2013). Überall dort, wo es um den Schutz von Werten geht, die sich durch Geld kompensieren lassen – wie Güter, Funktionen, Betriebsabläufe, Informationen, Prozesse und Strukturen –, ist die Wirtschaftlichkeitsbetrachtung ein direkter Bewertungsmaßstab beim Abwägen von Schutzmaßnahmen und beim zielgerichteten Einsatz von Ressourcen zur Erreichung der Schutzziele (Festag et al., 2019). Nach Renn (1982, S. 67) wird dabei der Punkt gesucht, an dem die Kosten für die Minimierung von Gefahren sich nicht mehr lohnen (vgl. Starr, 1971). Grenzen des Vorgehens zeigen sich vor allem dann, wenn die Beeinträchtigung von Menschen, ideellen Werten und der Umwelt in das Risikokalkül einbezogen wird (Festag et al., 2019). Hier lässt sich die Wirtschaftlichkeit von Schutzmaßnahmen nur indirekt über Wirtschaftlichkeitsvergleiche von Schutzmaßnahmen herleiten. Solche Schutzmaßnahmen unterliegen gesellschaftlichen Grundwerten und richten sich nach Solidaritäts- und Subsidiaritätsprinzipien, was mit ethischen Orientierungswerten verbunden ist. Schutzziele und Schutzmaßnahmen an einer Wirtschaftlichkeit auszurichten, ist dann problematisch, weil sie nicht primär auf eine Kostenreduktion oder Gewinnmaximierung ausgerichtet sind. Trotzdem ist es notwendig, wirtschaftliche Wege zu finden, um Schutzziele zu erreichen, da die zur Verfügung stehenden Ressourcen begrenzt sind.

Im Folgenden wird an einer Untersuchung (Festag & Meinert, 2019) beispielhaft veranschaulicht, wie die Wirtschaftlichkeit von Schutzmaßnahmen hergeleitet werden kann und an welcher Stelle dieser Ansatz an seine Grenzen stößt.

13.2   Die Wirtschaftlichkeit der Rauchwarnmelderpflicht als Beispiel

Im Folgenden wird die Wirtschaftlichkeit der Rauchwarnmelderpflicht in Deutschland analysiert. Dazu wird der Nutzen dieser Maßnahme basierend auf Kapitel 5 – vereinfacht – über die statistische Anzahl der durch diese Maßnahme geretteten

Personen über den Zeitraum von 1998 bis 2016 für die einzelnen Bundesländer und für Deutschland insgesamt ermittelt und der für diese Maßnahme erforderliche Aufwand vereinfacht über die Betrachtung der Investitionskosten abgeschätzt. Die Rauchwarnmelderpflicht verfolgt das Ziel, Menschen vor Bränden in Wohnungen und im wohnungsähnlichen Umfeld zu schützen. In Deutschland unterliegt der Brandschutz dem Verantwortungsbereich der Bundesländer, weshalb sich in den Landesbauordnungen unterschiedliche Regelungen zu der Rauchwarnmelderpflicht finden (z. B. die Zeitpunkte der Einführung für Neubauten, die Nachrüstung von Bestandsbauten sowie Details zum Anwendungsbereich und zu den Zuständigkeiten). Die Herleitung der Wirksamkeit erfolgt in Kapitel 5 über die Differenz der durchschnittlichen Sterbefälle durch Brände (zu Hause) vor und nach der Einführung der Rauchwarnmelderpflicht. Die Ergebnisse werden hier aufgegriffen und für diese Maßnahme der Aufwand abgeschätzt und in das Verhältnis zu dem Nutzen gesetzt (vgl. Fischer et al., 2012). Dieses Verhältnis wird unter der Bildung von Szenarien einerseits theoretisch für das mögliche Potenzial der Maßnahme und andererseits auf der Basis der bisherigen empirischen Ergebnisse aus Kapitel 5 abgeschätzt.

Vereinfachte Bemessung des Nutzens
Zur vereinfachten Bemessung des Nutzens der Rauchwarnmelderpflicht wird auf Basis der Todesursachenstatistik (GBE-Bund, 2019) und der Einwohnerzahlen das durchschnittliche Brandsterberisiko pro 100.000 Einwohner vor und nach Einführung der Rauchwarnmelderpflicht für die einzelnen Bundesländern über die Jahre ermittelt. Hierzu werden die Sterbefälle aufgrund einer „Exposition gegenüber Rauch, Feuer und Flammen" (X00–X09) herangezogen, die zu Hause (d. h. im unmittelbaren Wirkungsbereich von Rauchwarnmeldern) vorgekommen sind. Insgesamt sind in der Ausgangssituation (ohne Rauchwarnmelderpflicht) vom Jahre 1998 bis 2003 („Referenzszenario") durchschnittlich 501 Sterbefälle durch Brände und 380 Sterbefälle durch Brände zu Hause zu verzeichnen (vgl. Abbildung 5.1). Zur Abschätzung der Wirksamkeit wird das Brandsterberisiko ermittelt und über das Zeitfenster vor der Pflicht zur Ausstattung von Haushalten mit Rauchwarnmeldern mit dem Zeitfenster danach verglichen, wobei der sequenziellen Einführung der Rauchwarnmelderpflicht sowie der Nachrüstpflicht in den jeweiligen Bundesländern Rechnung getragen wird (vgl. Kapitel 5). Die Analyse der Anzahl der Brandsterbefälle (zu Hause) und der damit verbundenen Brandsterberisiken zeigt, dass über alle Bundesländer insgesamt seit der ersten Einführung der Rauchwarnmelderpflicht bis zum Jahre 2016 statistisch gesehen 501 Menschenleben durch diese Maßnahme gerettet wurden (Festag & Meinert, 2019). Dieses Ergebnis ergibt

sich für Deutschland insgesamt anhand der Analyse der Effekte über die einzelnen Bundesländer.

Vereinfachte Bemessung des Aufwands

Die Betrachtung der Wirtschaftlichkeit der Umsetzung der Rauchwarnmelderpflicht lässt sich mit theoretischen und empirisch gestützten Annahmen über den Ausstattungsgrad der Haushalte mit Rauchwarnmeldern (siehe Tabelle A.11 im Anhang) in Anlehnung an Fischer et al. (2012) nach dem „Grenzkostenprinzip" aufbauen (vgl. Festag & Meinert, 2019). Dazu werden die durch die Einführung der Rauchwarnmelderpflicht jährlich statistisch weniger verstorbenen Personen („gerettete Personen") den Kosten dieser Maßnahme gegenübergestellt. Zur Ermittlung der Kosten sind eine Reihe von Annahmen zu treffen. Diese Annahmen können konservativ oder optimistisch ausfallen. Um die Bandbreite abzubilden, werden bei der Analyse ein konservatives, realistisches und idealisiertes Szenario entwickelt.

Das herangezogene „Grenzkostenprinzip" basiert auf der „gesellschaftlichen Zahlungsbereitschaft für die Rettung eines zusätzlichen Menschenlebens" (SWTP, societal willingness to pay) im Sinne eines Akzeptanzgrenzwertes nach Fischer et al. (2012) anhand von Gleichung 13.1:

$$SWTP = \frac{g}{q} \cdot C_x \cdot \Delta\mu \qquad (13.1)$$

$SWTP$	gesellschaftliche Zahlungsbereitschaft für die Rettung eines zusätzlichen Menschenlebens pro Jahr [Euro/Menschenleben]
g	Bruttoinlandsprodukt (BIP) pro Einwohner und Jahr DE 2016: g = 38.730 Euro/Einwohner (DESTATIS, 2020a)
q	*Trade-off* zwischen Wohlstand und Lebenszeit q = 0,1905 [-] für die Schweiz (Fischer et al., 2012)
C_x	demografische Konstante; C_x = 13,85 [-] für die Schweiz (Fischer et al., 2012)
$\Delta\mu$	jährliche Risikoreduktion – erwartete Anzahl geretteter Personen $\Delta\mu$ = 1 [Personen/Jahr]

Die jährlichen Grenzkosten der Rauchwarnmelderpflicht ΔC und die jährliche Risikoreduktion $\Delta\mu$ werden in ein Verhältnis gesetzt ($\Delta C/\Delta\mu$) und mit der gesellschaftlichen Zahlungsbereitschaft für die Rettung eines zusätzlichen Menschenlebens (SWTP) verglichen. Ist die Zahlungsbereitschaft zur Rettung eines Menschenlebens größer als die Grenzkosten zur Rettung, so ist die Maßnahme in einem wirtschaftlich akzeptablen Bereich.

$$SWTP > \frac{\Delta C}{\Delta\mu} - akzeptabel \qquad (13.2)$$

$$SWTP < \frac{\Delta C}{\Delta \mu} - inakzeptabel \qquad (13.3)$$

ΔC gesellschaftliche Grenzkosten der Rauchwarnmelderpflicht [Euro/Jahr]

Zur Abdeckung der Bandbreite der Szenarien werden für die Abschätzung der Wirtschaftlichkeit für die Parameter $\Delta C_{idealisiert}$ und $\Delta \mu_{konservativ}$ niedrige Werte sowie hohe Werte für $\Delta \mu_{idealisiert}$ und $\Delta C_{konservativ}$ angesetzt. In die Berechnung der Grenzkosten der Rauchwarnmelderpflicht gehen die folgenden Parameter ein: die mittlere Anzahl der installierten Rauchwarnmelder pro Haushalt und die Kosten pro installiertem Melder bei einer typischen Nutzungsdauer von 10 Jahren sowie die Anzahl der Privathaushalte in Deutschland (DESTATIS, 2020a). Die jährlichen Kosten pro installiertem Rauchwarnmelder liegen in Anlehnung an Festag (2014b) in Abhängigkeit der Produktqualität und Funktionen zwischen 0,9 und 15,60 Euro pro Melder. Der Anteil P_M der Haushalte mit einer freiwilligen Installation von Rauchwarnmeldern liegt nach Festag (2014b) zwischen 0,05 und 0,07 [-]. Nach Erfahrungen aus dem Ausland (Ahrens, 2016) ist davon auszugehen, dass ca. 5 % der Personen trotz Pflicht keine Rauchwarnmelder einsetzen, woraus sich ein maximaler Ausstattungsgrad von 95 % ergibt.

Mit diesen (zum Teil empirisch gestützten) Annahmen berechnen sich die jährlichen Grenzkosten ΔC nach Gleichung 13.4 zu:

$$\Delta C = C_M \cdot N_M \cdot N_H (1 - P_M) \cdot 0{,}95 \qquad (13.4)$$

C_M jährliche Kosten pro Rauchwarnmelder (über 10 Jahre) (Festag, 2014b);
$\quad C_{M,ideal.} = 0{,}90$ Euro/Melder; $C_{M,real.} = 2{,}25$ Euro/Melder;
$\quad C_{M,konserv.} = 15{,}60$ Euro/Melder (aktuell höchste Preis- und Qualitätsstufe)
N_M Anzahl Rauchwarnmelder pro Haushalt; $N_M = 3$ Melder/Haushalt (Festag, 2014b)
N_H Anzahl Haushalte (DESTATIS, 2020a); $N_{H,1999-2003} = 38.623.225$ Haushalte;
$\quad N_{H,2004} = 39.362.266$ Haushalte; $N_{H,2016} = 41.703.347$ Haushalte
P_M Anteil der Haushalte mit freiwilligem Einsatz von Rauchwarnmeldern;
$\quad P_{M,ideal.} = 0{,}05$ [-]; $P_{M,konserv.} = 0{,}07$ [-]; $P_{M,real.} = 0{,}06$ [-] (Festag, 2014b)

Theoretisch ist es möglich, dass ein installierter Rauchwarnmelder einen Brand nicht detektiert, weshalb die Wahrscheinlichkeit einer „Rauchwarnmelder-Aktivierung" im Brandfall nach Fischer et al. (2012) mit der Variablen P_A in die Berechnung eingeht (siehe Gl. 13.5). Untersuchungen zeigen, dass die Wahrscheinlichkeit einer Rauchwarnmelder-Aktivierung bei mindestens 90 % liegt (Festag, 2014b). Daraus ergibt sich $P_{A,konserv.} = 0{,}9$ [-] und $P_{A,ideal.} = 1$ [-]. Als realistische

Aktivierungswahrscheinlichkeit wird $P_{A,real.}$ = 0,95 [-] immer noch konservativ angenommen. Außerdem ist möglich, dass eine Person auch bei der Auslösung eines Rauchwarnmelders nicht gerettet werden kann, weil sie nicht selbstrettungsfähig ist (z. B. Kinder, mobilitätseingeschränkte oder unter Drogeneinfluss stehende Personen). Diese Wahrscheinlichkeit wird durch die Variable $P_{S|A}$ ausgedrückt. Wilk et al. (2011) setzen dies mit $P_{S|A,min}$ = 31 % an. Somit kann $P_{S|A,konservativ}$ mit 0,31 [-] und $P_{S|A,idealisiert}$ mit 1 [-] angenommen werden. Als realistisches Szenario wird der Mittelwert von $P_{S|A,realistisch}$ = 0,655 [-] angesetzt. Die zeitliche Entwicklung des Ausstattungsgrades der Haushalte mit Rauchwarnmeldern wird auf Grundlage von Umfrageergebnissen (Forsa, 2006; Forsa, 2010 und Forsa, 2014) für die Bundesländer festgelegt. Werte ab 2014 werden basierend auf dem Trend der Vorjahre extrapoliert, um den für Deutschland geltenden Ausstattungsgrad zu bestimmen.

Für die jährliche Risikoreduktion durch die Rauchwarnmelderpflicht gilt mit diesen Annahmen Gleichung 13.5:

$$\Delta\mu = P_{S|A} \cdot P_A \cdot E[N_T] \qquad (13.5)$$

$P_{S|A}$ Wahrscheinlichkeit, dass eine Person durch eine rechtzeitige Warnung gerettet werden kann (Wilk et al., 2011); $P_{S|A,konserv.}$ = 0,31 [-]; $P_{S|A,ideal.}$ = 1 [-]; $P_{S|A,real.}$ = 0,655 [-]

P_A Wahrscheinlichkeit einer Rauchwarnmelder-Aktivierung im Brandfall; $P_{A,konserv.}$ = 0,9 [-]; $P_{A,ideal.}$ = 1 [-]; $P_{A,real.}$ = 0,95 [-] (Festag, 2014b)

$E[N_T]$ Anzahl Sterbefälle in Wohngebäuden pro Jahr (ohne Rauchwarnmelderpflicht) (nach GBE-Bund, 2019); $E_{konserv.,1999-2003}$ = 380 [Sterbefälle/Jahr]; $E_{ideal.,1999-2003}$ = 501 [Sterbefälle/Jahr]; $E_{real.,1999-2003}$ = 380 [Sterbefälle/Jahr]; E_{2004} = 338 [Sterbefälle/Jahr] bzw. E_{2016} = 245 [Sterbefälle/Jahr]

Die Abschätzung der Wirtschaftlichkeit berechnet sich über verschiedene Ansätze:

A den Ist-Zustand ohne Rauchwarnmelderpflicht in Deutschland (Datengrundlage: gemittelte Brandsterbefälle von 1999 bis 2003). Nach Festag & Meinert (2020) sind das 501 Sterbefälle/Jahr ($E_{ideal.}$) und 380 Sterbefälle/Jahr (zu Hause) ($E_{konserv.}$). Als realistisch sind hier die Sterbefälle zu Hause im unmittelbaren Wirkungsbereich der Rauchwarnmelderpflicht anzusehen (Kindertageseinrichtungen etc. vernachlässigend) mit $E_{real.}$ = 380 Sterbefälle/Jahr

B den Zeitpunkt des Wirkungsbeginns der Rauchwarnmelderpflicht (Datengrundlage: Brandsterbefälle von 2004; E_{2004} = 338 Sterbefälle)

C den Zeitpunkt 2016, zu dem die Rauchwarnmelderpflicht bereits wirkt (Datengrundlage: Brandsterbefälle von 2016; E_{2016} = 245 Sterbefälle)

Für diese Betrachtungen wird das Bruttoinlandsprodukt zum jeweiligen Zeitpunkt herangezogen. Mit den idealisierten, konservativen und realistischen Werten einschließlich der statistisch ermittelten Personen, die ohne Rauchwarnmelderpflicht (zu Hause) ums Leben kommen, werden die Grenzkosten zur Rettung einer zusätzlichen Person berechnet. Des Weiteren wird die statistisch ermittelte Anzahl der geretteten Personen in den Jahren seit Einführung der Rauchwarnmelderpflicht (Festag, 2020, S.10) berücksichtigt. Hierzu fließt die Risikoreduktion nach Gleichung 13.5 über den Mittelwert der statistisch geretteten Personen aller Bundesländer im Vergleich zum Referenzzeitraum vor Einführung der Rauchwarnmelderpflicht bis 2003 in die Betrachtung ein (vgl. Kapitel 5), sodass auf dieser Grundlage die empirische Entwicklung der Grenzkosten ebenso abgeleitet werden kann:

D empirische Analyse des Nutzens und der Kosten der Rauchwarnmelderpflicht (Datengrundlage: Brandsterbefälle von 2003 bis 2016)

Ergebnisse der Wirtschaftlichkeitsanalyse

Die Ergebnisse der Wirtschaftlichkeitsanalyse sind in Abbildung 13.1 dargestellt. Die Berechnung zeigt, dass die Grenzkosten zur Rettung einer zusätzlichen Person bei einem realistischen Szenario mit 0,6 Mio. Euro pro Person vor der ersten Einführung der Rauchwarnmelderpflicht (Szenario A) geringer sind als die Zahlungsbereitschaft der deutschen Gesellschaft für die Rettung eines zusätzlichen Menschenlebens mit ca. 1,9 Mio. Euro pro Person zu diesem Zeitpunkt. In dem Szenario B ergeben sich bei einem realistischen Szenario Kosten von 0,7 Mio. Euro pro Person bei einem SWTP-Wert von 2,0 Mio. Euro. In dem Szenario C entstehen für das Jahr 2016 Kosten pro geretteter Person von 1,0 Mio. Euro und ein SWTP-Wert von 2,8 Mio. Euro. Werden die empirisch ermittelten geretteten Personen als Bewertungsgröße herangezogen und das realistische Szenario betrachtet, dann ergeben sich Kosten von 2,5 Mio. EUR pro geretteter Person bei einem SWTP-Wert von 2,8 Mio. EUR pro geretteter Person.

Somit weisen die Ergebnisse für die Rauchwarnmelderpflicht ein wirtschaftlich akzeptables Ergebnis aus. Allein mit konservativen Annahmen (hohe Kosten und geringer Nutzen) ist die Zahlungsbereitschaft geringer als die Kosten der Rauchwarnmelderpflicht. Auf empirischer Basis mit statistischen Daten der Brandsterbefälle von 2003 bis 2016 zeigt sich ebenfalls zum Ende des Beobachtungszeitraumes 2016, dass diese Schutzmaßnahme mit realistischen Annahmen wirtschaftlich ist. Die Analyse führt auf theoretischem und empirischem Wege zu einem wirtschaftlich akzeptablen Ergebnis der Rauchwarnmelderpflicht. Die Maßnahme wirkt und ist dabei effizient. Die Wirtschaftlichkeit verbessert sich im Laufe der Zeit mit

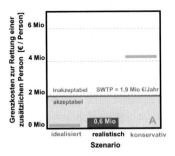
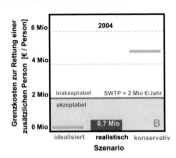

(a) Ansatz A (mit Bezug zum Zeitpunkt vor der ersten Einführungspflicht)

(b) Ansatz B (mit Bezug zum Jahre 2004)

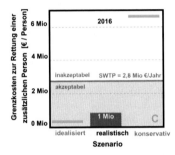
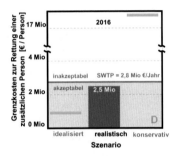

(c) Ansatz C (mit Bezug zum Jahre 2016)

(d) Ansatz D (mit empirischen Bezug zum Jahre 2016)

Abbildung 13.1 Szenarien zur Abschätzung der Grenzkosten zur Rettung einer zusätzlichen Person (nach Festag & Meinert, 2019, modifiziert)

steigendem Ausstattungsgrad und einer damit einhergehenden zunehmenden Anzahl an geretteten Personen.

13.3   Wirksame und wirtschaftliche Schutzmaßnahmen

Die hier dargestellte Analyse verdeutlicht exemplarisch, dass die Wirtschaftlichkeitsbetrachtung als Kriterium für Maßnahmen an eine wesentliche Grenze stößt. Der Ansatz ist in einer direkten Anwendung für den Schutz von Personen, ideellen und symbolischen Werten und der Umwelt ethisch fragwürdig, weil mit dem Vorgehen implizit der Wert eines Menschenlebens bzw. schützenswerten Systems quantifiziert wird. Das berührt persönliche Grundwerte und lässt durch subjektive

Werturteile keine verallgemeinerbare Aussage zu. Vielmehr entstehen in solchen Entscheidungsprozessen „Dilemmasituationen" (vgl. z. B. Awad et al., 2018; Cushman & Young, 2009). In diesem Zuge wird die Wirtschaftlichkeit für Schutzmaßnahmen zu einem Orientierungsmaßstab, was langfristig von der Wirksamkeit ablenken kann. In gesellschaftlichen und die Umwelt betreffenden Bereichen darf die Wirtschaftlichkeit nicht zum bestimmenden Orientierungsmaßstab werden. Eine Risikoabschätzung ist dann problematisch, wenn sie bewusst oder implizit Verluste an Menschenleben, Umweltschäden etc. quantifiziert und eine noch so kleine Eintrittswahrscheinlichkeit als akzeptabel billigend in Kauf nimmt. Bei dem Schutz von Sachwerten lässt sich dieser Ansatz anwenden, wenn die potenziellen Verluste wesentlich durch Geldwerte ausgedrückt werden können. Andererseits lässt sich dieser Ansatz dort, wo persönliche Grundwerte betroffen sind, in Form eines Risiko-Risiko-Vergleiches zwischen verschiedenen zur Auswahl stehenden Schutzmaßnahmen vergleichend einsetzen und umgeht somit die Bemessung des Wertemaßstabes, da die Wirksamkeit und Wirtschaftlichkeit in einen relativen Vergleich zwischen Maßnahmen gesetzt werden. Schutzmaßnahmen sind so zu ergreifen, dass sie ohne Einschränkungen ihrer Wirksamkeit ressourcenschonend erreicht werden, denn die zur Verfügung stehenden Ressourcen sind begrenzt. Diese Überlegungen sind zukünftig bei der Wirksamkeitsanalyse stärker zu berücksichtigen, um einen nachhaltigen Einsatz von Ressourcen zur Gewährleistung von Schutzzielen zu ermöglichen.

Teil IV
Ableitungen aus der Arbeit

Schlussfolgerungen 14

In diesem Teil IV der Arbeit werden hinsichtlich der praktischen Wirksamkeitskontrollen (Teil II) Bezüge zu anderen Arbeiten hergestellt sowie unter der Einbeziehung der Weiterentwicklungslinien der Wirksamkeitskontrolle (Teil III) übergreifende Schlussfolgerungen gezogen.

14.1 Die Wirksamkeitskontrolle und Anwendungsbezüge

Beim Ableiten von Schutzmaßnahmen ist die Wirksamkeitskontrolle ein wichtiges Instrument zur Steuerung der Schutzmaßnahmen und der damit einhergehenden Risikosituation. Aus den Ergebnissen der vorliegenden Arbeit bezüglich der Wirksamkeitskontrollen geht hervor, dass die Wirksamkeit von Schutzmaßnahmen anhand der Leistungsanforderungen fallweise festzustellen ist. Zwei Besonderheiten fallen auf: Erstens zeigt sich z. B. bei der Rauchwarnmelderpflicht für Deutschland insgesamt eine bedeutsame, positive Wirksamkeit (Leistungsklasse 3). In den Bundesländern sind die Ergebnisse hingegen nur zum Teil bedeutsam, insofern die Wirksamkeit teilweise nur bis in die Leistungsklasse 2 nachgewiesen wird. In einem Bundesland ist das Ergebnis unter bestimmten Gesichtspunkten zum Kontrollzeitpunkt sogar negativ (wenn auch nicht signifikant). Zweitens zeigt die Wirksamkeitskontrolle für den abwehrenden Brandschutz zwischen den freiwilligen und Berufsfeuerwehren keine bedeutsamen Unterschiede, was dem Anspruch

Ergänzende Information Die elektronische Version dieses Kapitels enthält Zusatzmaterial, auf das über folgenden Link zugegriffen werden kann https://doi.org/10.1007/978-3-658-46728-9_14.

an die freiwilligen Feuerwehren entspricht. In bestimmten Fällen werden zwischen der untersuchten Maßnahme und dem Referenzsystem in Bezug auf die Wirksamkeitskriterien eben keine Unterschiede angestrebt (wie bei Nachweisen der technischen Gleichwertigkeit; vgl. Abschnitt 11.2). Die Leistungsklassen lassen sich dann trotzdem anwenden, allerdings ist dies im Zuge der Wirksamkeitskontrolle bei der Festlegung der Zielstellung der Maßnahme, Bezugssysteme und Leistungsklassen zu beachten. Abbildung 14.1 fasst die Ergebnisse der Wirksamkeitskontrollen in einer Übersicht zusammen und zeigt, dass bei der Kontrolle unterschiedliche Effekte entstehen und die verschiedenen Leistungsklassen erfüllt werden.

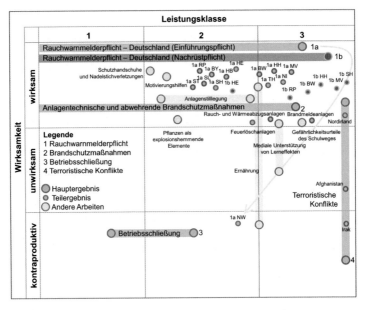

Abbildung 14.1 Einordnung der Arbeiten nach Wirksamkeit und Leistungsklassen

Die Anforderungen der Leistungsklasse 1 erfüllen alle Arbeiten, die auch höhere Leistungsklassen erfüllen oder Arbeiten, die sich auf eine qualitative Analyse konzentrieren (z. B. der qualitative Teil der Betriebsschließung). Die Leistungsklasse 2 erfüllen die quantitativen Ergebnisse der Rauchwarnmelderpflicht, sofern die Ergebnisse nicht signifikant sind. Gleichermaßen trifft dies auf die analysierten anlagentechnischen und abwehrenden Brandschutzmaßnahmen zu sowie die Betriebsschließung und Besetzung von Territorien zur Bewältigung von terroristischen Konflikten.

Die dargestellten Wirksamkeitskontrollen (Teil II) beziehen sich unmittelbar auf Schutzmaßnahmen und den Risikobereich. Die Wirksamkeitskontrolle lässt sich als Instrument auch auf Maßnahmen anwenden, die nicht primär dem Schutz dienen, womit sich die Fallanalysen um andere Arbeiten ergänzen und entlang der Leistungsklassen ordnen lassen (siehe Tabelle 14.1).

Tabelle 14.1 Beispielhafte Arbeiten im Sinne von Wirksamkeitskontrollen mit eingestufter Leistungsklasse (LK)

QUELLE	ANWENDUNGSGEBIET	LK
Kuntzemann et al. (2022)	Sicherheitsbeauftragte	1–2
Brauner et al. (2021)	Maßnahmen gegen Coronainfektionen	2
Gibbs et al. (2020)	Schutzprogramme für Badegäste gegen Haiangriffe	2–3
Toth (2019)	Notkühlmaßnahmen zur Gefahrenabwehr bei der direkten Beflammung von Druckbehältern	2
Backes et al. (2018)	Sonnenschutz verschiedener Hutstile	2
Gebbeken & Warnstedt (2018)	Pflanzen als explosionshemmende Barrieren	2
Astrella (2017)	Wellness-Programme am Arbeitsplatz	2
Bödeker (2016)	Betriebliche Gesundheitsförderung	1–2
Dömling et al. (2016)	Betriebssport	2
Hausken & He (2016)	Sicherheitsmaßnahmen für kritische Infrastrukturen	1
White et al. (2016)	Körperliche Aktivität und Trainingsinterventionen am Arbeitsplatz in Relation zu Arbeitsergebnissen	3
Ren et al. (2015)	Programm zum Schutz der nationalen Wälder und Naturschutzgebiete in China	2
Schröer et al. (2014)	Lebensstilinterventionen am Arbeitsplatz	2–3
Bhui et al. (2012)	Maßnahmen zur Stressbewältigung bei der Arbeit	2–3
Festag (2012)	Maßnahmen zur Stilllegung einer Produktionsanlage	3
Barnett (2011)	Frühe pädagogische Intervention	1–2

(Fortsetzung)

Tabelle 14.1 (Fortsetzung)

QUELLE	ANWENDUNGSGEBIET	LK
Marzbali et al. (2011)	Designansätze zur Kriminalprävention	1–2
Mozaffarian et al. (2011)	Ernährungs- und Lebensstilgewohnheiten (Gewichtszunahme)	2
Nieke & Schwarz (2011)	Maßnahmen zur medialen Unterstützung von Lerneffekten	3
Woollett & Maguire (2011)	Maßnahmen zum Training des Orientierungssinnes	2–3
Kütting et al. (2010)	Hautschutzmaßnahmen zur Prävention berufsbedingter Handekzeme	2
Slooten & Dawson (2010)	Naturschutzmaßnahmen für den Hector-Delfin	2
Wittmann et al. (2009)	Schutzhandschuhe bei Nadelstichverletzungen	2
Hackenfort & Musahl (2008)	Einschätzung der Gefährlichkeit des Schulwegs von Grundschülern	3
Wheeler et al. (2006)	Schiffsinspektionsprogramm der Küstenwache der Vereinigten Staaten	1–2
Bulheller & Heudorfer (2003)	Selbstschutzausstattung bei Chemieunfällen	2

14.2   Die Entwicklung der Relevanz der Wirksamkeit

Die Wirksamkeitskontrolle hat sich bisher in der Praxis noch nicht durchgesetzt, wie aus der Befragung zum Stand der Umsetzung von Gefährdungsbeurteilungen und der Überprüfung der Wirksamkeit von Maßnahmen in Betrieben nach GDA (2017) hervorgeht. Gezielte Hinweise über die Entwicklung der Relevanz der Wirksamkeitskontrolle bzw. von Fragen der Wirksamkeit – als Voraussetzung für das Bewusstsein des Bedarfes an Wirksamkeitskontrollen – fehlen. Aus diesem Grund wird eine Analyse der Entwicklung der Relevanz der Wirksamkeitskontrolle in Fachdiskussionen anhand von Fachartikeln ausgewählter internationaler Fachjournale („Process Safety and Environmental Protection" und „Fire Safety Journal") in Bezug auf das Auftreten des Begriffes Wirksamkeit („Effectiveness") durchgeführt. Die ausgewählten Journale sind im Risikobereich etabliert und greifen in ihren Veröffentlichungsprozeduren auf einen unabhängigen Begutachtungsprozess durch

Fachexperten („peer-review") zurück. Die veröffentlichten Artikel erfüllen somit Kriterien, die den Anspruch auf Originalität beinhalten, womit sie der Durchdringung bewährter Praxis durch neue (gesicherte) Erkenntnisse dienen[1].

Um eine erste Aussage über die Entwicklung der Relevanz der Wirksamkeit zu treffen, werden alle Fachartikel von den ausgewählten Journalen in den Jahren von 2000 bis 2022 gezählt und daraus Jahreswerte aggregiert. Anschließend werden diejenigen Artikel identifiziert, die in ihrem Titel oder der Kurzfassung einen Bezug zur Wirksamkeit (Suchwort „Effectiveness") aufweisen. Diese Artikel werden im Anschluss auf die Anzahl der insgesamt in dem Beobachtungszeitraum veröffentlichten Fachartikel des jeweiligen Journals jahresweise bezogen (siehe Tabelle A.12 im Anhang), um Trends aufgrund einer veränderten Veröffentlichungspraxis auszuschließen. Die Anzahl dieser Artikel, ihre relative Häufigkeit und ihre zeitliche Entwicklung werden als Indikator für die Verbreitung von Fragen der Wirksamkeit in den Fachdiskussionen herangezogen, um daraus einen ersten Anhaltspunkt und ersten zeitlichen Trend in Bezug auf die Relevanz des Themas Wirksamkeit abzuleiten. Zur Absicherung der Ergebnisse werden die Artikel für einige Jahre in einer Vorevaluation[2] meist mehrfach erhoben und zu einer Gesamtaufstellung aufgelistet. Doppelungen werden dabei ausgeschlossen und die Daten auf ihre Reproduzierbarkeit (über die maximalen Abweichungen zum Mittelwert) überprüft: „Process Safety and Environmental Protection" (+/−0,5 %; 2017-2021) und „Fire Safety Journal" (ohne reproduzierte Daten). Die Ergebnisse sind in Abbildung 14.2 dargestellt.

Es ist ersichtlich, dass im Journal „Process Safety and Environmental Protection" in den Jahren 2000 bis 2022 im Schnitt 18 % der Artikel einen Bezug zum Thema Wirksamkeit aufweisen. Zuletzt beträgt der Anteil bereits 28 %. Im „Fire Safety Journal" sind es über die Jahre im Schnitt 14 % und im Jahr 2022 sind es 24 %. Die Anzahl der Artikel ist in beiden Journalen im Steigen begriffen.

Ein weiterer Indikator für die Durchdringung und Entwicklung der Relevanz der Wirksamkeitskontrolle bzw. von Fragen der Wirksamkeit ist die Anzahl der angemeldeten Patente. Patente beschreiben und schützen Erfindungen, womit sie Rückschlüsse über den technischen Fortschritt liefern. Eine Analyse des weltweiten Datenbestandes über Erfindungen und technische Entwicklungen des Europäischen

---

[1] Die damit verbundenen Mechanismen werden kontrovers diskutiert, da sie tendenziell sensationelle Befunde begünstigen (vgl. Fanelli, 2012; Yong, 2012) und Untersuchungen ohne Befunde oder Reproduktionsstudien unterdrücken können (vgl. Festag et al., 2020; Simmons et al., 2011; Diamandis, 2006; Ioannidis, 2005; Goodmann, 1999).

[2] Die Vorevaluation erfolgt im Rahmen des Wahlfaches „Risk-based Effect Analysis" im Studiengang „Process Safety and Environmental Engineering" an der Otto-von-Geuricke-Universität Magdeburg im Sommersemester 2021, 2022, 2023 durch mehrere studentische Arbeiten.

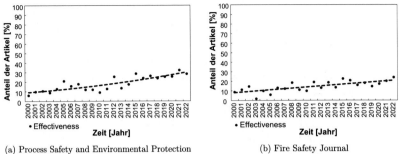

(a) Process Safety and Environmental Protection   (b) Fire Safety Journal

Abbildung 14.2 Entwicklung des Fachartikelanteils mit Bezug zum Thema Wirksamkeit in ausgewählten Fachjournalen von 2000 bis 2022

Tabelle 14.2 Angemeldete Patente und Patente mit Bezug zum Thema Wirksamkeit (Effectiveness)

PATENTE	2017	2018	2019	2020	2021	2022
GESAMT [ANZ.]	882.549	1.023.474	1.032.320	1.211.258	1.283.003	1.283.269
WIRKSAMKEIT [ANZ.]	96.367	107.890	103.538	117.632	118.607	95.546
ANTEIL [%]	10,9	10,5	10,0	9,7	9,2	7,4

Patentamtes (Espacenet, 2023) liefert die folgende Anzahl an Patenten pro Jahr. Wie Tabelle 14.2 zeigt, stagniert die Anzahl der Patente im Wesentlichen. Im Schnitt weisen 10 % der Patente einen Bezug zum Thema Wirksamkeit auf – Ungenauigkeiten durch Übersetzungsfehler ignorierend.

Anhand der Indikatoren lässt sich schlussfolgern, dass die Auseinandersetzung mit der Wirksamkeit im Kontext der Patente stagniert, während sie in den Fachdiskussionen der Journale tendenziell zunimmt. In einem geringeren Maße trifft dies auch auf die Auseinandersetzung mit Wirksamkeitskontrolle zu, wobei die Übersetzung des Begriffes hier unpräziser ist (so könnte der Begriff „control" auch durch die Begriffe „evaluation", „check", „analysis" etc. abgedeckt sein). Abschließend ist damit festzustellen, dass die Wirksamkeitskontrolle eine ausbaufähige, aber zunehmende Relevanz einnimmt.

14.3   Das Ziel der holistischen Wirksamkeitskontrolle

Die Vorgehensweise zur Wirksamkeitskontrolle von Schutzmaßnahmen ist auf der Grundlage der Systemtheorie anwendungsoffen und liefert für unterschiedliche Anforderungsniveaus Leistungsklassen. Für einige Schutzmaßnahmen bedarf es bei der Wirksamkeitskontrolle abgesicherte Erkenntnisse, bei denen Signifikanztests entsprechend der Leistungsklasse 3 erforderlich sind („Evidenz"), um in der Praxis einen Fortschritt zu erzielen. In anderen Fällen stellt die Hinterfragung der Wirksamkeit einer Maßnahme bereits einen Fortschritt dar. Ein wissenschaftlich abgesichertes Vorgehen wäre hier unter Umständen überzogen, weshalb Wirksamkeitskontrollen der Leistungsklasse 1 oder 2 sinnvoll erscheinen und bereits zur Risikoreduzierung beitragen können.

Über die Wirksamkeitskontrolle in der Leistungsklasse 3 verbinden sich – vor allem im Kontext von komplexen Systemen mit systemischen Risiken – natur- und ingenieurwissenschaftliche mit human- und sozialwissenschaftlichen Methoden innerhalb des iterativen Prozesses der Gefährdungs- bzw. Risikobeurteilung. Aus der Anwendung dieser Vorgehensweise lassen sich, wie in Teil II der vorliegenden Arbeit gezeigt wurde, Qualitätsansprüche über den etablierten Rahmen der Gefährdungs- bzw. Risikobeurteilung hinaus ableiten, mit dem Ziel, Risiken im Querschnitt der Anwendungen zu reduzieren.

Das Anforderungsniveau richtet sich nach den spezifischen Erfordernissen. Dies ist gleichermaßen bei den Weiterentwicklungsfaktoren für die Wirksamkeitskontrolle (wie in Teil III der vorliegenden Arbeit gezeigt) zu beachten:

- Seiteneffekte und Effektkaskaden durch die eingeleiteten Schutzmaßnahmen beeinflussen die Risikosituation. Im Rahmen der Wirksamkeitskontrolle bedarf es der Auseinandersetzung mit den möglichen Effekten sowie ihrer Größenordnungen und Aussagekraft. Trends, Gegenmaßnahmen sowie Chancen und Risiken von Seiteneffekten und Effektkaskaden sind bei der Risikoabwägung von Bedeutung. Unter Umständen sind die positiven und negativen Effekte – in Ereignisketten – in einer Gesamtbilanz abzuwägen.
- Mit Schutzmaßnahmen kann ein Spektrum an Gefahren verbunden sein. Die fünf Hauptgefahren durch Schutzmaßnahmen sind: ökologische Gefahren (A), Gesundheitsgefahren (B), technische (C), rechtliche (D) und ethische Gefahren (E). Vielfach sind die verschiedenen Dimensionen bei der Wirksamkeitskontrolle von Bedeutung, um umfassende Konsequenzen abzuschätzen. Die Dimensionen lassen sich differenziert betrachten. Nur selten sind einfache Kausalketten zu erwarten.

- Es zeigt sich, dass die Dynamik von Gefährdungen bei der Ableitung und Überprüfung von Schutzmaßnahmen von zunehmender Bedeutung ist. Zur Erfassung
  der Gefahrendynamik stehen verschiedene Vorgehensweisen von Labor- bis zu
  großskaligen Feld- bzw. Realversuchen und Computersimulationen zur Verfügung. Das Nachweisverfahren ist spezifisch festzulegen. Darüber hinaus ist der
  Beurteilungsmaßstab der „technischen Gleichwertigkeit" für Wirksamkeitskontrollen als Referenzkriterium nutzbar.
- Im Zuge der technischen Entwicklungen adressieren dynamische Schutzmaßnahmen die Gefahrendynamik. Abwägungen zwischen dynamischen und statischen Schutzmaßnahmen können dabei Anhaltspunkte zur Beurteilung der Wirksamkeit darstellen.
- Die Wirksamkeitskontrolle lässt sich über die Berücksichtigung des erforderlichen Aufwands für Schutzmaßnahmen zu einer Abwägung der Wirtschaftlichkeit
  von Schutzmaßnahmen erweitern. Unter dem Gesichtspunkt des adäquaten Einsatzes von Ressourcen ist das sinnvoll, aber bei Schäden, die nicht durch Geld
  auszugleichen sind, ergeben sich ethische Probleme.

Schrittweise lassen sich zukünftig diese Faktoren in die Wirksamkeitskontrolle
bedarfsweise einbeziehen, wie Exkurs 10 zeigt.

Exkurs 10: Frühe, zuverlässige und täuschungsresistente Branddetektion
Automatische Brandmelder können unterschiedlich sensibel auf bestimmte Brandkenngrößen eingestellt werden. Die Herausforderung besteht darin, sie so zu konstru-
ieren und einzustellen, dass sie Brände früh, schnell und zuverlässig erkennen und
gleichzeitig robust gegenüber typischen Täuschungsgrößen (z. B. Staub und Wasserdampf) sind, um Täuschungsalarme zu vermeiden. Für die Berücksichtigung solcher
Seiteneffekte bei der wirksamen Brandfrüherkennung werden verschiedene Ansätze
zur Beurteilung des Ansprechverhaltens gegenüber Täuschungsgrößen entwickelt (vgl.
Mensch et al., 2021; Chagger, 2018; Krüll et al., 2011). Eine ganze Reihe von Maßnahmen sind denkbar, um eine Balance zwischen den Zielen zu finden, wie z. B. der
Einsatz entsprechender Algorithmen oder mehrerer zum Teil auch unterschiedlicher
Messprinzipien (vgl. Festag et al., 2022b). Auf diese Weise lassen sich bestimmte
Brandmelder dann – unter Umständen unter Einbezug weiterer Maßnahmen – auch in
anspruchsvollen Umgebungen einsetzen, wie z. B. in Küchen in Wohnungsnutzungen
(die derzeit einen Risikoschwerpunkt bei Bränden darstellen). So ließen sich Seiteneffekte ohne Verluste bei der Wirksamkeit erzielen.

14.4   Die Wirksamkeitskontrolle und Stellung der Sicherheitswissenschaft

Die Sicherheitswissenschaft hat als Disziplin eine besondere Stellung, da sie nicht nur Erkenntnisse in Bezug auf Gefahren, Gefährdungen und Risiken sowie Schutzmaßnahmen und ihre Wirksamkeit erarbeitet, systematisiert und (kritisch) einordnet, sondern auch allgemeine Verhaltensanweisungen zum Schutz von Menschen und ihrer Umwelt festlegt. Solche Handlungs- oder Unterlassungsanweisungen stellen gesellschaftliche Normen und Verhaltensregeln dar, die sich über Einzel- bis zu Gruppenmeinungen verfestigen. Solche Meinungen, als soziales Konstrukt, können einerseits aus Tatsachen resultieren und andererseits aus Aberglaube, Scheinfakten oder Irrtümern – auch „Faktoide" genannt (Stoll, 2014). Eine Grundsatzaufgabe der Sicherheitswissenschaft ist es Fakten von Faktoiden in dem Wirkgefüge zwischen Gefahren, Gefährdungen und Risiken zu separieren und anhand von Ordnungskriterien und Rangreihenfolgen adäquate Maßnahmen gegen Gefährdungen abzuleiten. Vor diesem Hintergrund nimmt die Wirksamkeitskontrolle eine zentrale Rolle ein, indem sie Entscheidungen bei der Auswahl von Schutzmaßnahmen unterstützt. Die Wirksamkeitskontrolle fördert damit evidenzbasierte Vorgehensweisen.

14.5   Kontrainduzierte Effekte und kontraproduktive Schutzmaßnahmen

In der vorliegenden Arbeit werden Schutzmaßnahmen über die Wirksamkeitskontrolle in wirksame, unwirksame und kontraproduktive Maßnahmen eingeteilt und Beispiele hierfür (z. B. bei der Betriebsschließung) geliefert. Neben erfolgreichen Schutzmaßnahmen nehmen kontraproduktive Effekte im praktischen und wissenschaftlichen Umfeld verhältnismäßig wenig Raum für Diskussionen ein. Dabei geht es hier um Gefahren durch inadäquate Schutzmaßnahmen (Festag, 2017a) vergleichbar mit der:

- Medizin, wenn Krankheiten durch die Medizin selbst ausgelöst werden (z. B. Hauer & Dettenkofer, 2014; Hofmann & Jilg, 1998),
- Pädagogik, wenn Kompetenzlücken durch die angewendete Pädagogik entstehen (z. B. Dörr & Herz, 2010; Zipin, 2009; Scott, 2003),
- Betriebswirtschaft, wenn das betriebswirtschaftliche Handeln wirtschaftliche Schieflagen fördert (z. B. Hall-Blanco, 2016; Nilsson, 2016; Festag, 2012; Hogarth & Karelaia, 2011; Denrell, 2016).

Im Detail sind kontrainduzierte Effekte zu unterscheiden (siehe Abschnitt 9.1), bei denen das Primärziel entgegengesetzt zur gewünschten Weise beeinflusst wird („kontraproduktive Maßnahmen im engeren Sinne") und bei denen erhebliche Sekundärwirkungen auftreten, die unter Umständen sogar die Primärwirkung überlagern (Maßnahmen mit kontrainduzierten Seiteneffekten, „kontraproduktive Maßnahmen im weiteren Sinne"). Einen Nachweis für kontrainduzierte Effekte bzw. kontraproduktive Maßnahmen im engeren Sinne liefern im Risikobereich zum Beispiel Hale & Glendon (1987, S. 301) bei der Untersuchung der Effekte von bestimmten Motivierungshilfen bei der Einführung von Körperschutzmitteln. Sie zeigen, dass Poster mit abschreckenden Darstellungen und Disziplinarmaßnahmen, gemessen an der Veränderung der Anlegequote von Schutzmaßnahmen, langfristig mit negativen Effekten verbunden sind. Musahl (1997, S. 342) verweist in seinen Arbeiten auf kontrainduzierte Schutzmaßnahmen und beschreibt ihre Existenz im Kontext von Arbeits- und Wegeunfällen. Dort zeigt er, dass es problematisch ist, wenn die Umgebung subjektiv sicherer eingeschätzt wird, als sie objektiv ist. In diesen Fällen liegt die Aufmerksamkeit unterhalb des erforderlichen Maßes, was in objektiv gefährlichen Situationen Unfälle begünstigt. Musahl (1997) zieht daraus den Schluss, dass Gefährdungen vorgebeugt werden kann, wenn gezielte Impulse zur Steigerung der Aufmerksamkeit in der Umgebung gesetzt werden und einer „negativen Verstärkung" vorgebeugt wird. Im Prinzip muss die Umgebung subjektiv gefährlicher aussehen, als sie tatsächlich ist. Als praktisches Beispiel führt er Kreisverkehre im Straßenverkehr an, die den Handelnden eine gewisse Aufmerksamkeit abverlangen. In einer anderen Arbeit verweist Hartwig (2012) auf vom Managementverhalten induzierte Common-Mode-Fehlersituationen in Industrie und Politik. Kontraproduktive Effekte von Maßnahmen sind weit verbreitet. Zum Beispiel wurde lange Zeit empfohlen, dass Mütter während der Schwangerschaft und Stillzeit allergene Nahrungsmittel meiden sollten, wenn eine erhöhte Wahrscheinlichkeit für eine Lebensmittelallergie innerhalb der Familie vorliegt. Diese Vermeidungsstrategie liegt allerdings im Verdacht, das Gegenteil zu erreichen, da der Organismus verlernt, mit diesen Stoffen adäquat umzugehen (Kessler, 2013, S. 18). In anderen Beispielen zeigen sich unter bestimmten Bedingungen ebenso kontraproduktive Mechanismen:

- Gefahren durch bestimmte medizinische Eingriffe (Brennan et al., 1991),
- erhöhte Brandgefahr durch das Einkleiden von Gebäuden mit Wärmedämmverbundsystemen (Zehfuß et al., 2015),
- Einfluss von bestimmten Lebensmitteln auf die Gewichtsveränderung von Menschen (Mozaffarian et al., 2011).

Bislang fehlten bei der Kontrolle der Wirksamkeit von Schutzmaßnahmen methodische und systematische Grundlagen unter der Berücksichtigung der Einsatzbedingungen, was kontraproduktives Handeln begünstigt. Kontraproduktive Maßnahmen können durch die Wirksamkeitskontrolle aufgedeckt und darauf basierend verhindert werden. Die Wirksamkeit von Schutzmaßnahmen muss fallspezifisch beurteilt werden. Auf der Basis der vorliegenden Arbeit sind weiterführende Arbeiten zur Systematisierung von Maßnahmen in Abhängigkeit ihrer Einsatzbedingungen zu erarbeiten.

14.6   Der Mensch als systemdominierender Faktor

Auf einer systemischen Wirkungsweise sind in Risikosituationen menschliche Verhaltens- und Reaktionsweisen von herausragender Bedeutung. Auf die Entfaltung der Wirksamkeit von Schutzmaßnahmen trifft dies genauso zu, wie in der vorliegenden Arbeit offensichtlich wird. In allen Wirksamkeitskontrollen und Weiterentwicklungslinien ist das Verhalten der beteiligten Personen für die Risikosituationen und Wirksamkeit der Maßnahmen entscheidend, seien es die Personen, die Systeme gestalten und Schutzmaßnahmen durchsetzen, oder diejenigen, die von den Maßnahmen betroffen sind. Die Resultate der systemgestaltenden Personengruppe beeinflussen dabei das Verhalten der im System agierenden und von den Maßnahmen betroffenen Personengruppe. Der Mensch ist über mehrere Ebenen hinweg von der Entstehung von gefährlichen Situationen bis zur Wirksamkeit der Maßnahmen der systemdominierende Faktor. Ein wesentlicher Teil der Systeme ist von Menschen für Menschen gestaltet (anthropogen). Menschliche Verhaltensweisen sind bei der Gestaltung von Systemen und Schutzmaßnahmen zu berücksichtigen. Dieser Sachverhalt wird im Zuge der Technisierung oftmals übersehen und Systeme werden auf technisch-physikalisch beschreibbare Strukturen und Prozesse reduziert. Menschen sind sehr komplex und müssen als Ganzes gesehen werden. Vor allem Emotionen nehmen über psychosoziale Mechanismen in der modernen Risikosituation und für die Wirksamkeit von Schutzmaßnahmen eine zentrale Funktion ein. Die Vernachlässigung der Komplexität von Menschen begünstigt „Common-Cause-Fehlersituationen". Die Integration des Menschen als Ganzes ist bei der Gestaltung von Systemen, der Kontrolle von Gefährdungen und der Wirksamkeitskontrolle von Schutzmaßnahmen erforderlich.

Neben der Vertiefung der einzelnen hier kapitelweise vorgestellten Arbeitsschwerpunkte (Teil II und III) lassen sich über den erarbeiteten methodischen Rahmen mit weiteren Wirksamkeitskontrollen und Anwendungen vertiefende Lösungsansätze hinterfragen, wie sie sich bereits mit dem analysierten Bestand an

Wirksamkeitskontrollen erkennen lassen. Außerdem sind für die Zukunft in der Ausbildung von entsprechenden Risikokompetenzen und in der Durchführung von differenzierten Folgenabschätzungen Schwerpunkte im Kontext von Wirksamkeitskontrollen zu setzen. Ein wichtiger Bestandteil sind Folgenabschätzungen von Schutzmaßnahmen.

Abschließend ist zu schlussfolgern, dass die Wirksamkeitskontrolle ein entscheidender Schritt bei der Erreichung von Schutzzielen ist, da mit ihr der Beitrag von Maßnahmen in den realen Einsatzbedingungen dargestellt werden kann. Die Wirksamkeitskontrolle findet dort einen Einsatz, wo Schutzmaßnahmen ergriffen werden. Die Auseinandersetzung mit der Wirksamkeit von Schutzmaßnahmen ist auszubauen.

Literaturverzeichnis

Aerts, H., Schirner, M., Dhollander, T., Jeurissen, B., Achten, E., Van Roost, D., Ritter, P., & Marinazzo, D. (2020). Modeling brain dynamics after tumor resection using The Virtual Brain. *NeuroImage, 213*, 116738, https://doi.org/10.1016/j.neuroimage.2020.116738.

Ahn, J., Carson, C., Jensen, M., Juraka, K., Nagasaki, S., & Tanaka, S. (2014). *Reflections on the Fukushima Daiichi Nuclear Accident: Toward Social-Scientific Literacy and Engineering Resilience.* Springer.

Ahrens, M. (2016). Smoke Alarms in US Home Fires: An Overview. *EUSAS Journal, 10*, 45–54.

Ahrens, M. (2021). *Smoke Alarms in US. Home Fires* (Technischer Bericht). National Fire Protection Association.

AK-MF (2011). *Kompetenzen bezüglich menschlicher Faktoren im Rahmen der Anlagensicherheit (Betreiber, Behörden und Sachverständige)* (Leitfaden KAS 20). Kommission für Anlagensicherheit, Bundesministerium für Umwelt, Natur- und Reaktorsicherheit.

Albers, S. (1987). Zeitabhängiger Ersatzprozeß als Modell für die Fehlerhäufigkeit bei menschlicher Tätigkeit. Ein Beitrag zur quantitativen Beschreibung der Zuverlässigkeit in Mensch-Maschine-Systemen. E. Tittes (Hrsg.), *Sicherheitswissenschaftliche Monographie Band 12.* Gesellschaft für Sicherheitswissenschaft, Bergische Universität – Gesamthochschule Wuppertal.

Alexander, D. E. (2013). Resilience and disaster risk reduction: an etymological journey. *Natural Hazards and Earth System Science*, 13(11), 2707–2716. https://doi.org/10.5194/nhess-13-2707-2013.

Andrlik, C. (2012). *Die Risikoanalyse und -bewertung in der Praxis der Gefährdungsbeurteilung von Arbeitsplätzen* [Dissertation]. Bergischen Universität Wuppertal.

ArbSchG (2022). Gesetz über die Durchführung von Maßnahmen des Arbeitsschutzes zur Verbesserung der Sicherheit und des Gesundheitsschutzes der Beschäftigten bei der Arbeit. https://www.gesetze-im-internet.de/arbschg/BJNR124610996.html.

ARGEBAU (2019). Muster-Richtlinie über den baulichen Brandschutz im Industriebau (MIndBauRL). Fachkommission Bauaufsicht der Bauministerkonferenz. https://www.dibt.de/fileadmin/dibt-website/Dokumente/Amtliche_Mitteilungen/2019_2_MIndBauRL.pdf.

Arnold, L. & Festag, S. (2018). Ingenieurmethoden in einer U-Bahn-Station: Das OPHEUS-Projekt. In J. Zehfuß (Hrsg.), Braunschweiger Brandschutz-Tage 2018. 32. Fachtagung Brandschutz bei Sonderbauten (S. 98–113). Technische Universität Braunschweig.

Arntz-Gray, J. (2016). Plan, Do, Check, Act: The need for independent audit of the internal responsibility system in occupational health and safety. *Safety Science, 84*, 12–23. https://doi.org/10.1016/j.ssci.2015.11.019.

ARP4761 (1996). *Guidelines and Methods for Conducting the Safety Assessment Process on Civil Airborne Systems and Equipment.* Issuing Committee: S-18 Aircraft and Sys Dev and Safety Assessment Committee, SAE International. https://doi.org/10.4271/ARP4761.

Arvay, C. G. (2016). *Der Heilungscode der Natur.* Riemann.

ASI 10.0 (2020). Handlungsanleitung Betriebliche Gefährdungsbeurteilung. Arbeitssicherheitsinformation (ASI) 10.0, Berufsgenossenschaft Nahrungsmittel und Gastgewerbe.

Astrella, J. (2017). Return on Investment: Evaluating the Evidence Regarding Financial Outcomes of Workplace Wellness Programs. *J Nurs Adm, 47*(7-8), 379–383.

Awad, E., Dsouza, S., Kim, R., Schulz, J., Henrich, J., Shariff, A., Bonnefon, J.-F., & Rahwan, I. (2018). The Moral Machine experiment. *Nature, 563*, 59–64. https://doi.org/10.1038/s41586-018-0637-6.

Babrauskas, V. (2003). *Ignition Handbook: Principles and Applications to Fire Safety Engineering, Fire Investigation, Risk Management and Forensic Science.* Fire Science Pub.

Babrauskas, V. & Williamson, R. (1978). The historical basis of fire resistance testing – Part I. *Fire Technology, 14*, 184–194. https://doi.org/10.1007/BF01983053.

Backes, C., Religi, A., Moccozet, L., Vuilleumier, L., Vernez, D., & Bulliard, J.-L. (2018). Facial exposure to ultraviolet radiation: Predicted sun protection effectiveness of various hat styles. *Photodermatology, Photoimmunology & Photomedicine, 34*(5), 330–337. https://doi.org/10.1111/phpp.12388.

Banse, G. & Bechmann, G. (1998). *Interdisziplinäre Risikoforschung. Eine Bibliographie.* VS Verlag für Sozialwissenschaften, Springer Fachmedien.

Barnett, W. S. (2011). Effectiveness of Early Educational Intervention. *Science, 333*(6045), 975–978. https://www.science.org/doi/10.1126/science.1204534.

Barrero, J. P., Garcia-Herrero, S., Mariscal, M. A., & Gutierrez, J. M. (2018). How activity type, time on the job and noise level on the job affect the hearing of the working population. Using Bayesian networks to predict the development of hypoacusia. *Safety Science, 110*(Part A), 1–12.

Barry, A., Koshman, S., & Pearson, G. (2014). Adverse drug reactions: The importance of maintaining pharmacovigilance. *Can Pharm J (Ott), 147*(4), 233–238. https://doi.org/10.1177/1715163514536523.

Barth, U. (29.04.2020). *Methoden der Sicherheitstechnik/Unfallforschung – Über das Lehr- und Forschungsgebiet.* Bergische Universität Wuppertal. https://www.msu.uni-wuppertal.de/.

Barth, U., Brüning, T., Dorroch, A., Hoischen, U., Kiefer, R., Lange, S., Niemann, P., Portz, H., & Staubach, M. (2023). *Spurenerhaltung bei der Brandbekämpfung zur Brand- und Explosionsursachenermittlung* (Merkblatt MB 02-02). Vereinigung zur Förderung des Deutschen Brandschutzes e. V.

Bashir, S. & Crews, R. D. (2012). *Under the drones: Modern Lives in the Afghanistan-Pakistan Borderlands.* Harvard University Press.

BAuA (2020). Sicherheit und Gesundheit bei der Arbeit – Berichtsjahr 2019. Unfallverhütungsbericht Arbeit. Bundesanstalt für Arbeitsschutz und Arbeitsmedizin.

Bauer, J., Hechtel, M., Konrad, C., Holzwarth, M., Mayr, A., Schneider, S., Franke, J., Hoffmann, H., Zinnikus, I., Feld, T., Runge, M., & Hinz, O. (2020). ForeSight – AI-based Smart

Living Platform Approach. *Current Directions in Biomedical Engineering*, 6(3), 384-387, https://doi.org/10.1515/cdbme-2020-3099.

Baur, N. & Blasius, J. (2019). *Handbuch Methoden der empirischen Sozialforschung* (2. Aufl.). VS Verlag für Sozialwissenschaften. https://doi.org/10.1007/978-3-658-21308-4.

BBK (2010). *Methode für die Risikoanalyse im Bevölkerungsschutz* (Band 8). Bundesamt für Bevölkerungsschutz und Katastrophenhilfe.

Beck, M. (2016). *Dr. Drohne. Basiswissen für Steuerer unbemannter Flugsysteme auf dem Weg zur Aufstiegserlaubnis*. Books on Demand.

Beck, U. (1986). *Risikogesellschaft. Auf dem Weg in eine andere Moderne*. Suhrkamp.

Beck, U. (1993). Politische Wissenstheorie der Risikogesellschaft. In G. Bechmann (Ed.), *Risiko und Gesellschaft: Grundlagen und Ergebnisse interdisziplinärer Risikoforschung* (S. 305–326), Westdeutscher Verlag, Springer.

Becker-Lenz, R., Franzmann, A., Jansen, A., & Jung, M. (2016). *Die Methodenschule der Objektiven Hermeneutik*. VS Verlag für Sozialwissenschaften. https://doi.org/10.1007/978-3-658-00768-3.

Beggan, D. (2016). Understanding Insurgency Violence: A Quantitative Analysis of the Political Violence in Northern Ireland 1969-1999. *Studies in Conflict & Terrorism, 32*, 705–725.

Belasco, A. (2009). *Troop Levels in the Afghan and Iraq Wars, FY2001-FY2012: Cost and Other Potential Issues*. U.S. Defense Policy and Budget, Congressional Research Service 7-5700 (R40682). https://sgp.fas.org/crs/natsec/R40682.pdf.

Bengs, S. (2013). *Quantitative Analyse des Verbreitungsgrades von automatischen Brandmeldeanlagen* [Masterarbeit]. Bergische Universität Wuppertal.

Berkes, F. & Ross, H. (2013). Community Resilience: Toward an Integrated Approach. *Society & Natural Resources, 26*(1), 5–20. https://doi.org/10.1080/08941920.2012.736605.

Bernotat, R. (2008). Das Forschungsinstitut für Anthropotechnik – Aufgaben, Methoden und Entwicklung. In L. Schmidt, C. M. Schlick & J. Grosch (Hrsg.), *Ergonomie und Mensch-Maschine-Systeme*. Springer.

Bernstein, M. (23.02.2016). Besensstiel-Räuber forderte Diamanten im Wert von drei Millionen vom FC Bayern. *Süddeutsche Zeitung*. https://sz.de/1.2877356.

Beste, R., Gebauer, M., von Hammerstein, K., Pfister, R., Repinski, G., Schult, C., & Traufetter, G. (02.06.2013). Das Milionengrab. *Der Spiegel*, 23, 18–26.

Bew, P. & Gillespie, G. (1999). *Northern Ireland: A Chronology of the Trouble 1998-1999*. Gill & Macmillan.

BG RCI (2022). *Gefährdungsbeurteilung: Sieben Schritte zum Ziel* (Merkblatt A 016). Berufsgenossenschaft Rohstoffe und chemische Industrie.

BGW (06.01.2022). *Sieben Schritte: So geht Gefährdungsbeurteilung*. Berufsgenossenschaft für Gesundheitsdienst und Wohlfahrtspflege. https://www.bgw-online.de.

Bhui, K., Dinos, S., Stansfeld, S., & White, P. (2012). A synthesis of the evidence for managing stress at work: a review of the reviews reporting on anxiety, depression, and absenteeism. *Journal of Environmental and Public Health, 515874*, 1–10. https://doi.org/10.1155/2012/515874.

Bier, V. (2020). The Role of Decision Analysis in Risk Analysis: A Retrospective. *Risk Analysis, 44*(S1), 2207–2217. https://doi.org/10.1111/risa.13583.

Biermann, K. & Wiegold, T. (2015). *Drohnen: Chancen und Gefahren einer neuen Technik*. Christoph Links.

Birkmann, J., Greiving, S., & Serdeczny, O. M. (2016). Das Assessment von Vulnerabilitäten, Risiken und Unsicherheiten. In G. Brasseur, D. Jacob & S. Schuck-Zöller (Hrsg.), *Klimawandel in Deutschland*. Springer Spektrum. https://doi.org/10.1007/978-3-662-50397-3_26.

Birolini, A. (1997). *Zuverlässigkeit von Geräten und Systemen*. Springer.

Bittner, J. (2002). *Rough justice: Die Justiz der IRA. Eine Untersuchung und Dokumentation zum Begriff des Rechtssystems*. Peter Lang Verlag. Europäischer Verlag der Wissenschaften.

Blum, S. & Kaufmann, S. (2013). Vulnerabilität und Resilienz: Zum Wandern von Ideen in der Umwelt- und Sicherheitsdiskussion. In R. von Detten, F. Faber & M. Bemmann (Hrsg.), *Unberechenbare Umwelt. Zum Umgang mit Unsicherheit und Nicht-Wissen* (S. 91–120). https://doi.org/10.1007/978-3-531-94223-0_6.

Bluma, L. (2005). *Norbert Wiener und die Entstehung der Kybernetik im Zweiten Weltkrieg* (28. Aufl.). LIT.

BMUV (2020). *Umweltpolitik für eine nachhaltige Gesellschaft: Nachhaltigkeitsbericht des Bundesumweltministeriums zur Umsetzung der 2030-Agenda der Vereinten Nationen*. Bundesministerium für Umwelt, Naturschutz, nukleare Sicherheit und Verbraucherschutz [BMUV]. https://www.bmuv.de/fileadmin/Daten_BMU/Pools/Broschueren/umwelt_nachhaltige_gesellschaft_bf.pdf.

BMVg (20.08.2014). *Übersicht – Drohnen der Bundeswehr und Drohnenverluste*. Presse- und Informationsstab des Bundesministeriums der Verteidigung.

BMVI (2014). *Kurzinformation über die Nutzung von unbemannten Luftfahrtsystemen*. Bundesministerium für Verkehr und digitale Infrastruktur.

BMVI (2017). *Die neue Drohnenverordnung – Ein Überblick über die wichtigsten Regeln*. Bundesministeriums für Verkehr und digitale Infrastruktur.

BMWi (2019). *Leitbild 2030 für Industrie 4.0: Digitale Ökosysteme global gestalten*. Bundesministerium für Wirtschaft und Energie, Plattform Industrie 4.0.

Bock, M. (2007). *Kriminologie – Für Studium und Praxis* (3. Aufl.). Franz Vahlen.

Bockstette, C. (2006). Terrorismus und asymmetrische Kriegsführung als kommunikative Herausforderung. In C. Bockstette, S. Quandt & W. Jertz (Hrsg.), *Strategisches Informations- und Kommunikationsmanagement. Handbuch der sicherheitspolitischen Kommunikation und Medienarbeit*. Bernard & Graefe.

Boholm, A. (1998). Comparative Studies of Risk Perception: A Review of Twenty Years of Research. *Journal of Risk Research*, *1*(2), 135–163. https://doi.org/10.1080/136698798377231.

Bonß, W. (1996). Die Rückkehr der Unsicherheit. Zur gesellschaftstheoretischen Bedeutung des Risikobegriffes. In G. Banse (Hrsg.), *Risikoforschung zwischen Disziplinarität und Interdisziplinarität* (S. 166–185). Edition Sigma.

Bortz, J. (1993). *Statistik für Sozialwissenschaftler* (4. Aufl.). Springer.

Bortz, J. (2005). *Statistik für Human- und Sozialwissenschaftler* (6. Aufl.). Springer Medizin.

Bortz, J. & Döring, N. (2006). *Forschungsmethoden und Evaluation: für Human- und Sozialwissenschaftler* (4. Überarb. Aufl.). Springer.

Bortz, J. & Schuster, C. (2010). *Statistik für Human- und Sozialwissenschaftler* (7. Aufl.). Springer. https://doi.org/10.1007/978-3-642-12770-0.

Bossel, H. (2004). *Systeme, Dynamik, Simulation, Modellbildung, Analyse und Simulation komplexer Systeme*. Books on Demand.

Bottelberghs, P. H. (2000). Risk analysis and safety policy developments in the Netherlands. *Journal of Hazardous Materials*, *71*(1–3), 59–84. https://doi.org/10.1016/S0304-3894(99)00072-2.

Boumphrey, R. & Bruno, M. (2015). A foresight review of resilience engineering: designing for the expected and unexpected (Report Series: No. 2015.2). Lloyd's Register Foundation.

Brashares, J. S., Prugh, P. R., Stoner, C. J., & Epps, C. W. (2010). Ecological and Conservation Implications of Mesopredator Release. In J. Terborgh & J.A. Estes (Hrsg.), *Trophic Cascades: Predators, Prey, and the Changing Dynamics of Nature* (S. 221–240). Island Press.

Brauner, J. M., Mindermann, S., Sharma, M., Johnston, D., Salvatier, J., Gavenčiak, T., Stephenson, A. B., Leech, G., Altman, G., Mikulik, V., Norman, A. J., Monrad, J. T., Besiroglu, T., Ge, H., Hartwick, M. A., Teh, Y. W., Chindelevitch, L., Gal, Y., & Kulveit, J. (2021). Inferring the effectiveness of government interventions against COVID-19. *Science*, 371(6531), 975–978. https://www.science.org/doi/10.1126/science.abd9338.

Brein, D. (2001). *Anwendungsbereiche und -grenzen für praxisrelevante Modellansätze zur Bewertung der Rauchausbreitung in Gebäuden (Plume-Formeln)*. Berichte der Forschungsstelle für Brandschutztechnik, Universität Karlsruhe.

Brenig, W. (2015). Überblick über Ansätze zur Risikobeurteilung – qualitative und quantitative Verfahren. In S. Festag & U. Barth (Hrsg.), *Risikokompetenz: Beurteilung von Risiken* (133–164). Schriften der Schutzkommission – Band 7, XXVIV. Sicherheitswissenschaftliches Symposion der Gesellschaft für Sicherheitswissenschaft. Bundesamt für Bevölkerungsschutz und Katastrophenhilfe.

Brennan, T. A., Lucian, J., Leape, L., Laird, N. M., Hebert, L., Localio, R., Lawthers, A. G., Newhouse, J. P., Weiler, P. C., & Hiatt, H. H. (1991). Incidence of Adverse Events and Negligence in Hospitalized Patients – Results of the Harvard Medical Practice Study. *N Engl J Med*, *324*, 370–376. https://www.nejm.org/doi/full/10.1056/NEJM199102073240604.

Brockhaus (1986). Drohne. *Brockhaus Enzyklopädie in vierundzwanzig Bänden* (Fünfter Band: COT-DR, 19. Aufl., S. 685). F. A. Brockhaus.

Brockhaus (25.01.2018). Drohne. *Brockhaus Enzyklopädie Online*. Abgerufen am 25.01.2018, von https://brockhaus.de/ecs/enzy/article/drohne-technik.

Brosius, H.-B., Koschel, F., & Haas, A. (2009). *Methoden der empirischen Kommunikationsforschung – Eine Einführung*. VS Verlag für Sozialwissenschaften.

Bräunig, D. & Kohstall, T. (2013). *Berechnung des internationalen Return on Prevention für Unternehmen: Kosten und Nutzen von Investitionen in den betrieblichen Arbeits- und Gesundheitsschutz* (Abschlussbericht 2). Internationale Vereinigung für Soziale Sicherheit, Deutschen Gesetzlichen Unfallversicherung und Berufsgenossenschaft Energie Textil Elektro Medienerzeugnisse (Webcode: d39680).

Bräunig, D. & Kohstall, T. (2015). Wirtschaftlichkeit und Wirksamkeit des betrieblichen Arbeitsschutzes – Zusammenstellung der wissenschaftlichen Evidenz 2006 bis 2012 (iga.Report 28, S. 111–127). http://www.iga-info.de.

Brüne, M., Charlton, J., Pflitsch, A., & Agnew, B. (2016). The Influence of subway climatology on gas dispersion and the effectiveness of guided evacuations in a complex subway station. *Meteorologische Zeitschrift*, 25(4), 489–499.

Brüne, M., Gomell, A., Furian, W., Horbach, B., & Pflitsch, A. (2017). OFDR-Temperature Sensing using existing Fiber-Optic Communication Cables – An application for automatic fire detection? In T. Schultze (Hrsg.), Proceedings of the 16th International Conference on Automatic Fire Detection & Suppression, Detection and the Signaling Research and Applications (S. II-167–II-128). Universität Duisburg-Essen.

BSI-Standard 100-1 (2008). *Managementsysteme für Informationssicherheit*. Bundesamt für Sicherheit in der Informationstechnik.

Bubb, H. (1990). Bewertung und Vorhersage von Systemzuverlässigkeit. C. Graf von Hoyos & B. Zimolong (Hrsg.), *Ingenieurspsychologie Enzyklopädie der Psychologie* (Themenbereich D, Serie III, Bd. 2, 285–312). Hogrefe.

Bubb, H. (1994). *Human Reliability in System Design*. Application Guide to Human Reliablity – Part 1, IEC/TC56/WG11 Committee.

Bulheller, S. & Heudorfer, W. (2003). *Untersuchung der Wirksamkeit von Selbstschutzausstattung bei Chemieunfällen* (Schriftenreihe der Schutzkommission beim Bundesministerium des Inneren Band 34). Bundesverwaltungsamt – Zentralstelle für Zivilschutz im Auftrag des Bundesministerium des Inneren.

Bureau of Investigative Journalism (12.04.2015). *Covert Drone War*. Abgerufen am 12.04.2015, von www.thebureauinvestigates.com.

Burkhardt, F. (1970). Arbeitssicherheit. In K. Gottschaldt et al. (Hrsg.), *Handbuch der Psychologie* (Bd. 9 Betriebspsychologie).

Buzan, B., Waever, O., & de Wilde, J. (1998). *Security: A New Framework for Analysis*. Lynne Rienner.

Böckling, U. (2017). *Resilienz. Über einen Schlüsselbegriff des 21. Jahrhunderts*. https://www.soziopolis.de/resilienz.html.

Bödeker, W. (2016). Lohnt sich betriebliche Gesundheitsförderung für Unternehmen wirklich? *DGUV Forum, 6*, 36–37.

Börcsök, J. (2006). *Funktionale Sicherheit Grundzüge sicherheitstechnischer Systeme*. Hüthig.

Campbell, D. & Stanley, J. (1966). *Experimental and quasi-experimental designs for research*. Rand McNally.

Campbell, M., Fitzpatrick, R., Haines, A., Kinmonth, A. L., Sandercock, P., Spiegelhalter, D., & Tyrer, P. (2000). Framework for design and evaluation of complex interventions to improve health. *British Medical Journal, 321*(7262), 694–696. https://doi.org/10.1136/bmj.321.7262.694.

Chagger, R. (2018). *The performance of multi-sensors in fire and false alarm tests* (Briefing paper Report 1092193). BRE Global Ltd.

Clarke, R. A. (2004). *Against ALL Enemies. Der Insiderbericht über Amerikas Krieg gegen den Terror*. Hoffmann und Campe.

Cohen, J. (1988). *Statistical Power Analysis for the Behavioral Sciences*. Lawrence Erlbaum Associates.

Collingridge, D. (1996). Resilience, Flexibility, and Diversity in Managing the Risks of Technologies. In C. Hood & D.K.C. Jones (Hrsg.), *Accident and Design: Contemporary Debates in Risk Management* (40–45). UCL Press.

Compes, P. C. (1963). *Wirtschaftliche Auswirkungen von Betriebsunfällen – Dargestellt an einer Untersuchung in einer Automobilfabrik* [Dissertation]. Rheinisch-Westfälische Technische Hochschule Aachen.

Compes, P. C. (1975). Sicherheitstechnik an der Bergischen Universität Wuppertal. *Sicherheitsingenieur, 8*, 374–377.

Compes, P. C. (1978). Zum Verständnis der Sicherheitswissenschaft – Ein Beitrag zur Diskussion. Interne Mitteilung der Gesellschaft für Sicherheitswissenschaft, *1*(1), 2–6.

Compes, P. C. (1980). Erwartungen der Sicherheitstechnik an die Humanwissenschaft. In Peter C. Compes (Hrsg.), *Der Mensch als Sicherheitsproblem in technischen Systemen* (S. 57–78). 2. GfS-Sommer-Symposion der Gesellschaft für Sicherheitswissenschaft. Bergische Universität – Gesamthochschule Wuppertal.

Compes, P. C. (1982). Zur sicherheitswissenschaftlichen Terminologie und Methodologie der Risiko-Problematik. In Peter C. Compes (Hrsg.), *Risiken komplizierter Systeme – ihre komplexe Beurteilung und Behandlung* (S. 49–70). GfS-Sommer-Symposion 1979 der Gesellschaft für Sicherheitswissenschaft. Bergische Universität – Gesamthochschule Wuppertal.

Compes, P. C. (1983). Einführung in die Aufgabe: Praktische Sicherheits-Strategie und -Taktik. In Peter C. Compes (Hrsg.), *Sicherheitswissenschaftliche Analytik – Theorie und Praxis der Methoden zur Unfall-Risiko-Forschung* (Sicherheitswissenschaftliche Monographie Band 3). Gesellschaft für Sicherheitswissenschaft.

Compes, P. C. (1988). Zur sicherheitswissenschaftlichen Risikologie: Entwurf einer Methode zur Objektivierung von Risiken im kollektiven Interesse. In Peter C. Compes (Hrsg.), *Risiko – subjektiv und objektiv* (S. 203–257). IX Internationales GfS-Sommer-Symposion der Gesellschaft für Sicherheitswissenschaft. Bergische Universität – Gesamthochschule Wuppertal.

Compes, P. C. (1991). Forschung und Lehre der Sicherheitswissenschaft. In Peter C. Compes (Hrsg.), *Sicherheitswissenschaft in Theorie und Praxis im wiedervereinigten Deutschland – Konzepte-Realitäten-Defizite* (S. 17–48). 12. GfS-Sommer-Symposion der Gesellschaft für Sicherheitswissenschaft.

Cont, R. (2010). Statistik für seltene Ereignisse. *Spektrum der Wissenschaft – Spezial: Zufall und Chaos, 1* 68–75.

Cox, D. & Miller, H. (1966). *Theory of Stochastic Processes*. Chapmann & Hall Ltd.

Cozic, M. & Drouet, I. (2010). Interpretation der Wahrscheinlichkeit. *Spektrum der Wissenschaft – Spezial: Zufall und Chaos, 1*, 18–23.

Crick, F. (1997). *Was die Seele wirklich ist. Die naturwissenschaftliche Erforschung des Bewußtseins*. Rowohlt.

Crowhurst, E. (2015). *Fire Statistics: Great Britain April 2013 to March 2014*. Department for Communities and Local Government.

Crutchfield, J. (2012). Between Order and Chaos. *Nature Physics, 8*, 12–24. https://doi.org/10.1038/nphys2190.

Cushman, F. & Young, L. (2009). The Psychology of Dilemmas and the Philosophy of Morality. *Ethical Theory and Moral Practice, 12*, 9–24. https://doi.org/10.1007/s10677-008-9145-3.

De Greef, M., Van den Broek, K., Van Der Heyden, S., Kuhl, K., & Schmitz-Felten, E. (2011). *Socio-economic costs of accidents at work and work-related ill health* (Full study report). European Commission, Directorate-General for Employment, Social Affairs and Inclusion.

Dennett, D. C. (1994). *Philosophie des menschlichen Bewusstseins*. Hoffmann und Campe.

Denrell, J. (2016). Vicarious Learning, Undersampling of Failure, and the Myths of Management. *Organization Science, 14*(3), 227–351. https://doi.org/10.1287/orsc.14.2.227.15164.

DESTATIS (03.02.2019). *Bevölkerung: Animierte Bevölkerungspyramide*. Statistisches Bundesamt. Abgerufen am 03.02.2019, von https://service.destatis.de/bevoelkerungspyramide/index.html.

DESTATIS (2020a). *Bevölkerungsstand*. Statistisches Bundesamt. Abgerufen am 07.06.2020, von https://www.destatis.de/DE/Themen/Gesellschaft-Umwelt/Bevoelkerung/Bevoelkerungsstand/_inhalt.html.

DESTATIS (2020b). *Todesursachen in Deutschland* (Fachserie 12 Reihe 4, Gesundheit). Statistisches Bundesamt. Abgerufen am 12.04.2020, von https://www.destatis.de/DE/Themen/Gesellschaft-Umwelt/Gesundheit/Todesursachen/_inhalt.html.

DESTATIS (25.01.2023). *Gewerbemeldungen und Insolvenzen*. Statistisches Bundesamt. Abgerufen am 25.01.2023, von https://www.destatis.de/DE/Themen/Branchen-Unternehmen/Unternehmen/Gewerbemeldungen-Insolvenzen/_inhalt.html.

Deutscher Bundestag (2016). *Extreme Wetter- und Naturereignisse in Deutschland in den vergangenen 20 Jahren* (Dokumentation WD 8–3000–049/16). Wissenschaftliche Dienste, Fachbereich WD 8: Umwelt, Naturschutz und Reaktorsicherheit, Bildung und Forschung.

DFKI/RDE (2008). *Stand und Perspektiven von Forschung und Entwicklung bei den kritischen Technologiefeldern unbemannter Systeme*. Deutsches Forschungszentrum für Künstliche Intelligenz GmbH, Rheinmetall Defence Electronics GmbH.

Diamandis, E. P. (2006). Quality of the scientific literature: All that glitters is not gold. *Clin Biochem, 39*(12), 1109–1111. https://doi.org/10.1016/j.clinbiochem.2006.08.015.

Dieckert, U., Eich, S., & Friedl, A. (2023). *Drohnen – Technik, Recht, Nutzen und Trends: Praxishandbuch für den gewerblichen und behördlichen Einsatz*. Reguvis Fachmedien.

Dietrich, M., Brüne, M., Festag, S., & Knaust, C. (2017). Buoyancy Driven Flow in an Underground Metro Station for Different Climate Conditions. In T. Schultze (Hrsg.), Proceedings of the 16th International Conference on Automatic Fire Detection & Suppression, Detection and the Signaling Research and Applications (S. II-121–II-128). Universität Duisburg-Essen.

Diewald, P. & Lorenz, D. (2017). Brandmeldeanlagen – Befragung der Feuerwehren zu statistischen Daten und einsatztaktischen Grundlagen. *vfdb-Zeitschrift für Forschung, Technik und Management im Brandschutz, 4*, 201–209.

Dimitropoulos, G. (2012). *Zertifizierung und Akkreditierung im Internationalen Verwaltungsverbund: Internationale Verbundverwaltung und gesellschaftliche Administration. Jus Internationale et Europaeum, 63*. Mohr Siebeck.

DIN 13943 (2018). Brandschutz – Vokabular. Deutsches Institut für Normung. Beuth.

DIN 14036 (2023). *Dynamische und Adaptive Fluchtweglenkung: Planung und Umsetzung von richtungsvariablen Konzepten*. Deutsches Institut für Normung. Beuth.

DIN 25424-1 (1981). Fehlerbaumanalyse: Methoden und Bildzeichen. Deutsches Institut für Normung. Beuth.

DIN 25424-2 (1990). Fehlerbaumanalyse; Handrechenverfahren zur Auswertung eines Fehlerbaumes. Deutsches Institut für Normung. Beuth.

DIN EN 54-1 (2021). Brandmeldeanlagen – Teil 1: Einleitung. Deutsches Institut für Normung. Beuth.

DIN EN ISO 13849-1 (2021). Sicherheit von Maschinen – Sicherheitsbezogene Teile von Steuerungen – Teil 1: Allgemeine Gestaltungsleitsätze. Deutsches Institut für Normung. Beuth.

DIN EN ISO 14971 (2020). Medizinprodukte – Anwendung des Risikomanagements auf Medizinprodukte. Deutsches Institut für Normung. Beuth.

DIN SPEC 91429 (2020). Grundlagen zur Projektierung von Detektionssystemen zur Brandfrüherkennung. Deutsches Institut für Normung. Beuth.

Dong, H., Yoneda, M., & Feng, L. (2021). Risk dynamic evolution index based on fraction transformation and its application to site risk assessment. *Journal of Hazardous Materials*, *412*, 125210. https://doi.org/10.1016/j.jhazmat.2021.125210.

Douglas, M. (1985). *Risk Acceptability According to the Social Sciences*. Russell Sage Foundation.

Douglas, M. & Wildavsky, A. (1982). *Risk and Culture: An Essay on the Selection of Technical and Environmental Dangers*. University of California Press.

Drosdowski, G. (1986). komplex, Komplexität. *Grosses Universal Lexikon* (Band 17 Deutsches Wörterbuch G-N, S. 1527). Meyers Lexikonverlag.

Drystad, S. M., Berg, T., & Tjelta, L. I. (2011). Secular trends in aerobic fitness performance in a cohort of Norwegian adolescents. *Scandinavian Journal of Medicine & Science in Sports*, *22*(6). https://doi.org/10.1111/j.1600-0838.2011.01315.x.

Duden (2020a). Ursache. *Duden online*. Abgerufen am 13. November 2013, von www.duden.de.

Duden (2020b). Wirkung. *Duden online*. Abgerufen am 25. April 2020, von www.duden.de.

Duijm, N. J. (2002). *Acceptance criteria in Denmark and the EU* (Forschungsbericht, Project No. 1269). Danish Ministry of the Environment, Environmental Protection Agency.

Durchführungsverordnung 2019/947 (2019). *Durchführungsverordnung (EU) 2019/947 der Kommission vom 24. Mai 2019 über die Vorschriften und Verfahren für den Betrieb unbemannter Luftfahrzeuge* (L 152/45). Europäische Kommission.

Döbbeling, E.-P., Festag, S., & Witzigmann, M. (2012). Brandschadenstatistik zur Wirksamkeit anlagentechnischer Brandschutzmaßnahmen – Pilotstudie des Referats 14 der vfdb. *vfdb-Zeitschrift für Forschung, Technik und Management im Brandschutz*, *3*, 123–127.

Dömling, P., Heinze, R., & Daumann, F. (2016). Wirkungen des Betriebssports – ein systematischer Review. *Sciamus – Sport und Management*, *3*, 1–22.

Döring, N. & Bortz, J. (2016). *Forschungsmethoden und Evaluation in den Sozial- und Humanwissenschaften*. Springer.

Dörner, D. (2008). *Bauplan für eine Seele*. Rowohlt.

Dörner, D., Kreuzig, H., Raither, F., & Stäudel, T. (1983). *Lohausen: Vom Umgang mit Unbestimmtheit und Komplexität*. Huber.

Dörr, M. & Herz, B. (2010). *Unkulturen in Bildung und Erziehung*. VS Verlag für Sozialwissenschaften. https://doi.org/10.1007/978-3-531-92178-5.

Dössel, O. (2016). *Bildgebende Verfahren in der Medizin*. Springer Vieweg.

Eberhard, K. (2016). *Einführung in die Erkenntnis- und Wissenschaftstheorie*. Kohlhammer.

Eckart, W. (2017). *Geschichte, Theorie und Ethik der Medizin*. Springer-Lehrbuch. https://doi.org/10.1007/978-3-662-54660-4_9.

Edwards, C. (2009). *Resilient Nation*. Demos.

Egger, J. (2005). Das biopsychosoziale Krankheitsmodell. Grundzüge eines wissenschaftlich begründeten ganzheitlichen Verständnisses von Krankheit. *Psychologische Medizin*, *16*(1), 3–12.

Ehredt, D. (2010). *NATO – Joint Air Power Competence Centre* (2010–2011 UAS Yearbook-UAS: The Global Perspective). Blyenburgh & Co.

Ehrenstein, G. W. (2019). *Mikroskopie: Lichtmikroskopie, Polarisation, Rasterkraftmikroskopie, Flureszenzmikroskopie, Rasterelektronenmikroskopie (EKS)*. Carl Hanser.

Eichendorf, W. (2017). Auf dem Weg zur Vision Zero: Technische und ethische Aspekte des autonomen Fahrens. In S. Festag (Hrsg.), *Sicherheit in einer vernetzten Welt – Entwicklung,*

Anwendung, Ausblick (S. 57–74). XXXII. Sicherheitswissenschaftliches Symposion der GfS. VdS-Verlag.

Einstein, A. (1916). Die Grundlage der allgemeinen Relativitätstheorie. *Annalen der Physik*, *49*(7), 769–822.

Elinder, M. & Erixson, O. (2012). Gender, Social Norms, and Survival in Maritime Disasters. *Proceedings of the National Academy of Sciences*, *109*(33), 13220-4. https://doi.org/10. 1073/pnas.1207156109.

Engel, G. L. (1977). The need for a new medical model: a challenge for biomedicine. *Science*, *196*(4286), 129–136.

Espacenet (2023). *Europäisches Patentamt*. https://worldwide.espacenet.com.

Esser, J. (2022). *Systematik der Schadensbemessung von Bränden: Analyse von Risikofaktoren bei Brandschäden* [Bachelorarbeit]. Bergische Universität Wuppertal.

Eyseneck, H. J. (1981). *A model of personality*. Springer.

Fanelli, D. (2012). Negative Results Are Disaapearing from Most Disciplines and Countries. *Scientometrics*, *90*, 891–904. https://doi.org/10.1007/s11192-011-0494-7.

Farid, A. (2017). Static Resilience of Large Flexible Engineering Systems: Axiomatic Design Model and Measures. *IEEE Systems Journal*, *11*(4), 2006–2017.

Farmers, G. & Messerer, J. (2008). *Rettung von Personen und wirksame Löscharbeiten – bauordnungsrechtliche Schutzziele mit Blick auf die Entrauchung* (Ein Grundsatzpapier der Fachkommission Bauaufsicht). Fachkommission Bauaufsicht der Bauministerkonferenz.

Fasching, G. (2013). *Die empirisch-wissenschaftliche Sicht*. Springer. https://doi.org/10.1007/ 978-3-7091-9059-3.

FAZ (26.09.2012). Amerikanische Kritik an Drohnen. *Frankfurter Allgemeine Zeitung*, 225.

Fendler, R., Kleiber, M., & Watorowski, J. (2017). *Jahresbericht 2015-2017*. Zentrale Melde- und Auswertestelle für Störfälle und Störungen in verfahrenstechnischen Anlagen [ZEMA]. Umweltbundesamt.

Fernandez-Duque, D. & Johnson, M. L. (1999). Attention metaphors: How metaphors guide the cognitive psychology of attention. *Cognitive Science*, *23*(1), 83–116. https://doi.org/ 10.1016/S0364-0213(99)80053-6.

Festag, S. (2012). *Systemsicherheit und Faktor Mensch – Über das Versagen von Strategien zur Risikobewältigung* [Dissertation]. Bergische Universität Wuppertal.

Festag, S. (2013a). Erste Erfahrungen mit der Rauchwarnmelderpflicht in den Landesbau- ordnungen. In D. Hosser (Hrsg.), Braunschweiger Brandschutz-Tage 2013 (Heft 220, S. 113–128). Technische Universität Braunschweig.

Festag, S. (2013b). *Sulzburger Studie zur Einführungspflicht von Rauchwarnmeldern – Eine Analyse der Brandopferanzahl von 1998 bis 2010 zur risikologischen Effektivität der Rauch- warnmelderpflicht*. Erich Schmidt.

Festag, S. (2014a). Analyse von Unfallursachen und das Kausalitätsproblem. In S. Festag (Hrsg): *Unfallursachenanalyse* (S. 1–14). XXIV. Sicherheitswissenschaftliches Sympo- sion der Gesellschaft für Sicherheitswissenschaft. Beuth.

Festag, S. (2014b). Analysis of risk-reductions due to smoke alarms: Findings, effectiven- ess and effciency. In I. Willms (Hrsg.), *Proceedings, 15th International Conference on Automatic Fire Detection* (S. I-1–I-10). Universität Duisburg-Essen.

Festag, S. (2014c). Das Versagen unangepasster Sicherheitsstrategien. *Technische Sicherheit*, *5*, 51–55.

Festag, S. (2015a). Die Bedeutung der Risikokompetenz für die Beurteilung von Sicherheitssituationen. In S. Festag & U. Barth (Hrsg.), *Risikokompetenz: Beurteilung von Risiken* (S. 51–72). Schriften der Schutzkommission – Band 7, XXVIV. Sicherheitswissenschaftliches Symposion der Gesellschaft für Sicherheitswissenschaft. Bundesamt für Bevölkerungsschutz und Katastrophenhilfe.

Festag, S. (2015b). Einführung in das Programm. In S. Festag (Hrsg.), *Gefahren moderner Systeme: Neue Medien und Technologien* (S. 1–10). XXX. Sicherheitswissenschaftliches Symposion der GfS. VdS-Verlag.

Festag, S. (2015c). Ergebnisse zur Erhebung der Brandschadenstatistik. In J. Zehfuß (Hrsg.), Braunschweiger Brandschutz-Tage 2015. 29. Fachtagung Brandschutz bei Sonderbauten (Heft 227, S. 227–248). Technische Universität Braunschweig.

Festag, S. (2016a). False Alarm ratio of Fire Detection and Fire Alarm Systems in Germany – A meta Analysis. *Fire Safety Journal, 79*, 119–126. https://doi.org/10.1016/j.firesaf.2015.11.010.

Festag, S. (2016b). Gefahren für die Gesellschaft durch den Einsatz von Drohnen: Beispielhafte Erläuterungen – Teil 1. *Technische Sicherheit, 6*, 46–51.

Festag, S. (2016c). Gefahren für die Gesellschaft durch den Einsatz von Drohnen: Beispielhafte Erläuterungen – Teil 2. *Technische Sicherheit, 7/8*, 34–38.

Festag, S. (2017a). Counterproductive (safety and security) strategies: The hazards of ignoring human behaviour. *Process Safety and Environmental Protection, 71*10, 21–30. https://doi.org/10.1016/j.psep.2017.07.012.

Festag, S. (2017b). *Konsequenzen aus dem Gebrauch von unbemannten Luftfahrtsystemen – Schwerpunkt: Technische Gefahren* [Vortrag]. 5th. Magdeburg Day of Fire and Explosion Safety (23.–24.03.2017). Otto-von-Guericke-Universität Magdeburg, Deutschland.

Festag, S. (2017c). Neue vernetzte Welt – Erwartungen und Wirklichkeit. In S. Festag (Hrsg.), *Sicherheit in einer vernetzten Welt – Entwicklung, Anwendung, Ausblick* (S. 1–17). XXXII. Sicherheitswissenschaftliches Symposion der GfS. VdS-Verlag.

Festag, S. (2017d). Statistical analysis of the effectiveness of fire protection system – Extract from the project survey phases I of the German fire loss statistic. In T. Schultze (Hrsg.), Proceedings of the 16th International Conference on Automatic Fire Detection & Suppression, Detection and the Signaling Research and Applications (S. I-51–I-62), Universität Duisburg-Essen.

Festag, S. (2018a). *Considering the human factor into modern technologies: Explanation on adaptive escape routing systems* [Vortrag]. EUSAS und EURALARM: European Conference on Fire detection and security in the aviation sector (10.–11. Juli 2018), Bremen, Deutschland.

Festag, S. (2018b). (Diese verdammten) Drohnen, selbstfahrenden Autos und Smartphones – Wir alle sind von einer vernetzten Welt umgeben. In vfdb (Hrsg.), *Wie zukunftsfähig ist der deutsche Brandschutz? vfdb-Jahresfachtagung 2018* (S. 517–532). VdS Verlag.

Festag, S. (2018c). Untersuchung der Wirksamkeit von anlagentechnischen Brandschutzmaßnahmen – Exemplarische Ergebnisse für einen aktuellen Überblick. *Technische Sicherheit, 7/8*(8), 34–40.

Festag, S. (2019a). Die Notwendigkeit und Konsequenzen von Wirtschaftlichkeitsbetrachtungen bei Sicherheitsmaßnahmen. In S. Festag (Hrsg.), *Wirtschaftlichkeit von Sicherheitsmaßnahmen: Ansätze und Grenzen* (S. 1–14). XXXIV. Sicherheitswissenschaftliches Symposion der GfS. VdS-Verlag.

Festag, S. (2019b). Falschalarme als Phänomen – Chancen, Risiken und Gegenmaßnahmen. In J. Zehfuß (Hrsg.): Braunschweiger Brandschutz-Tage 2019. 33. Fachtagung Brandschutz – Forschung und Praxis (Heft 235, S. 99–110). Technische Universität Braunschweig.

Festag, S. (2020). Analysis of the effectiveness of the smoke alarm obligation – Experiences from practice. *Fire Safety Journal, 119,* 103263. https://doi.org/10.1016/j.firesaf.2020.103263.

Festag, S. (2021). The Statistical Effectiveness of Fire protection Measures: Learning from Real Fires. *Fire Technology, 57*(4), 1589–1609. https://doi.org/10.1007/s10694-020-01073-y.

Festag, S., Bollmann, Ulrike Hauff, H., Hochbruck, W., Kirchner, C.-J., Malisa, V., Radandt, S. Renn, O., Sinay, J., & Stoll, W. (2022a). Die Bildung von Risikokompetenz zur Unterstützung der Nachhaltigkeit und Technikfolgenabschätzung in der Gesellschaft. *Betriebliche Prävention,* Erich Schmidt. https://doi.org/10.37307/j.2365-7634.2022.11.08.

Festag, S. & Döbbeling, E.-P. (2020). *vfdb-Brandschadenstatistik: Untersuchung der Wirksamkeit von (anlagentechnischen) Brandschutzmaßnahmen* (Technischer Bericht TB 14-01). Vereinigung zur Förderung des Deutschen Brandschutzes e. V. (vfdb).

Festag, S. & Hartwig, S. (2016). Consequences of ignoring the complexity of human behaviour for industrial safety and security. *Chemical Engineering Transactions, 48,* 919–924.

Festag, S. & Hartwig, S. (2018). Eröffnung – Wirksamkeit von Sicherheitsmaßnahmen. In S. Festag (Hrsg.), *Wirksamkeit von Sicherheitsmaßnahmen: Ziel, Nachweis, Bewertung, Akzeptanz* (S. 1–24). XXXIII. Sicherheitswissenschaftliches Symposion der GfS. VdS-Verlag.

Festag, S., Hartwig, S., Hauff, H., Hecht, J., Hochbruck, W., Kern, H., Kirchner, C.-J., Kraugmann, F., Radandt, S., Renn, O., Rückerl, C., Sinay, J., Stoll, W., & Treibert, R. (2019). Anforderungen an Sicherheitsstrategien und Schutzmaßnahmen der Zukunft bei Wirtschaftlichkeit und Sicherheitsethik. *Technische Sicherheit, 9*(1/2), 14.

Festag, S. & Herbster, C. (2021). Untersuchungsreihe zur Erforschung der frühesten Brandphase: Von klein- über großskaligen Laborversuchen zu Feldexperimenten. In J. Zehfuß (Hrsg.), Braunschweiger Brandschutz-Tage 2021. 35. Fachtagung (S. 113–128). Technische Universität Braunschweig.

Festag, S. & Herbster, H. (2012). Anlagentechnische Beiträge zur Unterstützung der Evakuierung von Gebäuden im Brandfall. In D. Hosser (Hrsg.), Braunschweiger Brandschutz-Tage 2012. 26. Fachtagung Brandschutz bei Sonderbauten (S. 41–60). Technische Universität Braunschweig.

Festag, S., Hochbruck, W., Renn, O., Rückerl, C., Hartwig, S., Hauff, H., Hecht, J., Kirchner, C.-J., Radandt, S., , Sinay, J., & Stoll, W. (2020). Pre-published Papers: Eine neue Publikationspraxis aus sicherheitswissenschaftlicher Sicht. *GfS nimmt Stellung.* https://gfs-aktuell.de/wp-content/uploads/2020/11/2020-09-30_GfS_Stellungnahme_Pre-Published_Papers_Journal.pdf.

Festag, S., Höfer, U., Ammelung, B., Brüne, M., Görtz, R., Hitzemann, R., & Küster, N. (2016). *Adaptive Fluchtweglenkung. Weiterentwicklung der technischen Gebäudeevakuierung: Von der Dynamischen zur Adaptiven Fluchtweglenkung* (Merkblatt 33013). Verband der Elektro- und Digitalindustrie, Fachverband Sicherheit.

Festag, S. & Lipsch, C. (2020). Eine Zuverlässigkeitsanalyse von automatischen Brandmeldeanlagen. *vfdb-Zeitschrift für Forschung, Technik und Management im Brandschutz, 4,* 147–155.

Festag, S. & Meinert, M. (2019). Die Wirtschaftlichkeit der Rauchwarnmelderpflicht in Deutschland. In S. Festag (Hrsg.), *Wirtschaftlichkeit von Sicherheitsmaßnahmen: Ansätze und Grenzen* (S. 67–82). XXXIV. Sicherheitswissenschaftliches Symposion der GfS. VdS-Verlag.

Festag, S. & Meinert, M. (2020). *Die Wirksamkeit der Rauchwarnmelderpflicht*. Studien-Sonderausgabe, ProSicherheit.

Festag, S. & Mitreiter, M. (2015). Analyse von Bränden in Kindertageseinrichtungen: Bedeutung der Branderkennung. *Technische Sicherheit, 5*(1/2), 23–27.

Festag, S. & Nagel, B. (2019). Adaptive Systeme zur Optimierung der Selbstrettung: Zum aktuellen Sachstand. In vfdb (Hrsg.), *Klima, Gesellschaft, Technik – Alles im Wandel? vfdb-Jahresfachtagung 2019* (S. 306–320). VdS Verlag.

Festag, S., Rütimann, L., Blomqvist, J., Ericsson, K., & Simons, G. (2018). *False Alarm Study: False Alarm Data Collection and Analysis from Fire Detection and Fire Alarm Systems in Selected European Countries*. Erich Schmidt.

Festag, S., Rütimann, L., Blomqvist, J., Ericsson, K., & Simons, G. (2022b). *False Alarm Study: Increase Fire Safety by Understanding False Alarms – Analysis of False Alarms from Fire Detection and Fire Alarm Systems in Europe* (2. Aufl.). Erich Schmidt.

Feuerwehr Krefeld (2011). *Satzung zur Regelung des Kostenersatzes für Einsätze der Feuerwehr Krefeld*. Stadt Krefeld. Veröffentlicht am 04. November 2011, https://www.lfs-bw.de/fileadmin/LFS-BW/themen/gesetze_vorschriften/satzungen/dokumente/Muster_Feuerwehr_Kostenersatz_Satzung_FwKS_mit_Erlaeuterungen.pdf.

Finger, J. D., Varnaccia, G., Borrmann, A., Lange, C., & Mensink, G. (2018). Körperliche Aktivität von Kindern und Jugendlichen in Deutschland – Querschnittergebnisse aus KiGGS Welle 2 und Trends. *Journal of Health Monitoring, 3*(1). http://dx.doi.org/10.17886/RKI-GBE-2018-006.2.

Fischer, K., Kohler, J., Fontana, M., & Faber, M. H. (2012). *Wirtschaftliche Optimierung im vorbeugenden Brandschutz* (IBK Report 338). ETH Zürich.

Flick, U. (2010). Gütekriterien qualitativer Forschung. In G. Mey & K. Mruck (Hrsg.), *Handbuch Qualitative Forschung in der Psychologie* (S. 395–407). Springer VS.

Flick, U. (2014). Gütekriterien qualitativer Sozialforschung. In N. Baur & J. Blasius (Hrsg.), *Handbuch Methoden der empirischen Sozialforschung* (S. 411–423). Springer VS.

Folke, C. (2006). Resilience: The Emergence of a Perspective for Social-Ecological System Analyses. *Global Environmental Change, 16*, 253–267.

Forell, B. (2012). Internationaler Vergleich der Bemessung von Rettungswegen in Versammlungsstätten. In D. Hosser (Hrsg.). Braunschweiger Brandschutz-Tage 2012. 26. Fachtagung Brandschutz bei Sonderbauten (S. 199–214). Technische Universität Braunschweig.

Forsa (2006). *Untersuchung: Thema Rauchmelder*. Eobiont GmbH.

Forsa (2010). *Rauchmelder: Tabellenband*. Eobiont GmbH.

Forsa (2014). *Umfrage zum Thema Rauchmelder*. Eobiont GmbH.

Forth, W., Henschler, D., & Rummel, W. (1983). *Allgemeine und spezielle Pharmakologie und Toxikologie* (4. Aufl.). Wissenschaftsverlag.

Franck, N. & Stary, J. (2013). *Die Technik wissenschaftlichen Arbeitens: Eine praktische Anleitung*. UTB Verlag.

Franklin, T. B., Russig, H., Weiss, I. C., Gräff, J., Linder, N., Michalon, A., Vizi, S., & Mansuy, I. M. (2010). Epigenetic transmission of the impact of early stress across generations. *Biological Psychiatry, 68*(5), 408–415. https://doi.org/10.1016/j.biopsych.2010.05.036.

Freud, S. (1975a). *Psychologie des Unbewußten.* Studienausgabe Band III. Conditio humana – Ergebnisse aus den Wissenschaften vom Menschen. S. Fischer Verlag.

Freud, S. (1975b). *Totem und Tabu: Einige Übereinstimmungen im Seelenleben der Wilden und der Neurotiker.* Studienausgabe Band IX. Fragen der Gesellschaft – Ursprünge der Religion, Conditio humana – Ergebnisse aus den Wissenschaften vom Menschen. S. Fischer Verlag.

Freudenburg, W. (1989). Perceived Risk, Real Risk: Social Science and the Art of Probabilistic Risk Assessment. *Science, 242,* 44–49.

Friedl, W. (1994). *Fehlalarme minimieren: Brand- und Einbruchmeldeanlagen – Brandlöschsysteme.* VDE-Verlag.

Fritzsche, A. (1986). *Wie sicher leben wir? Risikobeurteilung und -bewältigung.* TÜV Rheinland.

Fuertig, H. (1992). *Der irakische Krieg 1980-1988: Ursachen – Verlauf – Folgen.* Akademie Verlag.

Fuhrmann, F. E. (2022). *Systematisierung und Klassifizierung militärisch eingesetzter unbemannter Flugsysteme* [Bachelorarbeit]. Bergische Universität Wuppertal.

Fuhrmann, F. E. & Festag, S. (2022). Was fliegt alles am Himmel? Eine Systematik von militärisch genutzten unbemannten Flugsystemen. In S. Festag (Hrsg.), *Risikokompetenz und Technik: Risiken bestehender und neuartiger Systeme* (S. 99–114). XXXVI. Sicherheitswissenschaftliches Symposion der GfS. VdS-Verlag.

Galison, P. (07.04.2015). Selbstzensur durch Massenüberwachung – Wir werden uns nicht mehr wiedererkennen. (aus dem Englischen von Matthias Fienbork). *Frankfurter Allgemeine Zeitung.*

Ganz, C. (2012). *Risikoanalysen im internationalen Vergleich* [Dissertation]. Bergische Universität Wuppertal.

GAO (2011). *Unmanned Aircraft Systems* (Report to Congressional Requesters). United States Government Accountability Office.

Gatzert, N. & Müller-Peters, H. (2020). *Todsicher: Die Wahrnehmung und Fehlwahrnehmung von Alltagsrisiken in der Öffentlichkeit* (No. 3/2020). Technische Hochschule Köln. https://EconPapers.repec.org/RePEc:zbw:thkivw:32020.

Gazzaniga, M. S., Ivry, R. B., & Mangun, G. R. (2014). *Cognitive Neuroscience: The Biology of the Mind* (4. Aufl.). W. W. Norton & Company.

GBE-Bund (2019). *Das Informationssystem der Gesundheitsberichterstattung des Bundes.* Abgerufen am 01.07.2019, von https://www.gbe-bund.de.

GDA (2017). Betriebs- und Beschäftigtenbefragung 2017. Grundauswertung der Betriebsbefragung 2015 und 2011 – beschäftigtenproportional gewichtet. Gemeinsame Deutsche Arbeitsschutzstrategie. Geschäftsstelle der Nationalen Arbeitsschutzkonferenz, Bundesanstalt für Arbeitsschutz und Arbeitsmedizin.

GDV (2019). Beiträge, Leistungen und Schaden-Kosten-Quoten. Inländisches Direktgeschäft der GDV-Mitgliedsunternehmern. Gesamtverband der Deutschen Versicherungswirtschaft. Abgerufen am 03.02.2019, von https://www.gdv.de.

Gebbeken, N. & Warnstedt, P. (2018). Sicherheit urbaner Räume bei Gefahr durch Terrorismus – technische Möglichkeiten und gesellschaftlicher Diskurs. In S. Festag (Hrsg.), *Wirksamkeit von Sicherheitsmaßnahmen: Ziel, Nachweis, Bewertung, Akzeptanz* (S. 33–46). XXXIII. Sicherheitswissenschaftliches Symposion der GfS. VdS-Verlag.

GfS (2017). *Wir über uns.* Gesellschaft für Sicherheitswissenschaft. Abgerufen am 29.06.2017, von https://gfs-aktuell.de.

Gibbs, L., Fetterplace, L., Rees, M., & Hanich, Q. (2020). Effects and effectiveness of lethal shark hazard management: The Shark Meshing (Bather Protection) Program, NSW, Australia. *People and Nature*, *2*(1), 189–203, https://doi.org/10.1002/pan3.10063.

Gigerenzer, G. (2013). *Risiko – Wie man die richtigen Entscheidungen trifft*. Bertelsmann Verlag.

Giselbrecht, K. (2014). *Falsche Alarme sind teuer!* (Informationspapier). Brandverhütungsstelle Vorarlberg.

Goodmann, S. (1999). Toward Evidence-Based Medical Statistics. 1: The P Value Fallacy. *Ann Intern Med*, *130*(12), 995–1004. https://doi.org/10.7326/0003-4819-130-12-199906150-00008.

Graf von Hoyos, C. (1980). *Psychologische Unfall- und Sicherheitsforschung*. Kohlhammer.

Green, A. & Bourne, A. (1977). *Reliability Technology*. John Wiley & Sons.

Greenfield, S. (2001). *The Private Life of the Brain: Emotions, Consciousness, and the Secret of the Self*. John Wiley & Sons.

Gresser, U. & Gleiter, C. (2002). Erectile Dysfunction: Comparison Of Efficacy And Side Effects Of The PDE-5 Inhibitors Sildenafil, Vardenafil And Taladafil. Review Of The Literature. *European Journal of Medical Research*, *7*, 435–446.

Gressmann, H.-J. (2022). *Abwehrender und Anlagentechnischer Brandschutz für Architekten, Bauingenieure und Feuerwehringenieure* (6. Aufl.). Expert Verlag.

Griffiths, P. E. (2004). Emotions as Natural Kinds and Normative Kinds. *Philosophy of Science*, *71*(5), 5–17. https://doi.org/10.1086/425944.

Grote, G. & Künzler, C. (1996). *Sicherheitskultur, Arbeitsorganisation und Technikeinsatz*. vdf Hochschulverag AG an der ETH Zürich.

GRS (1979). *Deutsche Risikostudie Kernkraftwerke – Eine Untersuchung zu dem durch Störfälle in Kernkraftwerken verursachten Risiko*. Gesellschaft für Reaktorsicherheit. TÜV Rheinland.

GRS (1990). *Deutsche Risikostudie Kernkraftwerke – Phase B*. Gesellschaft für Reaktorsicherheit. TÜV Rheinland.

GTD (2011). Global Terrorism Database. A project of the National Consortium for the Study of Terrorism and Responses to Terrorism (START). U.S. Department of Homeland Security Center of Excellence and the University of Maryland. Abgerufen am 19.12.2011, von https://www.start.umd.edu/gtd.

GTD-Codebook (2010). Global Terrorism Database. GTD Variables & Inclusion Criteria. A Project of the National Consortium for the Study of Terrorism and Responses to Terrorism (START). U.S. Department of Homeland Security Center of Excellence and the University of Maryland.

Haavik, T. K. (2020). Societal resilience – Clarifying the concept and upscaling the scope. *Safety Science*, *132*(12), 104964. https://doi.org/10.1016/j.ssci.2020.104964.

Hackenfort, M. & Musahl, H.-P. (2008). Kontra-intuitive Effekte – Wenn ungefährlich gefährlich ist. In C. Schwennen, B. Ludborzs, H. Nold, S. Rohn, S. Scheiber-Costa & B. Zimolong (Hrsg.), *Psychologie der Arbeitssicherheit und Gesundheit*, 15. Asanger Verlag.

Hadfield, B. (1992). *Northern Ireland: Politics and the Constitution*. Open University Press.

Hafez, M. M. (2006). Suicide Terrorism in Iraq: A Preliminary Assessment of the Quantitative Data and Documentary Evidence. *Studies in Conflict & Terrorism*, *29*, 591–619.

Hager, W. (1987). Grundlagen einer Versuchsplanung zur Prüfung empirischer Hypothesen der Psychologie. In G. Lüer (Hrsg.), *Allgemeine Experimentelle Psychologie* (S. 43–253). Gustav Fischer Verlag.

Hahn, S. & Gnutzmann, T. (2019). Charakterisierung von Entstehungsbränden. In vfdb (Hrsg.), *Klima, Gesellschaft, Technik – Alles im Wandel? vfdb-Jahresfachtagung 2019* (S. 184–201). VdS Verlag.

Hale, A. R. & Glendon, A. I. (1987). *Individual Behaviour in the Control of Danger.* Elsevier.

Hall-Blanco, A. R. (2016). Why Development Programmes Fail: William Easterly and the Political Economy of Intervention. *Economic Affairs, 36*(2), 175–183. https://doi.org/10.1111/ecaf.12174.

Hammer, W. (1972). *Handbook of System and Product Safety.* Prentice Hall.

Hartwig, S. (1983). *Große technische Gefahrenpotentiale: Risikoanalysen und Sicherheitsfragen.* Bundesministerium für Forschung und Technologie. Springer-Verlag.

Hartwig, S. (1997). Überlegungen zu den Risiken gefährlicher chemischer Stoffe in einer Industriegesellschaft. In C. Zöpel (Hrsg.), *Technikkontrolle in der Risikogesellschaft* (S. 63–74). Verlag Neue Gesellschaft.

Hartwig, S. (1999). *Die Risikoanalyse als Hilfe für Sicherheitsentscheidungen – gezeigt am Beispiel schwerer Gase und des Chlorstoffzyklus.* Erich Schmidt.

Hartwig, S. (2007). Safety gets real. *The Chemical Engineer, 7*(793), 34–35.

Hartwig, S. (2009). Gesellschaft und Sicherheit (II). Die Situation der Ausbildung von akademischen Sicherheitsfachleuten in Deutschland. *Technische Überwachung, 50*(11/12), 40–41.

Hartwig, S. (2010). *Grundlagen des Terrorismus und Strategien zur Konfliktlösung* [Vorlesung]. Bergische Universität Wuppertal.

Hartwig, S. (2012). Kollektives Sicherheitsversagen – Vom Managementverhalten induzierte Common-Mode-Fehlersituationen in Industrie und Politik. *Technische Sicherheit, 2*(10), 26–31.

Hartwig, S. (2014). *Tödliche Ignoranz: Warum diese USA nicht gegen den Al-Kaida Komplex gewinnen kann.* Verlag Dr. Bussert & Stadeler.

Hauer, T. & Dettenkofer, M. (2014). Epidemiologie und Prävention von nosokomialen Infektionen. In G. Hoffmann, M. Lentze, J. Spranger, F. Zepp (Hrsg.), *Pädiatrie.* Springer.

Hauff, H. (2019). Zur Frage der Akzeptanz von Wirtschaftlichkeitsbetrachtungen: Ansätze zur Risikoquantifizierung. In S. Festag (Hrsg.), *Wirtschaftlichkeit von Sicherheitsmaßnahmen: Ansätze und Grenzen* (S. 93–125). XXXIV. Sicherheitswissenschaftliches Symposion der GfS. VdS-Verlag.

Hauptmanns, U. (2013). *Prozess- und Anlagensicherheit.* Springer Vieweg.

Hausken, K. & He, F. (2016). On the Effectiveness of Security Countermeasures for Critical Infrastructures. *Risk Analysis, 36*(4), 711–726. https://doi.org/10.1111/risa.12318.

Heckhausen, H. (1991). *Motivation and action.* Springer.

Heidegger, M. (2006). *Sein und Zeit.* Max Niemeyer Verlag.

Heinrich, H. W. (1931). *Industrial accident prevention: A scientific approach.* McGraw-Hill.

Heister, W. & Wessler-Possberg, D. (2011). *Studieren mit Erfolg – Wissenschaftliches Arbeiten.* Schäffer-Poeschel.

Heitmann, C. & Windemuth, D. (2021). Risikowahrnehmung und Sicherheits- und Gesundheitskompetenz. In S. Festag (Hrsg.), *Risikokompetenz durch Bildung: Potenziale und Fehl-*

entwicklungen (S. 33–42). XXXV. Sicherheitswissenschaftliches Symposion der GfS. VdS-Verlag.

Herbster, C., Meinert, M., & Festag, S. (2021). Dispersion of fire parameter within the early fire stage: The influence of different fire types. In T. Schultze (Hrsg.), Proceedings of the 16th International Conference on Automatic Fire Detection & Suppression, Detection and the Signaling Research and Applications (S. I-89–I-96), Universität Duisburg-Essen.

Hermann, B. (2003). Zusammenfassung des zweiten Tages. Folgerungen und Überlegung zum dritten Tag. In W. Neddermann, B. Heins & A. Dally (Hrsg.), *Der Human Factor in der Sicherheitspraxis der Prozessindustrie: Aktivierung der Sicherheitsressource Mensch durch Beteiligung* (S. 297–306). Evangelische Akademie Loccum 43/02.

Hermann, B. & Neuser, U. (2004). *Sicherung von Industrieanlagen gegen Eingriffe Unbefugter (Vorsorge/Nachsorge/Schutz) Untersuchung der Möglichkeiten zum Ausschluss so genannter Innentäteründ Geheimnisschutz von Unterlagen – Teil A.2 Umgang mit und Prävention von vorsätzlich schädigendem Mitarbeiterverhalten.* Umweltbundesamt.

Hermann, U., Leisering, H., & Hellerer, H. (1985a). komplex; Komplexität. *Knaurs Grosses Wörterbuch der deutschen Sprache* (S. 574). Droemersche Verlagsanstalt.

Hermann, U., Leisering, H., & Hellerer, H. (1985b). System. *Knaurs Grosses Wörterbuch der deutschen Sprache* (S. 939). Droemersche Verlagsanstalt.

Herodotou, C., Sharples, M., Gaved, M., Kukulska-Hulme, A., Rienties, B., Scanlon, E., & Whitelock, D. (2019). Innovative Pedagogies of the Future: An Evidence-Based Selection. *Frontiers in Education.* https://doi.org/10.3389/feduc.2019.00113.

Hess, J. (2008). *Schutzziele im Umgang mit Naturrisiken* [Dissertation]. ETH Zürich.

Hiermeier, S., Hiller, D., Edler, J., Roth, F., Arlinghaus, J. C., & Clausen, U. (2021). *Resilienz: Ein Fraunhofer-Konzept für die Anwendung.* Fraunhofer-Gesellschaft zur Förderung der angewandten Forschung.

Hoffmann, F. (2012). *Arsen ohne Spitzenhäubchen: Kleine Geschichte der Gifte.* Herder.

Hoffmann, H. (2022). Künstliche Intelligenz: Chancen und Risiken für autonome Systeme in sicherheitsrelevanten Anwendungen. In S. Festag (Hrsg.), *Risikokompetenz und Technik: Risiken bestehender und neuartiger Systeme* (S. 79–98). XXXVI. Sicherheitswissenschaftliches Symposion der GfS. VdS-Verlag.

Hofinger, G., Künzer, L., & Zinke, R. (2013). Nichts wie raus hier?!. Entscheiden in Räumungs- und Evakuierungssituationen. In R. Heimann, S. Strohschneider & H. Schaub (Hrsg.), *Entscheiden in kritischen Situationen. Neue Perspektiven und Erkenntnisse* (S. 247–261). Verlag für Polizeiwissenschaft.

Hofmann, F. & Jilg, W. (1998). *Nosokomiale Übertragung: Gefährdung durch infiziertes Personal.* ecomed-Storck GmbH.

Hofstetter, Y. (2014). *Sie wissen alles: Wie intelligente Maschinen in unser Leben eindringen und warum wir für unsere Freiheit kämpfen müssen.* Bertelsmann.

Hogarth, R. M. & Karelaia, N. (2011). Entrepreneurial Success and Failure: Confidence and Fallible Judgment. *Organization Science, 23*(6), 1523–1783. https://doi.org/10.1287/orsc.1110.0702.

Holborn, P., Nolan, P., & Golt, J. (2004). An analysis of fire sizes, fire growth rates and times between events using data from fire investigations. *Fire Safety Journal, 39*(6), 481–524. https://doi.org/10.1016/j.firesaf.2004.05.002.

Hollnagel, E. (2011). Prologue: The scope of resilience engineering. In E. Hollnagel, J. Paries, D. D. Woods & J. Weathall (Ed.), *Resilience engineering in practice.* Ashgate.

Howell, L. (2013). *Global Risks 2013 – An Initiative of the Risk Response Network* (8. Aufl.). World Economic Forum.

HSE (1978). *Canvey – An Investigation of Potential Hazards from Operations in the Canvey Island/Thurrock Area* (Report). Health and Safety Executive.

Hurley, M. J., Gottuk, D., Hall, J. R., Harada, K., Kuligowski, E., Puchovsky, M., Torero, J., Watts, J. M., & Wieczorek, C. (2016). *SFPE Handbook of Fire Protection Engineering*. Springer, https://doi.org/10.1007/978-1-4939-2565-0.

Hötker, H., Krone, O., & Nehls, G. (2013). *Greifvögel und Windkraftanlagen: Problemanalyse und Lösungsvorschläge* (Schlussbericht). Bundesministerium für Umwelt, Naturschutz und Reaktorsicherheit.

ICD-10-WHO–1 (2010). *Internationale statistische Klassifikation der Krankheiten und verwandter Gesundheitsprobleme – Systematische Auflistung* (10. Aufl.). WHO, Deutsches Institut für Medizinische Dokumentation und Information.

ICD-10-WHO–2 (2010). Internationale statistische Klassifikation der Krankheiten und verwandter Gesundheitsprobleme – Instruction manual (10. Aufl.). WHO, Deutsches Institut für Medizinische Dokumentation und Information.

Ioannidis, J. P. A. (2005). Why Most Published Research Findings Are False. *PLOS Medicine*. https://doi.org/10.1371/journal.pmed.0020124.

ISAF (2010). *Key Facts and Figures Troop Contributing Nations*. International Security Assistance Force, NATO, Abgerufen am 10.10.2010, von https://www.nato.int/cps/en/natohq/144032.html.

ISO 31000 (2018). Risk management – Guidelines. International Organization for Standardization.

ISO/Guide 73 (2009). Risk management – Vocabulary. International Organization for Standardization.

ISO/IEC 17011 (2018). Konformitätsbewertung – Anforderungen an Akkreditierungsstellen, die Konformitätsbewertungsstellen akkreditieren. Beuth.

Jaeger, C., Renn, O., Rosa, E., & Webler, T. (2001). *Risk, Uncertainty and Rational Action*. Earthscan.

Janczyk, M. & Pfister, R. (2013). Zusammenhangshypothesen: Korrelation und Regression. In M. Janczyk & R. Pfister (Hrsg.), *Inferenzstatistik verstehen: Von A wie Signifikanztest bis Z wie Konfidenzintervall* (S. 149–165). Springer.

Janik, D. (2018). *Entwicklung einer Entscheidungsgrundlage für die Flugerlaubnis mit Drohnen an der Bergischen Universität Wuppertal – Zwischenfälle mit Drohnen* [Bachelorarbeit]. Bergische Universität Wuppertal.

Japp, K. (1996). *Soziologische Risikotheorie*. Juventa.

Japp, K. (1999). Die Unterscheidung von Nichtwissen. *TA-Datenbank-Nachrichten, 3/4*(8), 25–32.

Jasanoff, S. (1993). Bridging the Two Cultures of Risk Analysis. *Risk Analysis, 13*(2), 123–129.

Jasanoff, S. (2004). Ordering Knowledge, Ordering Society. In S. Jasanoff (Hg.), *States of Knwoledge: the Co-Production of Science and Social Order* (S. 31–54). Routledge.

Johnson, D. E. (1979). What Are You Prepared to Do? NATO and the Strategic Mismatch Between Ends, Ways, and Means in Afghanistan – and in the Future. *Studies in Conflict & Terrorism, 34*, 383–401.

Jonkmann, S., van Gelder, P., & Vrijling, J. (2003). An overview of quantitative risk measures for loss of life and economic damage. *Journal of Hazardous Materials*, *99*(1), 1–30. https://doi.org/10.1016/S0304-3894(02)00283-2.

Jungmann, H. & Slovic, P. (1993). Die Psychologie der Kognition und Evaluation von Risiko. In G. Bechmann (Hrsg.), *Risiko und Gesellschaft. Grundlagen und Ergebnisse interdisziplinärer Risikoforschung*. Westdeutscher Verlag.

Kahl, A. (2008). Brückenschlag zwischen Ingenieur- & Geisteswissenschaften. *Sicherheitsingenieur*, *8*, 14–17.

Kahl, A. (2011). *Risikowahrnehmung und -kommunikation im Gesundheits- und Arbeitsschutz: Eine soziologische Betrachtung* [Habilitation, Technische Universität Dresden]. Südwestdeutscher Verlag für Hochschulschriften.

Kahl, A. (2019). *Arbeitssicherheit: Fachliche Grundlagen*. Erich Schmidt.

Kahnemann, D. (2012). *Thinking, Fast and Slow*. Penguin Random House.

Kahnemann, D., Slovic, P., & Tversky, A. (1982). *Judgment under Uncertainty: Heuristics and Biases*. Cambridge University Press.

Kaiser, G. (2012). O.R.B.I.T. 2010 – Aktuelle Erkenntnisse zu medizinischen und rettungstechnischen Grundlagen der Planung im Feuerwehrwesen. In vfdb (Hrsg.), *Jahresfachtagung 2012* (S. 625–634).

Kant, I. (1910). *Gesammelte Schriften*. Preussische Akademie der Wissenschaften.

Kaplan, S. & Garrick, B. J. (1981). On the Quantitative Definition of Risk. *Risk Analysis*, *1*(1), 11–27.

Kasperson, R., Renn, O., P., S., Brown, H., Emel, J., Goble, R., Kasperson, J., , & Ratick, S. (1988). The Social Amplification of Risk. A Conceptual Framework. *Risk Analysis*, *8*(2), 177–187.

Kegel, B. (2013). Das interaktive Buch des Lebens. *Spektrum der Wissenschaft – Spezial*, *3*, 12–21.

Kessler, R. (2013). Wenn im Essen der Tod lauert. *Spektrum der Wissenschaft: Spezial Biologie – Medizin – Hirnforschung: Volksseuche Allergien*, *3*, 18–21.

Khan, M., Tewarson, A., & Chaos, M. (2017). Combustion Characteristics of Materials and Generation of Fire Products. In M. J. Hurley, D. T. Gottuk, J. R. Hall, K. Harada, E. D. Kuligowski, & M. Puchovsky (Eds.), *SFPE Handbook of Fire Protection Engineering* (1143–1232). Springer.

Kirchberger, H. (2006). *Richtlinie für Mikroskopische Entfluchtungsanalysen* (Version 2.0.0). RiMEA.

Kittelmann, M., Adolph, L., Michel, A., Packroff, R., Schütte, M., & Sommer, S. (2022). *Handbuch Gefährdungsbeurteilung*. Bundesanstalt für Arbeitsschutz und Arbeitsmedizin. https://www.baua.de/gefaehrdungsbeurteilung.

Klampfer, B. & Favre, R. (1997). *Komplexe risikoreiche Arbeitssysteme: Der Mensch – schwächstes Glied der Kette?* Schweizerische Rückversicherungs-Gesellschaft.

Kleffmann, G. (23.12.2015). Slalom in Madonna di Campiglio: Wenn ich die Bilder vom Drohnenabsturz ansehe, zittere ich. *Süddeutsche Zeitung*. https://www.sueddeutsche.de/sport/slalom-in-madonna-di-campiglio-drohnen-absturz-wegen-leerem-akku-1.2795676.

Klußmann, N. & Malik, A. (2004). *Lexikon der Luftfahrt*. Springer.

Knaust, C., Festag, S., Brüne, M., Dietrich, M., Amecke, S., Konrath, B., & Arnold, L. (2017). *Modellierung eines Brandes in einer U-Bahn-Station: Validierung von Rechenmodellen auf der Grundlage von Feldversuchen* [Vortrag]. 5th. Magdeburg Day of Fire and Explosion Safety (23.–24.03.2017). Otto-von-Guericke-Universität Magdeburg, Deutschland.

Koch, C. (2020). *Bewusstsein: Warum es weit verbreitet ist, aber nicht digitalisiert werden kann.* Springer.

Kochs, H.-D. (1984). *Zuverlässigkeit eletrotechnischer Anlagen: Einführung in die Methodik, die Verfahren und ihre Anwendung.* Springer.

Kolko, D. (2001). Efficacy of Cognitive-Behavioral Treatment and Fire Safety Education for Children Who Set Fires: Initial and Follow-up Outcomes. *The Journal of Child Psychology and Psychiatry and Allied Disciplines, 42*(3), 359–369.

Kosinski, M. (2021). *Facial Recognition Technology Can Expose Political Orientation from Naturalistic Facial Images* (Scientific Reports, 11). Standford University.

Krishnan, A. (2012). *Gezielte Tötung: Die Individualisierung des Krieges.* Matthes & Seitz.

Kronauer, D. (1982). Kasuistische und statistische Methoden zur Ermittlung und Beurteilung von Risiken. In P. C. Compes (Hrsg.), *Risiken komplizierter Systeme – ihre komplexe Beurteilung und Behandlung* (S. 95–109). GfS-Sommer-Symposion 1979, Gesellschaft für Sicherheitswissenschaft, 10.–13. Juni 1979, Gesamthochschule Wuppertal.

Krüll, W., Schultze, T., Willms, I., & Freiling, A. (2011). Developments in Non-Fire Sensitivity Testing of Optical Smoke Detectors – Proposal for a New Test Method. *Fire Safety Science, 10*, 543–554.

Kuckartz, U. (2014). *Mixed Methods: Methodologie, Forschungsdesigns und Analyseverfahren.* VS Verlag für Sozialwissenschaften. https://doi.org/10.1007/978-3-531-93267-5.

Kuhlmann, A. (1979). *I. Herbsttreffen 1978 am 15. Dezember 1978 im TÜV Rheinland in Köln* (Interne Mitteilung). Gesellschaft für Sicherheitswissenschaft, 1(2), 26–28.

Kuhlmann, A. (1997a). *Einführung in die Sicherheitswissenschaft.* TÜV Rheinland.

Kuhlmann, A. (1997b). Kontrollaufgaben des Staates und Eigenverantwortung der Wirtschaft bei Nutzung der Technik mit Risikopotentialen. In C. Zöpel (Hrsg.), *Technikkontrolle in der Risikogesellschaft* (S. 33–46). Verlag Neue Gesellschaft.

Kuhlmann, A. (2000). *Sicherheitskultur.* TÜV-Verlag.

Kumamoto, H. (2007). *Satisfying Safety Goals by Probabilistic Risk Assessment.* Springer.

Kunreuther, H. (2002). Risk Analysis and Risk Management in an Uncertain World. *Risk Analysis, 22*(4), 655–664. https://doi.org/10.1111/0272-4332.00057.

Kuntz, F. (2007). *Der Weg zum Irak-Krieg. Groupthink und die Entscheidungsprozesse der Bush-Regierung.* VS Verlag für Sozialwissenschaften.

Kuntzemann, G., Wetzstein, A., & Schmidt, N. (2022). Wirksamkeit von Sicherheitsbeauftragten. *DGUV Forum, 11*, 3–8.

Kurreck, J., Engels, J. W., & Lottspeich, F. (2022). *Bioanalytik.* Springer Spektrum.

Köstner, B., Surke, M., & Bernhofer, C. (2007). *Klimadiagnose der Region Berlin/Barnim/Uckermark/Uecker-Randow für den Zeitraum 1951–2006.* Berlin-Brandenburgische Akademie der Wissenschaften.

Künzel, M., Loroff, C., Seidel, U., Hoppe, U., Botthof, A., & Stoppelkamp, B. (2008). *Marktpotenzial von Sicherheitstechnologien und Sicherheitsdienstleistungen – Thema: Der Markt für Sicherheitstechnologien in Deutschland und Europa – Wachstumsperspektiven und Marktchancen für deutsche Unternehmen* (Schlussbericht). VDI/VDE, Arbeitsgemeinschaft für Sicherheit der Wirtschaft e.V.

Künzer, L. & Hofinger, G. (2018). Psychologische Einflussfaktoren in Räumungen und Evakuierungen und Hinweise für Flucht- und Rettungswege. In L. Battran & J. Mayr (Hrsg.), *Handbuch Brandschutzatlas: Grundlagen – Planung – Ausführung* (4. Aufl.). FeuerTRUTZ.

Kütting, B., Baumeister, T., Weistenhöfer, W., Pfahlberg, A., Uter, W., & Drexler, H. (2010). Effectiveness of skin protection measures in prevention of occupational hand eczema: results of a prospective randomized controlled trial over a follow-up period of 1 year. *British Journal of Dermatology, 162*(2), 362–370. https://doi.org/10.1111/j.1365-2133.2009.09485.x.

Lakner, A. A. & Anderson, R. T. (1985). *Reliability engineering for nuclear and other high technology systems – a practical guide*. CRC Press.

Landeszentrale für politische Bildung (2011). *Der Irak Konflikt – Der Weg in den Krieg*. Landeszentrale für politische Bildung Baden-Württemberg. https://www.lpb-bw.de/irak-konflikt.

Lehder, G. (2008). Sicherheitswissenschaft – eine interdisziplinäre angewandte Wissenschaftsdisziplin. *Sicherheitsingenieur, 7*, 16–19.

Lehder, G. & Skiba, R. (2005). *Taschenbuch Arbeitssicherheit* (11. Aufl.). Erich Schmidt.

Lehder, G. & Skiba, R. (2007). *Taschenbuch Betriebliche Sicherheitstechnik* (5. Aufl.). Erich Schmidt.

ü Leksin, A. (2017). *Solution Approach for a Coherent Probabilistic Assessment of Explosion and Fire Safety for Facilities at the Chemical Process Industries* [Dissertation]. Bergische Universität Wuppertal.

Lenhard, W. & Lenhard, A. (2016). *Berechnung von Effektstärken. Psychometrica*. https://doi.org/10.13140/RG.2.2.17823.92329.

Leonhart, R. (2009). *Lehrbuch Statistik – Einstieg und Vertiefung* (2. Aufl.). Hans Huber, Hochgrefe AG.

Lewitzki, J. (2015). *Untersuchungen der Ursachenschwerpunkte von Störfällen, die zu Organisationsverschulden führen können* [Dissertation]. Bergische Universität Wuppertal.

Lichbach, M. I. (1987). Deterrence or Escalation? The Puzzle of Aggregate Studies of Repression and Dissent. *The Journal of Conflict Resolution, 31*(4), 266–297.

Lichtenstein, S. & Slovic, P. (2006). *The construction of preference*. Cambridge University Press.

Lieber, S. & Oberhagemann, D. (2013). Drohnenbeobachtung von Großveranstaltungen – Einsatzmöglichkeiten und -grenzen. In vfdb (Hrsg.), *61. Jahresfachtagung* (S. 121–131), 27.–29.05.2013, Weimar, Deutschland.

Lipsch, C. (2019). *Zuverlässigkeitskenngrößen reparierbarer Systeme – Eine empirische Untersuchung von Verfügbarkeitskennwerten automatischer Brandmeldeanlagen* [Bachelorarbeit]. Bergische Universität Wuppertal.

Lipsky, I. (2009). Through the Looking Glass: The Links between Financial Globalisation and Systemic Risks. In D. D. Evanoff, D. S. Hoelscher & G. G. Kaufman (Hrsg.), *Globalisation and Systemic Risks* (pp. 3–11). World Scientific Publishers.

Logan, T. M., Aven, T., Guikema, S., & Flage, R. (2021). The Role of Time in Risk and Risk Analysis: Implications for Resilience, Sustainability, and Management. *Risk Analysis, 41*(11), 1959–1970.

Lottermann, J. W. (2012). *Ansätze zur integrierten Brand- und Explosionssicherheit: Entwicklung, Validierung und normative Verankerung einer bilateralen, kohärenten Beurtei-*

lungssystematik am Beispiel staubführender Anlagen [Dissertation]. Bergische Universität Wuppertal.

Lowrance, W. W. (1976). *Of Acceptable Risk: Science and the Determination of Safety.* William Kaufmann.

Lucas, K., Renn, O., & Jaeger, C. (2018). Systemic Risks: Theory and Mathematical Modeling. *Advanced Theory and Simulations, 1*(11), 1800051. https://doi.org/10.1002/adts.201800051.

Luczak, H. (1998). *Arbeitswissenschaft.* Springer. https://doi.org/10.1007/978-3-662-05831-2.

Luhmann, N. (1991). *Soziologie des Risikos.* Walter de Gruyter & Co.

Luhmann, N. (1993). Die Moral des Risikos und das Risiko der Moral. In G. Bechmann (Hrsg.), *Risiko und Gesellschaft. Grundlagen und Ergebnisse interdisziplinärer Risikoforschung* (S. 327–338). VS Verlag für Sozialwissenschaften. https://doi.org/10.1007/978-3-322-83656-4_12.

Luhmann, N. (2011). *Einführung in die Systemtheorie* (6. Aufl.). Carl-Auer.

Löbbert, A., Pohl, K. D., & Thomas, K.-W. (2004). *Brandschutzplanung für Architekten und Ingenieure – mit beispielhaften Konzepten für alle Bundesländer.* Rudolf Müller.

Löwer, C. (2014). Roboter-Schiffe – Drohnen erobern die Meere. *P.M. Magazin, 4*, 54–57.

Maley, W. (2009). *The Afghanistan Wars* (2. Aufl.). Palgrave Macmillan.

Marzbali, M., Abdullah, A., Razak, N., & Tilaki, M. (2011). A Review of the Effectiveness of Crime Prevention by Design Approaches towards Sustainable Development. *Journal of Sustainable Development, 4*(1), 160–172. https://doi.org/10.5771/0034-1312-2008-1-73.

Marzi, W. (2015). Ansätze zur Risikobeurteilung in Deutschland – internationale und europäische Anforderungen. In S. Festag & U. Barth (Hrsg.), *Risikokompetenz: Beurteilung von Risiken* (S. 87–106). Schriften der Schutzkommission – Band 7, XXVIV. Sicherheitswissenschaftliches Symposion der Gesellschaft für Sicherheitswissenschaft. Bundesamt für Bevölkerungsschutz und Katastrophenhilfe.

Matthies, M. (2005). *Einführung in die Systemwissenschaft* [Vorlesung]. Vorlesungsskript WS 2002/2003, Universität Osnabrück.

Mayr, J. (2012). Nicht gewarnt ist halb gestorben – Teil 2. *FeuerTrutz. Brandschutz Magazin für Fachplaner, 2*, 44–49.

Mayring, P. A. E. (2002). *Einführung in die qualitative Sozialforschung: Eine Anleitung zu qualitativem Denken* (5. Aufl.). Beltz.

McGrath, J. E. (1976). Stress and behavior in organizations. M. D. Dunnette (Hrsg.), *Handbook of Industrial and Organizational Psychology* (pp. 1351–1395). Rand McNally.

McGrattan, K., McDermott, R., Vanella, M., Mueller, E., Hostikka, S., & Floyd, J. (2016). *Fire Dynamics Simulator User's Guide* (6 Ed.). NIST Special Publication 1019.

Mechler, R. (2016). Reviewing Estimates of the Economic Efficiency of Disaster Risk Management: Opportunities and Limitations of Using Risk-based Cost-benefit Analysis. *Natural Hazards, 81*(3), 2121–2147. https://doi.org/10.1007/s11069-016-2170-y.

Meinert, M. & Festag, S. (2019a). *Erste Ergebnisse zum Verhalten von Brandkenngrößen in der Frühstbrandphase* [Vortrag]. 6th. Magdeburg Day of Fire and Explosion Safety (25.–26.03.2019). Otto-von-Guericke-Universität Magdeburg, Deutschland.

Meinert, M. & Festag, S. (2019b). *First results of large-scale experiments on smoke distribution in the early stage of the fire* [Vortrag]. EUSAS Conference on Aerosols in the scope of fire detection, Langenhagen, Deutschland.

Meinert, M., Festag, S., Eichmann, J., Pohle, R., Gnutzmann, T., & Hahn, S. (2019). Detektion von Brandgasen und deren Ausbreitung im Vergleich zu Brandrauch. In vfdb (Hrsg.), *Klima, Gesellschaft, Technik – Alles im Wandel? vfdb-Jahresfachtagung 2019* (S. 202–218). VdS Verlag.

Meister, D. (1977). Human Error in Man-Machine Systems. In N. T. Brown (Hrsg.), *Human Aspects of Man-Machine Systems*. Open University Press.

Mensch, A., Hamins, A., Tam, W., John Lu, Z., Markell, K., You, C., & Kupferschmid, M. (2021). Sensors and Machine Learning Models to Prevent Cooktop Ignition and Ignore Normal Cooking. *Fire Technology*, *57*, 2981–3004. https://doi.org/10.1007/s10694-021-01112-2.

Merz, A. (1995). *Bewertung von technischen Risiken*. Hochschulverlag ETH Zürich.

Meyer, M. (1983). *Operations Research – Systemforschung: Eine Einführung in die praktische Bedeutung*. Gustav Fischer.

Meyna, A. (1982). *Einführung in die Sicherheitstheorie. Sicherheitstechnische Analyseverfahren*. Carl Hanser.

Meyna, A. & Pauli, B. (2003). *Taschenbuch der Zuverlässigkeits- und Sicherheitstechnik. Quantitative Bewertungsverfahren*. Carl Hanser.

MIACC (1994). *Hazard Substances Risk Assessment*. Major Industrial Accidents Council of Canada.

MIK (2022). *Sicherheit von Großveranstaltungen im Freien* (2. Aufl.). Ministerium des Inneren des Landes Nordrhein-Westfalen.

Mock, R. (2015). Sicherheitswissenschaft: Risikokompetenz ohne Informationstechnik? In S. Festag & U. Barth (Hrsg.), *Risikokompetenz: Beurteilung von Risiken* (S. 107–132). Schriften der Schutzkommission – Band 7, XXVIV. Sicherheitswissenschaftliches Symposion der Gesellschaft für Sicherheitswissenschaft. Bundesamt für Bevölkerungsschutz und Katastrophenhilfe.

Mock, R., Hulin, B., & Leksin, A. (2019). An Ontology of Risk Associated Concepts in the Context of Resilience. In M. Beer & E. Zio (Hrsg.), *Proc. of European Safety and Reliability Conference ESREL 2019* (1320–1327). Singapore, Research Publishing.

Mock, R. & Zipper, C. (2020). A formal representation of terms and processes for the transition from risk to resilience and sustainability management. In *Proc. of the 30th European Safety and Reliability Conference and the 15th Probabilistic Safety Assessment and Management Conference ESREL 2020/PSAM 15*. Singapore, Research Publishing.

Mortimer, C. E. & Müller, U. (2019). *Chemie: Das Basiswissen der Chemie*. Thieme.

Mozaffarian, D., Hao, T., Rimm, E., Willett, W., & Hu, F. (2011). Changes in diet and lifestyle and long-term weight gain in women and men. *N Engl J Med*, *364*(25), 2392–2404.

MPrüfVO (2011). *Muster-Verordnung über Prüfungen von technischen Anlagen nach Bauordnungsrecht (Muster-Prüfverordnung)*. Beuth.

Murakami, S., Oguchi, M., Tasaki, T., Daigo, I., & Hashimoto, S. (2010). Lifespan of Commodities, Part I: The Creation of a Database and Its Review. *Journal of Industrial Ecology*, *12*(4), 598–612. https://doi.org/10.1111/j.1530-9290.2010.00250.x.

Musahl, H.-P. (1997). *Gefahrenkognition. Theoretische Annäherungen, empirische Befunde und Anwendungsbezüge zur subjektiven Gefahrenkenntnis*. Ansanger.

Musahl, H.-P. & Schwennen, C. (2000). *Versuchsplanung* (Essay). Lexikon der Psychologie. Spektrum Akademischer Verlag.

Musahl, H.-P., Stolze, G., & Sarris, V. (1985). *Experimental-Psychologisches Praktikum: Arbeitsbuch*. Beltz.

Müller, B.-H. (1992). *Ergonomie – Bestandteil der Sicherheitswissenschaft: Der Beitrag der Ergonomie zur Arbeitssicherheit*. REFA.

Müller, D. (2014). Die Renner der Evolution. *P.M.-Magazin, 7*, 61–65.

Müller, M. (2008). *Der Mensch als Vorbild, Partner und Patient von Robotern – Bionik an der Schnittstelle Mensch-Maschine*. Evangelische Akademie Loccum 58/08.

Nagel, B. (2017). *Anforderungen an Planung und Aufbau eines Systems zur Adaptiven Fluchtweglenkung unter Berücksichtigung der technischen Zuverlässigkeit* [Masterarbeit]. Technische Universität Kaiserslautern.

NCTC (2010). *National Counterterrorism Center 2009 Report on Terrorism from 30. April 2010* (DC 20511). Office of the Director of National Intelligence National Counterterrorism Center Washington.

Neef, J. (1992). *Verursacher und Ursachen von Falschmeldungen aus Überfall-/Einbruchmeldeanlagen* (Studie). Landeskriminalamt Baden-Württemberg.

Neskovic, W. (2015). *Der CIA-Folterreport: Der offizielle Bericht des US-Senats zum Internierungs- und Verhörprogramm der CIA*. Westend.

Neumann, M. (2009). *Untersuchung des Verhaltens stoßdämpfender Bauteile von Transportbehältern für radioaktive Stoffe in Bauartprüfung und Risikoanalyse* [Dissertation, Bergische Universität Wuppertal]. BAM-Dissertationsreihe, Band 45.

Neumann, P. (1999). *IRA: Langer Weg zum Frieden*. Rotbuch.

Neß, M. (2015). *Experimentelle Ermittlung von Brandindikatoren in der frühen Brandphase mittels spektrometrischer Methoden* [Masterarbeit]. Otto-von-Guericke-Universität Magdeburg.

Nida-Rümelin, J. & Weidenfeld, N. (2021). *Die Realität des Risikos: Über den vernünftigen Umgang mit Gefahren*. Pieper.

Nieke, W. & Schwarz, K. (2011). *Was nützen dynamische Animationen für die Unterstützung von Präsentationen in Unterrichts- und Unterweisungssituationen?* (Bericht). Universität Rostock.

Nilsson, P. (2016). The influence of related and unrelated industry diversity on retail firm failure. *Journal of Retailing and Consumer Services, 28*, 219–227. https://doi.org/10.1016/j.jretconser.2015.09.006.

Nohl, J. & Thiemecke, H. (1987). *Systematik zur Durchführung von Gefährdungsanalysen* (Forschungsbericht 536). Bundesanstalt für Arbeitsschutz.

Norfs, C. (2020). *Vulnerabilität und Resilienz als Trends der Risikoforschung: eine Rekonstruktion ihrer quantitativen und qualitativen Entwicklung und Verbreitung in der Risikoforschung und in ihren Perspektiven von 1973 bis 2017 auf der Basis einer disziplinübergreifenden Internetanalyse* [Dissertation]. Universität Stuttgart.

Norman, D. (1986). New views of information processing: implications for intelligent decision support systems. In E. Hollnagel, G. Mancini & D. D. Woods (Eds.), *Intelligent Decision Support in Process Environments* (123–136). Springer.

NUREG-1150 (1991). *Severe Accident Risks: An Assessment for Five U.S. Nuclear Power Plants*. Band 1 und 2 (Dez. 1990); Band 3 (Jan. 1991), Nuclear Regulatory Commission.

OECD (2013). *Exploring the Economics of PersonalData: A Survey of Methodologies for Measuring Monetary Value* (OECD Digital Economy Papers, No. 220). OECD Publishing. https://doi.org/10.1787/20716826.

Oesterreich, R. & Bortz, J. (1994). Zur Ermittlung testtheoretischer Güte von Arbeitsanalyseverfahren. *ABOaktuell, 3*(37), 2–8.

Opp, K.-D. (2014). *Methodologie der Sozialwissenschaften: Einführung in Probleme ihrer Theorienbildung und praktischen Anwendung.* VS Verlag für Sozialwissenschaften. https://doi.org/10.1007/978-3-531-90333-0.

ORPHEUS (12.05.2022). Optimierung der Rauchableitung und Personenführung in U-Bahnhöfen: Experimente und Simulationen. Bundesministerium für Bildung und Forschung. Abgerufen am 12.05.2022, von https://www.sifo.de/sifo/shareddocs/Downloads/files/projektumriss_orpheus.pdf?__blob=publicationFile&v=2.

Ozel, F. (2001). Time pressure and stress as a factor during emergency egress. *Safety Science, 38*(2), 95–107. https://doi.org/10.1016/S0925-7535(00)00061-8.

Papula, L. (2001). *Mathematische Formelsammlung für Ingenieure und Naturwissenschaftler* (7. Aufl.). Friedrich Vieweg & Sohn Verlagsgesellschaft mbH.

Parasurama, R., Sheridan, T., & Wickens, C. (2000). A model for types and level of human interaction with automation. *IEEE Transactions on systems, and cybernetics – Part A: Systems and Humans, 30*, 286–297.

Peroff, K. & Hewitt, C. (1980). Rioting in Northern Ireland: The effects of different policies. *Journal of Conflict Resolution, 24*(4), 595–612. https://doi.org/10.1177/002200278002400403.

Petermann, T. & Grünwald, R. (2011). *Stand und Perspektiven der militärischen Nutzung unbemannter Systeme* (Endbericht zum TA-Projekt, Arbeitsbericht Nr. 144). Büro für Technikfolgenabschätzung beim Deutschen Bundestag.

Peters, O. & Meyna, A. (1986). *Handbuch der Sicherheitstechnik* (Band 2). Carl Hanser.

Pfeiffer, G. (1993). komplex. *Etymologisches Wörterbuch des Deutschen* (S. 699). Akademie Verlag.

Pflaumbaum, W. (2013). *Methoden zur Überprüfung der Wirksamkeit von Schutzmaßnahmen.* IFA-Arbeitsmappe Lfg. 1/13, IV/13.

Pflitsch, A., Brüne, M., Ringeis, J., & Killing-Heinze, M. (2014). ORGAMIR – Development of a safety system for reaction of an event with emission of hazardous airborne substances – like a terror attack or fire – based on subway climatology. In A. Lönnermark & H. Ingason (Eds.), *Proceedings from the fourth International Symposium on Tunnel Safety and Security* (Vol. 1, pp. 451–462), SP Technical Research Institute of Sweden.

Pidgeon, N. F. (1997). The Limits to Safety? Culture, Politics, Learning and Manmade Disasters. *Journal of Contingencies and Crisis Management, 5*(1), 1–14.

Pidgeon, N. F. (1998). Risk assessment, risk values and the social science programme: Why we do need risk perception research. *Reliability Engineering and System Safety, 59*(1), 5–15. https://doi.org/10.1016/S0951-8320(97)00114-2.

Pilz, V. (1980). Risikoermittlung und Sicherheitsanalysen in der chemischen Industrie. *Chemie-Ingenieur-Technik, 52*(9), 703–711.

Ploeger, F. W. (2010). *Strategic Concept of Employment for Unmanned Aircraft Systems in NATO.* Abgerufen am 22.12.2010, von https://www.japcc.org/wp-content/uploads/UAS_CONEMP.pdf.

Plomin, R. & von Sturm, S. (2018). The new genetics of intelligence. *Nature Reviews Genetics, 19*(3), 148–159.

Popper, K. (1935). *Logik der Forschung.* Julius Springer.

Popper, K. (1984). Was ist Dialektik? In E. Topitsch (Hrsg.), *Logik der Sozialwissenschaften* (S. 262–290). Athenaeum.

Prakash, S., Dehoust, G., Gsell, M., Schleicher, T., & Stamminger, R. (2016). *Einfluss der Nutzungsdauer von Produkten auf ihre Umweltwirkung: Schaffung einer Informationsgrundlage und Entwicklung von Strategien gegen Obsoleszenz* (Forschungskennzahl 371332315, UBA-FB 002290). Bundesministeriums für Umwelt, Naturschutz, Bau und Reaktorsicherheit.

Pratzler-Wanczura, S. & Pahlke, N. (2013). Potential und Grenzen des Einsatzes semiautonomer Roboter (UAV/UGV) – eine Momentaufnahme. In vfdb (Hrsg.), *61. vfdb-Jahresfachtagung 2013* (S. 529–551). 27.–29.05.2013, Weimar, Deutschland.

Presseportal (14.01.2016). *Spanner mit Technik.* https://www.presseportal.de/

Prigogine, I. (1979). *Vom Sein zum Werden. Zeit und Komplexität in den Naturwissenschaften.* Piper.

PSNI (2010). *Security related incidents 1969-2009.* Police Service of Northern Ireland. https://www.psni.police.uk.

Quddus, M. & Horton, J. (2002). Principles of Economics: An Austrian Critique. *Quarterly Journal of Austrian Economics, 5,* 67–77. https://doi.org/10.1007/s12113-002-1013-8.

Quintiere, J. G. (2002). Fire behavior in building compartments. *Proceedings of the Combustion Institute, 29*(1), 181–193. https://doi.org/10.1016/S1540-7489(02)80027-X.

Radandt, S. (2011). *Das Mensch-Maschine-System – Bedingungen für die Leistungsfähigkeit des Menschen* [Vortrag]. 25. Sicherheitswissenschaftlichen Symposion der GfS, 10. Mai 2011, Wien, Österreich.

Radandt, S. (2019). Wirtschaftlichkeit und Vorsorge. In S. Festag (Hrsg.), *Wirtschaftlichkeit von Sicherheitsmaßnahmen: Ansätze und Grenzen* (S. 15–22). XXXIV. Sicherheitswissenschaftliches Symposion der GfS. VdS-Verlag.

Radandt, S. (2022). Risikokompetenz und Risikobeurteilung: Gedanken zu zukünftigen Entwicklungen. In S. Festag (Hrsg.), *Risikokompetenz und Technik: Risiken bestehender und neuartiger Systeme* (S. 5–10). XXXVI. Sicherheitswissenschaftliches Symposion der GfS. VdS-Verlag.

Raithel, J. (2008). *Quantitative Forschung – Ein Praxiskurs* (2. Aufl.). VS Verlag für Sozialwissenschaften, Springer Fachmedien.

Ramsberg, J. A. & Sjöberg, L. (2006). The Cost? Effectiveness of Lifesaving Interventions in Sweden. *Risk Analysis, 17*(4), 467–478. https://doi.org/10.1111/j.1539-6924.1997.tb00887.x.

Rappsilber, T. & Krüger, S. (2018). Design fires with mixed material burning cribs for determination of extinguishing efficacy of compressed air foams. *Fire Safety Journal, 98*(6), 3–14.

Rasmussen, J. (1988). Reasons, Causes, and Human Error. In J. Rasmussen, K. Duncan & J. Leplat (Eds.), *New Technology And Human Error.* Wiley & Sons.

Rattat, C. (2015). *Multicopter selber bauen. Grundlagen – Technik – eigene Modelle.* dpunkt.

Rauchhofer, H. (1985). Sicherheit durch vorbeugende Instandhaltung. In O. H. Peters & A. Meyna (Hrsg.), *Handbuch der Sicherheitstechnik, Band 1: Sicherheit technischer Anlagen, Komponenten und Systeme, Sicherheitsanalyseverfahren* (S. 521–560). Carl Hanser.

Reason, J. (1986). Recurrent errors in process environments: some implications for the design of intelligent decision support systems. In E. Hollnagel, G. Mancini & D.D. Woods (Eds.), *Intelligent Decision Support in Process Environments* (S. 255–270). Springer.

Reason, J. (1987). Generic error-modelling system (GEMS): A cognitive framework for locating common human error forms. In J. Rasmussen, K. Duncan & J. Leplat (Eds.), *New technology and Human Error* (S. 63–86). Wiley.

Reason, J. (1990). *Human Error*. Cambridge University Press.

Reinders, H., Ditton, H., Gräsel, C., & Gniewosz, B. (2015). *Empirische Bildungsforschung – Strukturen und Methoden*. Springer VS.

Ren, G., Young, S. S., Wang, L., Wang, W., Long, Y., Wu, R., Li, J., Zhu, J., & Yu, D. W. (2015). Effectiveness of China's National Forest Protection Program and nature reserves. *Conservation Biology, 29*(5), 1368–1377. https://doi.org/10.1111/cobi.12561.

Renn, O. (1982). Methoden und Verfahren der Technikfolgenabschätzung und der Technologiebewertung. *Political Science*, https://api.semanticscholar.org/CorpusID:161789829.

Renn, O. (2008). *Risk Governance: Coping with Uncertainty in a Complex World*. Earthscan.

Renn, O. (2014). *Das Risikoparadox: Warum wir uns vor dem Falschen fürchten*. Fischer Taschenbuch.

Renn, O. (2016). Systemic Risks: The New Kid on the Block. *Environment: Science and Policy for Sustainable Development, 58*(2), 26–36.

Renn, O. (2018). Der Wandel der Schutzziele im Verlauf der Digitalisierung der Arbeitswelt. In S. Festag (Hrsg.), *Wirksamkeit von Sicherheitsmaßnahmen: Ziel, Nachweis, Bewertung, Akzeptanz* (S. 69–80). XXXIII. Sicherheitswissenschaftliches Symposion der GfS. VdS-Verlag.

Renn, O. (2021). Sicherheit und Risikovorsorge in Zeiten intensiven Wandels. In S. Festag (Hrsg.), *Risikokompetenz durch Bildung: Potenziale und Fehlentwicklungen* (S. 43–54). XXXV. Sicherheitswissenschaftliches Symposion der GfS. VdS-Verlag.

Renn, O., Laubichler, M., Lucas, K., Schanze, J., Scholz, R., & Schweizer, P.-J. (2020). Systemic Risks from Different Perspectives. *Risk Analysis, 42*(9), 1902–1920. https://doi.org/10.1111/risa.13657.

Renn, O., Schweizer, P.-J., Dreyer, M., & Klinke, A. (2007). *Risiko: Über den gesellschaftlichen Umgang mit Unsicherheit*. Oekom.

Rheinische Post (16.09.2013). Piraten lassen Drohne kreisen. *Rheinische Post*.

Ridder, A. (2015). *Risikologische Betrachtungen zur strategischen Planung von Feuerwehren – Empirische Befunde und Systematisierung von Zielsystemen* [Dissertation]. Bergischen Universität Wuppertal.

Riemann, R. (2013). Neue Erklärungen für menschliches Verhalten. *Spektrum der Wissenschaft – Spezial, 3*, 6–10.

Ries, R., Herbster, H., & Weber, R. (2011). Ursachen von Falschalarmen. *FeuerTrutz Spezial: Band 2 Sicherheitssysteme* (S. 16–17).

Riese, O. (2017). Grundlagen des Brandes, Verlauf. In W. M. Willems (Hrs.), *Lehrbuch der Bauphysik* (S. 682–691). https://doi.org/10.1007/978-3-658-16074-6_33.

Riese, O. & Zehfuß, J. (2015). Thermische Einwirkungen natürlicher Brände auf Bauteile und Tragwerke. *Bautechnik, 92*(5), 355–362. https://doi.org/10.1002/bate.201500010.

Ripple, W., Estes, J., Beschta, R., Wilmers, C., Ritchie, E., Hebblewhite, M., Berger, J., Elmhagen, B., Letnis, M., Nelson, M., Schmitz, O., Smith, D., Wallach, A., & Wirsing, A. (2014). Status and Ecological Effects of the World's Largest Carnivores. *Science, 343*(6167), 151–163.

Ritz, F. (2015). *Betriebliches Sicherheitsmanagement. Aufbau und Entwicklung widerstandsfähiger Arbeitssysteme*. Schäffer-Poeschel.

Robinson, S. L. & Bennett, R. J. (1995). A typology of deviant workplace behaviours: A multidimensional scaling study. *Academy of Management Journal, 38*(2), 555–572.

Roebken, H. & Wetzel, K. (2019). *Qualitative und quantitative Forschungsmethoden.* Carl von Ossietzky Universität Oldenburg.

Rohde, A. (2015). Irak 2015 – Zerfall eines künstlichen Gebildes? *inamo. Informationsprojekt Naher und Mittlerer Osten, 84,* 4–7.

Rompel, B. (2009). *Falschalarme bei der Polizei.* Hessische Polizeischule Wiesbaden.

Rosa, E. (1998). Metatheoretical Foundations for Post-Normal Risk. *Journal of Risk Research, 1*(1), 15–44.

Rose, R. (2003). Research Section: Teaching as a research-based profession: encouraging practitioner research in special education. *British Journal of Special Education, 29*(1), 44–48.

Ross, J. (2015). Drohnen als Instrument totale Überwachung und Kontrolle. In M. Staack (Hrsg.), *Wissenschaftliches Forum für internationale Sicherheit.* Barbara Budrich.

Rowe, W. D. (1977). *An Anatomy Of Risk.* John Wiley & Sons.

RPA (1982). *Risk Analysis of Six Potentially Hazardous Industrial Objects in the Rijnmond Area: A Pilot Study* (Report). Rijnmond Public Authority. Springer.

Röhrig, B., Du Prel, J.-B., Wachtlin, D., & Blettner, M. (2009). Studientypen in der medizinischen Forschung: Teil 3 der Serie zur Bewertung wissenschaftlicher Publikationen. *Deutsches Ärzteblatt, 106*(15), 262–268.

Rütimann, L. & Festag, S. (2021). Optimisation of the Technical Building Evacuation through Adaptive Systems. In T. Schultze (Hrsg.), Proceedings of the 16th International Conference on Automatic Fire Detection & Suppression, Detection and the Signaling Research and Applications (I-97–I-106), Universität Duisburg-Essen.

Sachsse, H. (1971). *Einführung in die Kybernetik unter Berücksichtigung von technischen und biologischen Wirkungsgefügen.* Rowohlt Taschenbuch.

Sachsse, H. (1978). *Anthropologie der Technik. Ein Beitrag zur Stellung des Menschen in der Welt.* Vieweg.

Sachsse, H. (1979). *Kausalität – Gesetzlichkeit – Wahrscheinlichkeit. Die Geschichte von Grundkategorien zur Auseinandersetzung des Menschen mit seiner Umwelt.* Wissenschaftliche Buchgesellschaft.

Sackett, D. L., Rosenberg, W. M. C., Gray, J. A. M., Haynes, R. B., & Richardson, W. S. (1996). Evidence based medicine: what it is and what it isn't. *The British Medical Journal, 312*(7023), 71–72. https://doi.org/10.1136/bmj.312.7023.71.

Saif, A. A. (2015). *Frühstück mit der Drohne: Tagebuch aus Gaza.* Unionsverlag.

Sarris, V. (1974). Wahrnehmungsurteile in der Psychophysik: Über einfache Tests zur Untersuchung eines Informations-Integrations-Modells. In F. Klix (Ed.), *Organismische Informationsverarbeitung: Zeichenerkennung, Begriffsbildung, Problemlösen.* VEB Akademie-Verlag.

Sarris, V. (1985). *Experimentalpsychologisches Praktikum – Band II Grundversuche: Lernpsychologische, psychophysiologische und sozialpsychologische Experimente.* Beltz.

Sassoon, J. (2016). Iraq's Political Economy post 2003: From Transition to Corruption. *International Journal for Contemporary Iraqi Studies, 10*(1), 17–33.

Scahill, J. (2013). *Schmutzige Kriege. Amerikas geheime Kommandoaktionen.* Kunstmann.

Schaub, H. (1992). Grenzen des menschlichen Erkenntnisvermögens. In P. C. Compes (Hrsg.), *Risiken neuer Entwicklungen* (S. 135–150). 11. Internationales Sommer-Symposion der Gesellschaft für Sicherheitswissenschaft, 20.–21.09.1990, Hannover, Deutschland.

Schewe, C. S. (2006). Rasterfahndung. In H. J. Lange & M. Gasch (Hrsg.), *Wörterbuch zur Inneren Sicherheit* (S. 263–267). VS Verlag für Sozialwissenschaften. https://doi.org/10.1007/978-3-531-90596-9_62.

Schmidt, L., Schlick, C. M., & Grosche, J. (2008). *Ergonomie und Mensch-Maschine-Systeme.* Springer.

Schmitz, D. (2013). *Untersuchung zur Bestimmung der Größenordnung von Falschalarmierungen von Brandmeldeanlagen* [Bachelorarbeit]. Bergische Universität Wuppertal.

Schmitz, D. & Festag, S. (2014). Bestimmung der Falschalarmrate von Brandmeldeanlagen. *vfdb-Zeitschrift für Forschung, Technik und Management im Brandschutz, 3,* 134–141.

Scholz, R. W. (1996). *Effektivität, Effizienz und Verhältnismässigkeit als Kriterien der Altlastenbearbeitung* (Working Paper 13). Research Collection, ETHZ. https://doi.org/10.3929/ethz-a-00203971.

Schreiner, M. (2015). *Retrospektive Analyse des Einsatzaufkommens einer Stadt am Beispiel der Stadt Dietzenbach und einer prospektiven Ableitung des Bedarfs mit Vergleich zu den normativen Erfordernissen nach der Hessischen Feuerwehr-Organisationsverordnung* [Masterarbeit]. Technische Universität Kaiserslautern.

Schröder, B., Arnold, L., Schmidt, S., Brüne, M., & Meunders, A. (2014). High para-metric CFD-analysis of fire scenarios in underground train stations using statistical methods and climate modelling. In SFPE (Ed.), *10th International Conference on Performance-Based Codes and Fire Safety Design Methods.* Gold Coast, Australia.

Schröer, S., Haupt, J., & Pieper, C. (2014). Evidence-based lifestyle interventions in the workplace – an overview. *Occupational Medicine, 64*(1), 8–12. https://doi.org/10.1093/occmed/kqt136.

Schulze, T. (2006). *Bedingt abwehrbereit: Schutz kritischer Informations-Infrastrukturen in Deutschland und den USA.* VS Verlag für Sozialwissenschaften.

Schumann, S. (2018). *Quantitative und qualitative empirische Forschung: Ein Diskussionsbeitrag.* VS Verlag für Sozialwissenschaften.

Schuster, R. (1997). *Verallgemeinerung des Semi-Markow-Prozesses zur Simulation und quantitativen Betrachtung des Ausfallverhaltens sicherheitsrelevanter technischer Systeme* (Sicherheitswissenschaftliche Monographie Band 19). Gesellschaft für Sicherheitswissenschaft. TÜV Verlag GmbH.

Schwanbom, E. (2014). *Skript zur Vorlesung Zuverlässigkeit und Sicherheit.* epubli.

Schwarze, J. (2005). *Grundlagen der Statistik I – Beschreibende Verfahren.* Verlag Neue Wirtschafts-Briefe.

Schön, G. (1993). Grundkonzept der Sicherheitstechnik. *Safety Science, 16,* 343–358.

Schörnig, N. (2013). Noch Science Fiction, bald Realität? Die technische Leistungsfähigkeit aktueller und zukünftiger Drohnen. *Internationale Politik, 3,* 15–21.

Schütz, S., Weißbecker, B., Eberheim, A., & Kohl, C.-D. (2014). Insects use volatiles for assessment of nutritional value of burnt material – Biomimetic sensors for fire detection. In I. Willms (Hrsg.), Proceedings of the 15th International Conference on Automatic Fire Detection (I-305–I-312). Universität Duisburg-Essen.

Schütz, S., Weißbecker, B., Hummel, H. E., Apel, K.-H., Schmitz, H., & Bleckmann, H. (1999). Insect Antennae as a Smoke Detector. *Nature, 398,* 298–299.

Scott, S. M. (2003). The Social Construction of Transformation. *Journal of Transformative Education*, *1*(3), 264–284.

Seebold, E. (2011a). komplex. *Kluge Etymologisches Wörterbuch der deutschen Sprache* (25. Aufl., S. 519). Walter de Gruyter.

Seebold, E. (2011b). System. *Kluge Etymologisches Wörterbuch der deutschen Sprache* (25. Aufl., S. 902). Walter de Gruyter.

Seidel, K. (2008). *Chronologie der Sicherheitswissenschaft – Forschungsstudie über die Entwicklung der Wuppertaler Fakultät Sicherheitstechnik [Bachelorarbeit]*. Bergischen Universität Wuppertal.

Selke, S. (2014). *Lifelogging. Wie die digitale Selbstvermessung unsere Gesellschaft verändert*. ECON.

Selke, S. (2017). Digitale Alchemie oder Optimierung? Über Leben in vernetzten Welten. In S. Festag (Hrsg.), *Sicherheit in einer vernetzten Welt – Entwicklung, Anwendung, Ausblick* (S. 93–112). XXXII. Sicherheitswissenschaftliches Symposion der GfS. VdS-Verlag.

SFK-GS-46 (2005). *Statusbericht des Arbeitskreises Human Factor* (SFK-GS-46). Störfallkommission beim Bundesministerium für Umwelt, Natur- und Reaktorsicherheit.

Sheehan, I. S. (2009). Has the Global War on Terror Changed the Terrorist Threat? A Time-Series Intervention Analysis. *Studies in Conflict & Terrorism*, *32*, 743–761.

Shewhart, W. A. (1986). *Statistical Method from the Viewpoint of Quality Control*. Dover Publishing House.

Siebeneck, L. K., Medina, R. M., Yamada, I., & Hepner, G. F. (2009). Spatial and Temporal Analyses of Terrorist Incidents in Iraq, 2004-2006. *Studies in Conflict & Terrorism*, *32*, 591–610.

Siebert, D. (1978). Der Regler Mensch und sein Einfluß auf die Sicherheit technischer Systeme. *In BG Nahrungsmittel und Gaststätten (Hrsg), Kolloquium Mensch, Maschine, Umwelt. II, Schriftenreihe Symposium Nr. 6, Mannheim*.

Siegrist, M. & Arvai, J. (2020). Risk perception: Reflections on 40 years of research. *Risk Analysis*, *40*(11), 2191–2206. https://doi.org/10.1111/risa.13599.

Simmons, J., Nelson, L., & Simonsohn, U. (2011). False-Positive Psychology: Undisclosed Flexibility in Data Collection and Analysis Allows Presenting Anything as Significant. *Psychological Science*, *22*(11), 1359–1366.

Simmons, K. M. & Sutter, D. (2006). Direct Estimation of the Cost Effectiveness of Tornado Shelters. *Risk Analysis*, *26*(4), 945–954. https://doi.org/10.1111/j.1539-6924.2006.00790.x.

Sinay, J. (2015). Ansätze zur Vermittlung von Risikokompetenz. In S. Festag & U. Barth (Hrsg.), *Risikokompetenz: Beurteilung von Risiken* (S. 279–294). Schriften der Schutzkommission – Band 7, XXVIV. Sicherheitswissenschaftliches Symposion der Gesellschaft für Sicherheitswissenschaft. Bundesamt für Bevölkerungsschutz und Katastrophenhilfe.

Sinclair, A. R. E., Metzger, K., Brashares, J. S., Nkwabi, A., Sharam, G., & Fryxell, J. M. (2010). Trophic Cascades in African Savanna: Serengeti as a Case Study. In J. Terborgh & J. A. Estes (Hrsg.), *Trophic Cascades: Predators, Prey, and the Changing Dynamics of Nature* (pp. 255–274). Island Press.

Singer, W. (2000). Phenomenal Awareness and Consciousness from a Neurobiological Perspective. In T. Metzinger (Hrsg.), *Neural Correlates of Consciousness – Empirical and Conceptual Questions* (Chapter 8.). MIT Press.

Sjöberg, L. (2000). Factors in Risk Perception. *Risk Analysis*, *220*(1), 1–11.

Skiba, R. (1973). *Die Gefahrenträgertheorie* (Forschungsbericht Nr. 106). Bundesanstalt für Arbeitsschutz und Unfallforschung.

Slooten, E. & Dawson, S. M. (2010). Assessing the effectiveness of conservation management decisions: likely effects of new protection measures for Hector's dolphin (Cephalorhynchus hectori). *Aquatic Conservation: Marine and Freshwater Ecosystems, 20*(3), 334–347. https://doi.org/10.1002/aqc.1084.

Slovic, P. (1992). Perception of Risk: Reflections on the Psychometric Paradigm. In S. Krimsky & D. Golding (Hrsg.), *Social Theories of Risk* (pp. 117–152). Westport.

Slovic, P. (2011). The Feeling of Risk: New Perspectives on Risk Perception. *Energy & Environment, 22*(6), 835–836.

Slovic, P., Fischhoff, B., & Lichtenstein, S. (1980). Facts and fears: Understanding perceived risk. In R. C. Schwing & W. A. Albers, Jr. (Eds.), *Societal Risk Assessment. How Safe is Safe Enough?* (pp. 181–216). Plenum Press.

Slovic, P., Fischhoff, B., & Lichtenstein, S. (1982). Facts and fears: Understanding perceived risk. In D. Kahnemann, P. Slovic & A. Tversky, *Judgment under Uncertainty: Heuristics and Biases* (pp. 463–490). University Press. https://doi.org/10.1017/CBO9780511809477.

Sofsky, W. (2003). *Facts and fears: Understanding perceived risk.* S. Fischer.

Sokolowska, J. & Tzyska, T. (1995). Perception and Acceptance of Technological and Environmental Risiks: Why are Poor Countries Less Concerned? *Risk Analysis, 15,* 733–743.

Spiegel (15.10.2014). Spielabbruch bei Serbien-Albanien: Provokation von oben. *SpiegelOnline.de.* https://www.spiegel.de/sport/fussball/serbien-gegen-albanien-bruder-des-premiers-provozierte-spielabbruch-a-997260.html.

Spitzer, M. (2009). *Lernen. Gehirnforschung und die Schule des Lebens.* Spektrum Akademischer Verlag.

Springer, M. (2012). Komplexität und Emergenz. Ein Essay. *Spektrum der Wissenschaft, 9,* 48–54.

Stacey, R. (2021). *Complex Responsive Processes in Organizations: Learning and Knowledge Creation (Complexity and Emergence in Organizations).* Routledge.

Staimer, A. (2011). Bewertung der Dienstleistung im Rahmen von Aufbau und Betrieb von Brandmeldeanlagen. *S+S report, 5,* 18–21.

Starr, C. (1969). Social Benefit Versus Technological Risk: What Is Our Society Willing to Pay for Safety? *Science, 165*(3899), 1232–1238.

Starr, C. (1971). Benefit-Cost-Relationships in Sociotechnical Systems. International Atomic Energy Agency (Eds.), *Symposium on environmental aspects of nuclear power stations* (IAEA-SM–146/47, 895–916). 10. August 1970, New York, USA.

Steinke, I. (2010). Gütekriterien qualitativer Forschung. In U. Flick, E. von Kardorff & I. Steinke (Hrsg.), *Qualitative Forschung. Ein Handbuch* (S. 319–331). Rowohlt.

Stenger, H. (1971). *Stichprobentheorie.* Physica.

Stephan, U. & Schulz-Forberg, B. (2020). *Anlagensicherheit.* Springer Vieweg.

Stirling, A. (2003). Risk, Uncertainty and Precaution: Some Instrumental Implications from the Social Sciences. In F. Berkhout, M. Leach & I. Scoones (Hrsg.), *Negotiating Change* (pp. 33–76). Elgar.

Stirn, A. (2018). Wettrüsten im All. *P.M. Magazin, 1,* 34–39.

Stoll, W. (1989). *Risikoängste in unserer Chancengesellschaft* (Sicherheitswissenschaftliche Monographie Band 14). Gesellschaft für Sicherheitswissenschaft, Wirtschaftsverlag NW.

Stoll, W. (2014). Die Angst auf Objektsuche: Hier und anderswo. In S. Festag (Hrsg.), *Umgang mit Risiken – Qualifizierung und Quantifizierung* (S. 15–51). XXVII. Sicherheitswissenschaftliches Symposion der GfS. Beuth.

Stoll, W. & Festag, S. (2018). Wirksamkeit von Sicherheitsmaßnahmen: Eine Aufforderung als Fazit. In S. Festag (Hrsg.), *Wirksamkeit von Sicherheitsmaßnahmen: Ziel, Nachweis, Bewertung, Akzeptanz* (S. 141–147). XXXIII. Sicherheitswissenschaftliches Symposion der GfS. VdS-Verlag.

Storp, C. (2009). *Zur Entstehung der individuellen Wirklichkeit und ihrer Bedeutung in der Medizin im Werk von Thure von Uexküll und Wolfgang Wesiack* [Dissertation]. Ludwig-Maximilians-Universität zu München.

Strnad, H. (1985). Sicherheitstechnische Anlagenplanung und Anlagenbewertung. In O. H. Peters & A. Meyna (Hrsg.), *Handbuch der Sicherheitstechnik, Band 1: Sicherheit technischer Anlagen, Komponenten und Systeme, Sicherheitsanalyseverfahren* (S. 463–495). Carl Hanser.

Stroeve, S. H., Blom, H. A., & Bakker, G. (2009). Systemic accident risk assessment in air traffic by Monte Carlo simulation. *Safety Science, 47*(2), 238–249. https://doi.org/10.1016/j.ssci.2008.04.003.

Strutynski, P. (2013). Umkämpfte Drohnen. In P. Strutynski (Hrsg.), *Töten per Fernbedienung – Kampfdrohnen im weltweiten Schattenkrieg* (S. 7–18). Promedia.

Sträter, O. (1997). *Beurteilung der menschlichen Zuverlässigkeit auf der Basis von Betriebserfahrung* [Dissertation, Universität München]. Gesellschaft für Anlagen- und Reaktorsicherheit.

Sträter, O. (2011). *Warum passieren menschliche Fehler und was kann man dagegen tun?* [Vortrag]. Forum Prävention, 10. Mai 2011, Wien, Österreich.

STUVA (2010). *Analyse und Risikobetrachtung von Brandereignissen in schienengebundenen ÖPNV-Tunnelanlagen* (Forschungsbericht: FE 70.0788/2009). Studiengesellschaft für unterirdische Verkehrsanlagen [STUVA].

Störig, H. J. (2007). *Kleine Weltgeschichte der Wissenschaft*. Fischer Taschenbuch Verlag.

Suddle, S. (2003). A logarithmic approach for individual risk: the safety-index. In T. Bedford & P. van Gelder (Hrsg.), *Safety and Reliability*. Swets Zeitlinger.

Swain, A. D. & Guttman, H. E. (1983). *Handbook of Human Reliability Analysis with Emphasis on Nuclear Power Plant Applications* (Final Report NUREG/CR-1278). Sandia Laboratories, Albuquerque, USA.

Szyf, M. (2012). The early-life social environment and DNA methylation. *Clinical Genetics, 81*(4), 341–349.

Taleb, N. (2013). *Antifragilität: Anleitung für eine Welt, die wir nicht verstehen*. Knaus.

Taudin, D. (2013). *Domestic Fire Safety EU overview and proposed actions*. EURALARM, 28. February 2013, Brussels.

Taylor, H. (2020). Emotions, concepts and the indeterminacy of natural kinds. *Synthese, 197*, 2073–2093. https://doi.org/10.1007/s11229-018-1783-y.

Tchouchenkov, I., Schönbein, R., & Segor, F. (2012). Kleine Flugroboter in der Sicherheitstechnik: Möglichkeiten und Grenzen. *S+S Report, 2*, 48–50.

Terborgh, J. & Estes, J. (2010). *Trophic Cascades: Predators, Prey, and the Changing Dynamics of Nature*. Island Press.

Thoma, K., Scharte, B., Hiller, D., & Leismann, T. (2016). Resilience Engineering as Part of Security Research: Definitions, Concepts and Science Approaches. *European Journal for Security Research*, *1*(1), 3–19.

Tiede, W., Ryczewski, C., & Yang, M. (2012). Einführung in das Akkreditierungsrecht Deutschlands. *Neue Zeitschrift für Verwaltungsrecht*, 1212–1216.

Tipler, P. A. & Mosca, G. (2006). *Physik. Für Wissenschaftler und Ingenieure*. Elsevier, Spektrum Akademischer Verlag.

Tollefsbol, T. (2017). *Handbook of Epigenetics: The New Molecular and Medical Genetics* (2nd Ed.). Oxford Academic Press.

Toth, F. (2019). *Effektivität von Notkühlmaßnahmen im Rahmen der Gefahrenabwehr bei der direkten Beflammung von Druckbehältern* [Masterarbeit]. Montanuniversität Leoben.

Trbojevic, V. (2008). Another look at risk and structural reliability criteria. *Structural Safety*, *31*(3), 245–250. https://doi.org/10.1016/j.strusafe.2008.06.019.

TRBS 1111 (2018). *Gefährdungsbeurteilung*. Technische Regeln für Betriebssicherheit. https://www.baua.de/DE/Angebote/Rechtstexte-und-Technische-Regeln/Regelwerk/TRBS/TRBS-1111.html.

TRGS 400 (2017). *Gefährdungsbeurteilung für Tätigkeiten mit Gefahrstoffen*. Technische Regeln für Gefahrstoffe. https://www.baua.de/DE/Angebote/Rechtstexte-und-Technische-Regeln/Regelwerk/TRGS/TRGS-400.html.

TRGS 500 (2021). *Schutzmaßnahmen*. Technische Regeln für Gefahrstoffe. https://www.baua.de/DE/Angebote/Rechtstexte-und-Technische-Regeln/Regelwerk/TRGS/TRGS-500.html.

Tripp, C. (2007). *A History of Iraq* (3th Ed.). Cambridge University Press.

Trott, M. & Gnutzmann, T. (2016). *Abschlussbericht zum Forschungsvorhaben Brandfrühserkennung* (ZVEI-Forschungsprojekt). Otto-von-Guericke-Universität Magdeburg.

Tuck, C. (2007). Northern Ireland and the British approach to counter-insurgency. *Defence & Security Analysis*, *23*(3), 165–183. https://doi.org/10.1080/14751790701424721.

Tversky, A. & Kahnemann, D. (1974). Judgment under uncertainty: Heuristics and biases. *Science*, *185*, 1124–1131.

Tversky, A. & Kahnemann, D. (1982). Judgment under uncertainty: Heuristics and biases. In D. Kahnemann, P. Slovic & A. Tversky (Eds.), *Judgment Under Uncertainty: Heuristics and Biases.* (pp. 3–20). Cambridge University Press.

Tversky, A. & Kahnemann, D. (1992). Advances in prospect theory: Cumulative representation of uncertainty. *Journal of Risk and Uncertainty*, *5*, 297–323.

UN-Resolution 1368 (12.09.2001). Threats to international peace and security caused by terrorist acts. Resolution des Sicherheitsrats, Vereinte Nationen, New York.

UN-Resolution 1378 (14.11.2001). The situation in Afghanistan. Resolution des Sicherheitsrats, Vereinte Nationen, New York.

UN-Resolution 1386 (20.12.2001). The situation in Afghanistan. Resolution des Sicherheitsrats, Vereinte Nationen, New York.

UN-Resolution 1441 (08.11.2002). The situation between Iraq and Kuwait. Resolution des Sicherheitsrats, Vereinte Nationen, New York.

UN-Resolution 1623 (13.09.2005). The situation in Afghanistan. Resolution des Sicherheitsrats, Vereinte Nationen, New York.

UN-Resolution 660 (02.08.1990). Iraq-Kuwait. Resolution des Sicherheitsrats, Vereinte Nationen, New York.

UN-Resolution 661 (06.08.1990). Iraq-Kuwait. Resolution des Sicherheitsrats, Vereinte Nationen, New York.

UN-Resolution 687 (03.04.1991). Iraq-Kuwait. Resolution des Sicherheitsrats, Vereinte Nationen, New York.

Undeutsch, U. (1982). Zur Thematik des GfS-Sommer-Symposion 82: Sicherheit durch Erziehung und Bildung. In P. C. Compes (Hrsg.), *Sicherheit durch Erziehung und Bildung – notwendig, wirksam, ungünstig?* (S. 15–30). IV. GfS-Sommer-Symposion der Gesellschaft für Sicherheitswissenschaft, 7.–9. Juni 1982, Hannover, Deutschland.

Ungerer, D. & Morgenroth, U. (2001). *Analyse des menschlichen Fehlverhaltens in Gefahrensituationen – Empfehlungen für die Ausbildung* (Schriftenreihe der Schutzkommission beim Bundesministerium des Inneren Band 43). Bundesverwaltungsamt – Zentralstelle für Zivilschutz im Auftrag des Bundesministerium des Inneren.

Universität Zürich (2007). *Entscheidungsbaum zu Methoden der statistischen Datenanalyse.* Abgerufen am 23.05.2019, von https://www.methodenberatung.uzh.ch/de.html.

Valavanis, K. P., Vachtsevanos, G. J., & Dalamagkidis, K. (2015). *Handbook of Unmanned Aerial Vehicles.* Springer. https://doi.org/10.1007/978-90-481-9707-1.

Vale, L. & Campanella, T. (2005). *The Resilient City: How Modern Cities Recover from Disaster.* Oxford University Press, Oxford/UK.

Van Coile, R., Hopkin, D., Lange, D., Grunde, J., & Bisby, L. (2019). The Need for Hierarchies of Acceptance Criteria for Probabilistic Risk Assessments in Fire Engineering. *Fire Technology, 55,* 1111–1146. https://doi.org/10.1007/s10694-018-0746-7.

Van Weyenberge, B., Deckers, X., Caspeele, R., & Merci, B. (2019). Development of an Integrated Risk Assessment Method to Quantify the Life Safety Risk in Buildings in Case of Fire. *Fire Technology, 55,* 1211–1242. https://doi.org/10.1007/s10694-018-0763-6.

Vanclay, J. K., Bruner, A. G., Gullison, R. E., Rice, R. E., & daFonseca, G. A. B. (2001). The Effectiveness of Parks. *Science, 293*(5532), 1007.

VDI (2013). *Zur (juristischen) Bedeutung der anerkannten Regeln der Technik.* Verein Deutscher Ingenieure.

Verbeek, J., Pulliainen, M., & Kankaanpää, E. (2009). A systematic review of occupational safety and health business cases. *Scandinavian Journal of Work, Environment & Health, 35*(6), 403–412.

Vester, F. (1983). *Unsere Welt – ein vernetztes System.* DVA.

Vester, F. (2001). *Die Kunst vernetzt zu denken: Ideen und Werkzeuge für einen neuen Umgang mit Komplexität* (7. Aufl.). DVA.

von Bertalanffy, K. L. (1968). *General System Theorie – Foundations, Developments, Applications.* George Brazillier.

von Bertalanffy, K. L. (1990). *Das biologische Weltbild. Die Stellung des Lebens in Natur und Wissenschaft* (2. Aufl.). Bählau.

von Uexküll, J. J. (1928). *Theoretische Biologie.* Springer.

von Uexküll, J. J. & Kriszat, G. (1934). *Streifzüge durch die Umwelten von Tieren und Menschen – Ein Bilderbuch unsichtbarer Welten* (21. Bd.). Springer.

Vorath, B.-J. (1982). Kausalanalyse und Differenzialdiagnose zur Risiko-Qualifikation. In P. C. Compes (Hrsg.), *Risiken komplizierter Systeme – ihre komplexe Beurteilung und Behandlung* (S. 143–159). GfS-Sommer-Symposion, Gesellschaft für Sicherheitswissenschaft.

Vrijling, J., Hengel, W., & Houben, R. (1995). A framework for risk evaluation. *Journal of Hazardous Materials, 43*(3), 245–261. https://doi.org/10.1016/0304-3894(95)91197-V.

VUL (2021). *Analyse des deutschen Drohnenmarktes* (Marktbericht). Verband Unbemannte Luftfahrt (VUL), Bundesverbandes der Deutschen Luftverkehrswirtschaft (BDL) und Bundesverband der Deutschen Luft- und Raumfahrtindustrie (BDLI). https://www.verbandunbemannte-luftfahrt.de/studie-zum-drohnenmarkt2021/

Wahlster, W. & Winterhalter, C. (2020). *Deutsche Normungsroadmap Künstliche Intelligenz*. Deutsches Institut für Normung [DIN].

Wahlström, B. (2018). Systemic thinking in support of safety management in nuclear power plants. *Safety Science, 109*(11), 201–218. https://doi.org/10.1016/j.ssci.2018.06.001.

Wahrig, G. (1985a). komplex. *Deutsches Wörterbuch* (S. 2178). Mosaik.

Wahrig, G. (1985b). System. *Deutsches Wörterbuch* (S. 3653). Mosaik.

Wahrig, G., Krämer, H., & Zimmermann, H. (1982). Komplexität. *Brockhaus Wahrig. Deutsches Wörterbuch in Sechs Bänden* (Vierter Band: K-OZ, S. 225). F. A. Brockhaus Wiesbaden Deutsche Verlags-Anstalt.

Wahrig-Burfeind, R. (2006). Sicherheitswissenschaft, Sicherheitstechnik. *Brockhaus Enzyklopädie mit 30 Bänden* (21. Bd.). F. A. Brockhaus.

Wahrig-Burfeind, R. (2011). Drohne. *Brockhaus. Deutsches Wörterbuch* (9. Aufl., S. 392). wissenmedia.

Wan, W. & Finn, P. (04.07.2011). Global Race to Match U.S. Drone Capabilities. *The Washington Post*. Abgerufen am 04. Juli 2011, von https://www.washingtonpost.com/world/national-security/global-race-on-to-match-us-drone-capabilities/2011/06/30/ghQACWdmxH_story.html.

Wanner, H. (2016). *Klima und Mensch – eine 12.000-jährige Geschichte*. Haupt.

WASH 1400 (1975). *Reactor Safety Study: An Assessment of Accident Risk in U.S. Nuclear Power Plants* (NUREG 75/014). Nuclear Regulatory Commission.

Weber, C. (2021). *Die Technik der Starrflügler-Drohne: Eine Einführung in die Elektronik von UAVs*. Springer Vieweg. https://doi.org/10.1007/978-3-658-34750-5.

Weber, M. (2012). Ursache und Wirkung – am Beispiel der Gene. *Spektrum der Wissenschaft–Spezial, 12*, 44–49.

Wehrle, M. (2021). *Phänomenologie: Eine Einführung*. J. B. Metzler.

Weisinger, A. (2013). Logics of War: explanations for limited and unlimited conflicts. Cornell University Press.

Weiß, J. (2021). *Reduzierung von Falschalarmen bei Brandmeldeanlagen durch Maßnahmen der Feuerwehren* (Vortrag). Feuerteufel-Brunch, 23.09.2021, online.

Weißbecker, B., Holighaus, G., & Schütz, S. (2004). Gas chromatography with mass spectrometric and electroantennographic detection: – analysis of wood odour by direct coupling of insect olfaction and mass spectrometry. *Journal of Chromatography A, 1056*, 209–216.

Werner, E. (1977). *The children of Kauai. A longitudinal study from the prenatal period to age ten*. Hawaii University Press.

Wheeler, T. A., Gawande, K., & Bespalko, S. (2006). Development of Risk-Based Ranking Measures of Effectiveness for the United States Coast Guard's Vessel Inspection Program. *Risk Analysis, 17*(3), 333–340. https://doi.org/10.1111/j.1539-6924.1997.tb00871.x.

White, M. I., Dionne, C. E., Wärje, O., Koehoorn, M., Wagner, S. L., Schultz, I. Z., Koehn, C., Williams-Whitt, K., Harder, H. G., Pasca, R., Hsu, V., McGuire, L., Schulz, W., Kube, D., & Wright, M. D. (2016). Physical Activity and Exercise Interventions in the Workplace Impacting Work Outcomes: A Stakeholder-Centered Best Evidence Synthesis of Systematic Reviews. *Int J Occup Environ Med*, *7*(2), 61–74, https://pubmed.ncbi.nlm.nih.gov/27112715/.

White, R. W. (1993). On measuring political violence: Northern Ireland, 1969 to 1980. *American Sociological Review*, *58*(4), 575–585. https://doi.org/10.2307/2096077.

Wiener, N. (1963). *Kybernetik. Regelung und Nachrichtentechnik im Lebewesen und in der Maschine* (2. Aufl.). Econ.

WIK (2015). Erste Ansätze für eine erfolgreiche Drohnenabwehr. *WIK – Zeitschrift für die Sicherheit der Wirtschaft*, *4*, 24–28.

Wilde, G. (1982). The theory of risk homeostasis: implications for safety and health. *Risk Analysis*, *2*, 209–225.

Wilde, G. (1988). Risk homeostasis theory and traffic accidents: propositions, deductions and discussion of dissension in recent reactions. *Ergonomics*, *31*(4), 441–468.

Wilde, G. (1992). Accident prevention through incentives for safety in industry and road traffic: An analysis of international experience. In P.C. Compes (Hrsg.), *Der Mensch und seine Risiken in Gesellschaft, Technik und Umwelt – psychologisch, pädagogisch, soziologisch* (S. 61–92). XIII. Internationales Sommer-Symposion, Wirtschaftsverlag.

Wilk, E., Lessig, R., & Walther, R. (2011). Zum Nutzen häuslicher Rauchwarnmelder. *vfdb-Zeitschrift für Forschung, Technik und Management im Brandschutz*, *4*, 190–196.

Wirtz, M., Morfeld, M., Igl, W., Kutschmann, M., Leonhart, R., Muche, R., & Schön, G. (2007). Organisation methodischer Beratung und projektübergreifender Forschungsaktivitäten in multizentrischen Forschungsprogrammen – Erfahrungen der Methodenzentren im Verbundforschungsprogramm Rehabilitationswissenschaften. *Die Rehabilitation*, *46*(3), 145–154.

Wirtz, M. & Petrucci, M. (2007). Ein Modell eines mehrphasigen Forschungsprozesses, das qualitative und quantitative Forschungsansätze integrativ berücksichtigt. https://www.ph-freiburg.de/quasus.

Wissenschaftliche Dienste (2009). *Das Notifizierungsverfahren der Europäischen Kommission* (Nr. 14/09). Aktueller Begriff – Europa, Deutscher Bundestag.

WITS (2010). *National Counterterrorism Center 2009 Report on Terrorism from 30. April 2010.* Worldwide Incident Tracking System, National Counterterrorism Center.

Wittmann, A. (2019). Die Un-/Wirtschaftlichkeit von persönlichen Schutzmaßnahmen. In S. Festag (Hrsg.), *Wirtschaftlichkeit von Sicherheitsmaßnahmen: Ansätze und Grenzen* (S. 29–40). XXXIV. Sicherheitswissenschaftliches Symposion der GfS. VdS-Verlag.

Wittmann, A., Kralj, N., Köver, J., Gasthaus, K., & Hofmann, F. (2009). Study of blood contact in simulated surgical needlestick injuries with single or double latex gloving.

Woollett, K. & Maguire, E. (2011). Acquiring the Knowledge of London's layout drives structural brain changes. *Curr Biol*, *20/21*(24), 2109–2114.

Wright, P. (1974). The harassed decision maker: Time pressure, distractions, and the use of evidence. *Journal of Applied Psychology*, *59*, 555–561.

W&S (2011). Mangelnder Durchblick – Gescheiterter Feldversuch mit Körperscannern. *W&S Das Sicherheitsmagazin*, *6*(11/12).

Wu, Z., Yongxian, Z., Goebel, T., Huang, Q., Williams, C. A., Xing, H., & Rundle, J. B. (2021). *Continental Earthquakes: Physics, Simulation and Data Science.* Birkhäuser.

Yong, E. (2012). Replication studies: Bad copy. *Nature*, *485*(7398), 298–300. https://doi.org/10.1038/485298a.

Zangemeister, C. & Nolting, H.-D. (1997). *Kosten-Wirksamkeits-Analyse im Arbeits- und Gesundheitsschutz: Einführung und Leitfaden für die betriebliche Praxis* (Schriftenreihe Bd. 44). Bundesanstalt für Arbeitsschutz und Arbeitsmedizin. Wirtschaftsverl. NW.

Zeh, H. (2011). *The Physical Basis of the Direction of Time*. Springer.

Zehfuß, J. (2020). *Leitfaden der Ingenieurmethoden des Brandschutzes* (Technischer Bericht TB 04-01). Vereinigung zur Förderung des Deutschen Brandschutzes.

Zehfuß, J. (2021). Grundlagen nach Eurocode 1. *Bauphysik*, 157–181.

Zehfuß, J., Riese, O., Northe, C., & Küppers, J. (2015). Experimentelle und numerische Erkenntnisse zum Brandverhalten von WDVS-Fassaden auf Polystyrol-Basis. *Bauingenieur*, *90*(12), 567–574.

Zinke, R. (2022). *Unsicherheitsbetrachtungen und Fehlerfortpflanzung in quantitativen Risikoanalysen* [Habilitation]. Otto-von-Guericke-Universität Magdeburg.

Zipin, L. (2009). Dark funds of knowledge, deep funds of pedagogy: exploring boundaries between lifeworlds and schools. *Discourse: Studies in the cultural politics of education*, *30*(3), 317–331. https://doi.org/10.1080/01596300903037044.

Zukoski, E. (1978). Development of a stratified ceiling layer in the early stages of a closed-room fire. *Fire and Materials*, 2, 54–62. https://doi.org/10.1002/fam.810020203.

Zukoski, E. E. (1995). Properties of Fire Plumes. In G. Cox (Ed.), *Combustion Fundamental of Fires*, Academic Press.

Zumach, A. & Sponeck, H. (2003). *Irak. Chronik eines gewollten Krieges. Wie die Weltöffentlichkeit manipuliert und das Volksrecht gebrochen wird.* Kiepenheuer & Witsch.

ZVEI (2012). *Effektive Gebäudeevakuierung mit System. Technische Maßnahmen im Brandfall und bei sonstigen Gefahrenlagen* (Merkblatt). Zentralverband Elektrotechnik- und Elektronikindustrie, Fachverband Sicherheit.

ZVEI (2017). *Rechtliche Bedeutung technischer Standards und technischer Regelwerke* (Merkblatt 82025). Zentralverband Elektrotechnik- und Elektronikindustrie.

Zwick, M. M. & Renn, O. (2001). *Wahrnehmung und Bewertung von Risiken – Ergebnisse des Risikosurvey Baden-Württemberg 2001* (Bericht Nr. 2020). Gemeinsamer Arbeitsbericht der Akademie für Technikfolgenabschätzung und der Universität Stuttgart.